全国高等院校水利水电类精品规划教材

水法规与水政管理教程

主　编　彭　斌　迟道才
副主编　何占斌　李明双
　　　　薛　文　张　凡

黄河水利出版社
·郑州·

内 容 提 要

全书分为水法规与水政管理两编。上编侧重水法等相关水事法律的介绍，涵盖水法基本规范以及防洪、水污染防治、水土保持等具体水事法规；下编侧重讲解水政管理的组织与实施，包括水政监察、水行政许可、水行政处罚等水行政管理行为。在每章之后附有相关案例分析，将理论性、实践性与实用性相结合，既有利于相关专业学生对法律知识的学习，也方便今后学生从事水务工作后对法律知识的运用。

本书可作为高等院校水利工程及相关专业学生教材使用，也可供从事水利政策法规和水利工程管理的专业人员学习参考。

图书在版编目(CIP)数据

水法规与水政管理教程/彭斌，迟道才主编. —郑州：黄河水利出版社，2008.9 (2011.5 修订重印)
全国高等院校水利水电类精品规划教材
ISBN 978-7-80734-500-8

Ⅰ.水… Ⅱ.①彭… ②迟… Ⅲ.①水法-中国-高等学校-教材②水资源管理-行政管理-中国-高等学校-教材 Ⅳ.D922.661 TV213.4

中国版本图书馆 CIP 数据核字(2008)第 141015 号

策划组稿：马广州 电话：0371-66024331 E-mail：magz@yahoo.cn

出 版 社：黄河水利出版社
地址：河南省郑州市顺河路黄委会综合楼 14 层 邮政编码：450003
发行单位：黄河水利出版社
发行部电话：0371-66026940、66020550、66028024、66022620(传真)
E-mail：hhslcbs@126.com
承印单位：黄河水利委员会印刷厂
开本：787 mm×1 092 mm 1/16
印张：14.25
字数：330 千字 印数：3 101—6 000
版次：2008 年 9 月第 1 版 印次：2011 年 5 月第 2 次印刷

定价：27.00 元

出版者的话

近年来，随着我国对基础设施建设投入的加大，水利水电工程建设也迎来了前所未有的黄金时间。截至 2006 年，全国已建成堤防 28.08 万公里，各类水库 85 849 座，2006 年水利工程在建项目 4 614 个，在建项目投资总规模达 6 121 亿元(《2006 年全国水利发展统计公报》)。据《可再生能源发展“十一五”规划》，到 2010 年，我国水电总装机容量将达到 1.9 亿千瓦。水利水电工程的大规模建设对设计、施工、运行管理等水利水电专业人才的需求也更为迫切,如何更好地培养适应现今水利水电事业发展的优秀人才，成为水利水电专业院校共同面临的课题。作为水利水电行业的专业性科技出版社，我社长期关注水利水电学科的建设与发展，并积极组织水利水电类专著与教材的出版。

在对水利水电类本科层次教材的深入了解中，我们发现，以应用型本科教学为主的众多水利水电类专业院校普遍缺乏一套完整构建在校本科生专业知识体系又兼顾实践工作能力的教材。在广泛调研与充分征求各课程主讲老师意见的基础上，按照高等学校水利学科专业教学指导委员会对教材建设的指导精神与要求，并结合教育部实施的多层次建设、打造精品教材的出版战略，我社组织编写了本系列“全国高等院校水利水电类精品规划教材”。

此次规划教材的特点是：

(1)以培养水利水电类应用型人才为目标，充分重视实践教学环节。

(2)在依据现有的专业规范和课程教学大纲的前提下，突出特色，力求创新。

(3)紧扣现行的行业规范与标准。

(4)基本理论与工程实例相结合，易于学生接受与理解。

本系列教材除了涵盖传统专业基础课及专业课外，还补充了多个新开课程的教材，以便于学生扩充知识与技能，填补课堂无合适教材可用的空缺。同时，部分教材由工程技术人员或有工程设计施工从业经历的老师参与编写，也是此次规划教材的创新。

本系列教材的编写与出版得到了全国 21 所高等院校的鼎力支持，特别是三峡大学党委书记刘德富教授和华北水利水电学院副院长刘汉东教授对系列教材的编写与出版给予了精心指导，有效保证了教材出版的整体水平与质量。在此对推进此次规划教材编写与出版的各院校领导和参编老师致以最诚挚的谢意，是他们在编审过程中的无私奉献与辛勤工作，才使得教材能够按计划出版。

“十年树木，百年树人”，人才的培养需要教育者长期坚持不懈的努力，同样，好的教材也需要经过千锤百炼才能流传百世。本系列教材的出版只是我们打造精品专业教材的开始，希望各院校在对这些教材的使用过程中，提出改进意见与建议，以便日后再版时不断改正与完善。

黄河水利出版社

全国高等院校水利水电类精品规划教材

编 审 委 员 会

前　言

水资源既是物质资源，又是环境资源，具有不可替代性。合理配置水资源，协调好生活、生产和生态用水，特别是加强水资源开发、利用中对生态环境的保护，适应水资源的可持续利用，是我国进行社会主义现代化建设过程中必须明确的方向和目标。党的十七大报告提出："坚持生产发展、生活富裕、生态良好的文明发展道路，建设资源节约型、环境友好型社会，实现速度和结构质量效益相统一、经济发展与人口资源环境相协调，使人民在良好生态环境中生产生活，实现经济社会永续发展。"这是对未来水资源保护和水利事业重要的指导纲领。

现阶段，水资源的开发、利用和保护也逐渐成为人们经济生活中日益关注的问题。一些地方水资源紧张、水环境恶化等问题也成为当地影响经济发展和人民生活的主要障碍。这就需要我们建设生态文明，基本形成节约能源资源和保护环境的产业结构、增长方式、消费模式，使得循环经济形成较大规模，可再生能源比重显著上升，主要污染物排放得到有效控制。

在依法治国的背景下，实现上述目标离不开《中华人民共和国水法》及相关法律的实施。《中华人民共和国水法》是调整人们在保护、开发、利用、管理水资源的过程中所发生的各种社会关系的法律规范。用水矛盾的解决、水利工程的建设、土地和水的占有权变更、人口增加、科技发展与水资源的使用等，一系列社会经济问题都有待于水利法律法规的规制与整合。同时，为适应依法行政的需要，依法进行水政管理、完善相关的行政法律责任也是当前水务管理的重要内容。所以，掌握相关水法知识，了解水事活动所必须遵守的法律规则已经成为当代水利工程专业人才与水事管理人才重要的知识组成。

本教材正是为适应水事管理对人才知识能力的需要而编写的。全书分为水法规与水政管理两编。上编侧重水法等相关水事法律的介绍，涵盖水法基本规范以及防洪、水污染防治、水土保持等具体水事法规；下编侧重讲解水政管理的组织与实施，包括水政监察、水行政许可、水行政处罚等水行政管理行为。在每章之后附有相关案例分析，将理论性、实践性与实用性相结合，既有利于相关专业学生对法律知识的学习，也方便今后学生从事水务工作后对法律知识的运用。

本书由来自多所高等院校和水利部门从事相关教学、科研以及水务管理的人员编写而成。具体编写人员有:河北工程大学彭斌、张凡、张运鑫、赵峰,沈阳农业大学迟道才、夏桂敏,辽宁省水利厅水政监察局何占斌、李明双、薛文、鲁晶、孙艳飞,辽宁省水利水电科学研究院马涛,云南农业大学王龙。全书由彭斌、迟道才统稿并任主编。

本教材在编写过程中参考了以往的相关专著和研究成果,这些资料为本教材的编写提供了许多可以借鉴的前期成果,特将其列于书后。本教材的相关案例参考了“水政在线”网的相关报道,特此致谢。

由于编者水平所限,纰漏之处在所难免,欢迎读者批评指正。

编　者

2008 年 6 月

目 录

下　编

上　编

第一章　概　述

第一节　水资源与水利概述

一、水资源概况

(一)全球水资源的概况

1. 全球水资源分布

水是世界上最宝贵的自然资源之一。据有关部门科学分析估算,目前地球上水的总储量约为14亿km^3,其中96.54%以上是海水。全世界的淡水资源仅占地球总水量的2.5%,其中77.2%以上被冻结在南极和北极的冰盖中及高山地带,以冰帽或冰川形态存在;22.4%以地下水或土壤水的形式存在,湖泊、沼泽水约占0.30%,河水占0.006%,大气水占0.037%。便于人们取水利用的淡水只是河水、淡水湖泊和浅层地下水,其总量大约为300万km^3,约占地球总水量的0.26%。因此,淡水是一种极为珍贵的资源,并不是“取之不尽、用之不竭”的。而且,全球水资源分布极不均匀。世界上许多重要的地区和国家是缺水的。1996年5月,在纽约召开的“第三届自然资源委员会”上,联合国开发支持和管理服务部对153个国家(占世界人口的98.93%)的水资源,采用人均占有水资源量、人均国民经济总产值、人均取(用)水量等指标进行综合分析,将世界各国分为四类,即水资源丰富国(包括吉布提等100个国家)、水资源脆弱国(包括美国等17个国家)、水资源紧缺国(包括摩洛哥等17个国家)、水资源贫乏国(包括阿尔及利亚等19个国家)。按此种评价法,目前世界上有53个国家和地区(占全球陆地面积的60%)缺水。

2002年3月22日,在维也纳国际中心举行的第十个“世界水日”纪念活动中,联合国有关机构指出,长期以来,水被世人错误地当成永不枯竭的免费资源,导致当今世界上水资源丰富的地区也不得不面临着水污染和水资源短缺的问题。

2. 世界水污染情况

全球水污染情况已不容乐观。全世界只有5%的家庭和工业垃圾得到有效处理,每天大约有200万t人类的垃圾要用城市供水冲走。人类80%的疾病和1/3的死亡是与缺乏清洁用水有关的。许多城市过量地开采地下水,造成地面下沉的严重后果。随着世界人口的迅猛增长,人类的过度开采和浪费,工业污染以及干旱沙化等,水资源已变得越来越匮乏。

据世界卫生组织统计,世界上许多国家正面临水污染和资源危机:每年有300万~400万人死于和水污染有关的疾病。在发展中国家,各类疾病有80%是因为饮用了不卫生的水而传播的。

“世界水日”呼唤地球儿女,要珍惜每一滴水。曾有人说过:“如果人类继续破坏和浪费水资源，那么人类看到的最后一滴水将是自己的眼泪。"这并不是耸人听闻，而是真真切切的事实！

3. 水资源短缺的威胁

20 世纪，世界人口增加了 2 倍，而人类用水增加了 5 倍。世界上许多国家正面临水资源危机：12 亿人用水短缺，30 亿人缺乏用水卫生设施。水资源短缺的问题几乎遍布了世界各地。全世界陆地上 60% 的地区面临供水不足，根据联合国的一些官员预测，世界一些主要城市将严重缺水。与此同时，水资源危机带来的生态系统恶化和生物多样性破坏，也将严重威胁人类生存。

世界上淡水资源是有限的，人口的膨胀必将带来水资源的紧缺。然而，人类又在严重地浪费着水资源。一方面，人类在水资源的利用方式上还存在着极大的浪费，包括城市管网的老化、渗漏，水资源配置的不合理、灌溉方式的落后等对水资源的浪费占到了很大的比重；另一方面，水资源的污染问题却越来越严重，水资源的质量性减少已成为世界水资源的研究重点。

水资源危机既阻碍世界可持续发展，也威胁着世界和平。由于缺水，一些国家的江河干涸，农作物枯萎，牲畜断水，火灾频繁，甚至在一些国家和地区间爆发了"水战"。过去 50 年中，由水引发的冲突共 507 起，其中 37 起有暴力性质，21 起演变为军事冲突。专家警告说，随着水资源的日益紧缺，水的争夺战将愈演愈烈。

（二）我国水资源的特征

1. 我国水资源的概况

我国江河众多，流域面积在 100 km^2 以上的河流有 5 万多条，1 000 km^2 以上的有 1 500多条。受气候和地形的影响，河流分布不均匀，绝大多数分布在我国东部湿润、多雨的季风区，西北内陆气候干燥、少雨，河流很少。中国是多湖泊国家，面积在 1 km^2 以上的天然湖泊即达 2 800 多个，总面积约 8 万 km^2，其中淡水湖泊面积为 3.6 万 km^2，占总面积的 45% 左右，总面积约占国土面积的 0.8%；湖水总储量约 7.09×10^{11} m^3，其中淡水量占 32%。中国冰川（或称"中国雪山冰川"）主要分布于中国西部和北部，共计 46 298 条，冰川面积59 406 km^2，冰储量 5 590 km^3；其中西藏为中国冰川分布集中地区，有冰川面积 27 676 km^2。中国冰川年均融水量约 563 亿 m^3，约占内河水资源总量的 20%，相当于一条黄河的流量。我国平均年降水量为 6.19×10^{12} m^3，平均降水量 648.4 mm，年均河川径流量 2.71×10^{12} m^3，合径流深 284.1 mm，河川径流主要靠降水补给，由冰川补给的只有 5.00×10^{10} m^3 左右。我国年平均地下水资源为 8.29×10^{11} m^3。

2. 我国水资源的特征

我国水资源的特征主要表现在以下几个方面。

1）水资源的人均占有量低

我国多年平均降水量约 6 万亿 m^3，其中 3.2 万亿 m^3 左右通过土壤蒸发和植物散发又回到了大气中，余下的约有 2.8 万亿 m^3 形成了地表水和地下水。这一总量仅低于巴西、俄罗斯、加拿大、美国和印度尼西亚，居世界第六位。但由于我国有 13 亿人口，人均水资源占有量不足 2 200 m^3，约为世界平均水平的 1/4，在全世界排在 120 位以后。

2)降水量时间分布不均

由于受季风的影响,我国水资源的时间分布极不均衡。我国降水时间分配上呈现明显的雨热季同期,基本上是夏秋多、冬春少。总体表现为降水量越少的地区,年内集中程度越高。北方地区汛期4个月径流量占年径流量的比例一般在70%~80%,其中海河、黄河流域部分地区超过了80%,西北地区部分地区可达90%。南方地区多年平均连续最大4个月径流量亦占全年的60%~70%。这种水量不均不但容易形成春旱夏涝,而且水资源量中有2/3左右形成洪水径流量,造成江河的汛期洪水和非汛期的枯水。

3)降水量空间分布不均

我国水资源空间分布的特征主要表现为:降水和河川径流的地区分布不均,水土资源组合很不合理。南方水多、北方水少,东部多、西部少,山区多、平原少。全国年降水量的分布由东南的超过3 000 mm向西北递减至少于50 mm。北方地区(长江流域以北)面积占全国的64%,人口约占全国的46%,耕地占60%,GDP占44%,而水资源仅占19%。其中,黄河、淮河、海河3个流域耕地占35%,人口占35%,GDP占32%,水资源量仅占全国的7%。

因此,在水资源开发利用、管理规划中,水资源的时空再分配将成为克服我国水资源分布不均匀、灾害频繁、实现水资源最大限度利用的关键内容之一。

4)受全球性气候变化等影响,近年来我国北方地区水资源明显减少

近20年来,全国地表水资源量和水资源总量变化不大,但北方地区水资源量在减少。据《2006年水资源公报》公布,我国在1997~2006年近10年间,全国年平均降水量为635.4 mm,比常年值偏少1.1%,其中北方六区偏少3.4%,而南方四区则偏多0.3%;全国年平均地表水资源量为26 722亿m^3,比常年值偏多0.1%,其中北方六区偏少5.4%,而南方四区则偏多1.2%;全国年平均地下水资源量为8 302亿m^3,比1980~2000年多年平均值偏多2.9%。全国年平均水资源总量为27 786亿m^3,比常年值仅偏多0.3%,其中北方六区偏少4.0%,而南方四区则偏多1.3%。按省级行政区统计,近10年平均水资源总量比常年值偏多程度较大的有上海(29.6%),偏多20%~10%的有江苏、新疆和湖南;比常年值偏少程度较大的有天津(49.4%)、北京(42.8%)、河北(36.6%),偏少30%~20%的有辽宁、山西、甘肃和陕西。

水资源的这种变化,造成北方缺水地区的水资源供需矛盾更加突出,使这些地区的经济和社会发展受到了严重制约。

3.水资源开发利用中存在的问题

1)供需矛盾突出,且在日益加剧

我国总用水量情况。我国年总用水量1949年为1 030亿m^3,1980年为4 437亿m^3,2004年为5 548亿m^3。2005年全国总用水量增长到5 633亿m^3,2006年全国总用水量更是达到了5 795亿m^3。

2)用水效率不高,浪费严重

我国水资源利用方式粗放,用水效率不高,节水潜力巨大。与我国水资源基础条件较差、供需矛盾突出形势不相匹配的是,长期以来我国存在着用水效率较低、用水浪费严重的现象。

目前,我国大部分地区农田灌溉仍然采取传统的大水漫灌方式,农业节水灌溉面积仅占有效灌溉面积的35%,灌溉水有效利用系数仅为0.45左右,而英国、德国、法国、匈牙利和捷克等国家,节水灌溉面积比例都达到了80%以上,以色列的灌溉面积全部采用微灌和喷灌,灌溉水有效利用系数在0.7~0.8。

我国工业水重复利用和再生利用程度较低,用水工艺比较落后,用水效率较低。我国2006年万元国内生产总值(当年价格)用水量为272 m^3,约为世界平均水平的3倍。我国2006年万元工业增加值用水量为178 m^3,工业用水重复利用率为60%~65%;国外发达国家万元工业增加值用水量一般在50 m^3以下,工业用水重复利用率一般在80%~85%以上。如2000年美国万元工业增加值用水量不到15 m^3,工业水重复利用率约为94.5%;日本万元工业增加值用水量也仅为18 m^3,工业用水重复利用率达到80%以上。总体来看,我国当前工业用水重复利用率仅相当于先进国家20世纪80年代初的水平,节约用水还存在较大潜力。

生活用水方面,公众节水意识有待提高,节水器具使用率普遍偏低。2005年,全国人均用水量为432 m^3;到2006年,全国人均用水量则增加到442 m^3。

综合以上情况可以看出,我国的水资源利用效率较低,所创造的效益不高。因此,要从根本上解决这些问题,必须大力提倡节约用水,不断提高水资源利用效率和效益。

3)水环境恶化,污染在加剧

从前面的叙述我们可知,我国的水资源非常紧缺。但是,我们在对水资源的开发利用中,却忽视对水资源的保护。2006年全国废污水排放总量竟达到731亿t。

2006年,对约14万km河流水质进行评价,Ⅰ类水河长占3.5%,Ⅱ类水河长占27.3%,Ⅲ类水河长占27.5%,Ⅳ类水河长占13.4%,Ⅴ类水河长占6.5%,劣Ⅴ类水河长占21.8%。

对43个湖泊的水质进行评价,水质符合和优于Ⅲ类水的面积占49.7%,Ⅳ类和Ⅴ类水的面积共占15.3%,劣Ⅴ类水的面积占35.0%。对43个湖泊的营养状态进行评价,云南的泸沽湖为贫营养状态,17个湖泊处于中营养状态,25个处于富营养状态。

我国一方面是资源少的水量型缺水,另一方面因污染造成部分水资源降低使用效果,甚至是不能使用的水质型缺水。因此,开发和保护水资源,对我国经济和社会的可持续发展,具有同样重要的意义。

4)经济布局不合理,与水资源的分布不相适应

我国水资源的空间分布前面已经介绍,总的来说是南方水多、北方水少。在长期的计划经济体制下,经济布局没有充分考虑水资源条件。各地从自己的区域利益出发,在经济方面搞全面发展,在缺水地区建设高耗水工业,种植高耗水的经济作物,超出了本地水资源的承载能力,必然会加剧本地自然资源的过度紧张。

二、水利概述

(一)我国水利工程概况

我国是水利大国,与华夏文明一样,治水的历史源远流长,治水的成就灿烂辉煌。从举世闻名的都江堰,到气势磅礴的三峡工程;从大禹治水的“定九州”,到“’98大洪水”百

万军民的“三个确保”（确保长江干堤安全、确保重要城市安全、确保人民生命安全），中华民族在与水的抗争中得到凝聚和发展。

特别是中华人民共和国成立后，党和政府对水利高度重视，领导全国各族人民进行了大规模水利建设，取得了举世瞩目的成就。50 多年来，全国兴建了 8.5 万座水库，总蓄水能力达 5 000 亿 m^3，兴建引水工程 100 多万项、引水闸 3 万多座、提水工程 40 多万处，形成年供水能力 5 800 亿 m^3，修建堤防 27 万 km，治理水土流失面积 80 万 km^2。

1. 重点水利工程概况

1）防洪工程

新中国成立以来，黄河下游先后 3 次加高培厚堤防，大堤普遍加高 2 ~ 6 m，开展了放淤固堤、河道整治；建立了北金堤和东平湖滞洪区；随着国家重点建设项目三门峡水利枢纽、伊河陆浑水库和洛河故县水库先后建成投产，标志着以防洪为主，兼具灌溉、发电、城市供水的治黄骨干工程发挥全面的综合效益。

长江修建了丹江口、柘溪、陈村、漳河等大型水库，对中下游堤防进行了全面整修和加固，重点加高加固了荆江大堤、同马无为大堤、武汉市堤防，兴建了荆江、杜家台等分洪工程。

修建重要堤防工程：黄河下游的黄河大堤、长江的荆江大堤和同马无为大堤、汉江的汉江大堤、淮河的淮北大堤和洪泽湖大堤、珠江的北江大堤、海河的永定河大堤等。

修建大型蓄滞洪区：黄河的北金堤滞洪区、长江的荆江分洪区、淮河的蒙洼蓄洪区、永定河的小清河分洪区等。

2）农田水利建设

新中国成立初期，主要对四川都江堰灌区、陕西秦川老灌区、黄河河套灌区等进行了改、扩建。1958 年开始修建安徽省淠史杭灌区，渠系还具有通航、发电、供水等效益。黄河上游自 20 世纪 60 年代以来，修建了一批高扬程提灌站，有的扬程高达 400 ~ 600 m，如甘肃景泰川、宁夏固海扬水、陕西东雷抽黄等。

3）调水工程

为解决水资源分布与城乡工农业生产需求上的矛盾，修建了许多跨流域或长距离的调水工程。20 世纪 60 年代我国先后修建了京密引水渠工程，向深圳、香港供水的东深供水一期工程，向厦门供水的北溪引水工程等；80 年代建成长 234 km 的引滦入津、入唐工程，珠海磨刀门向澳门供水工程，长 290 km 的引碧入连工程，引青济秦工程，引黄济青工程；90 年代建成东深供水三期工程，引黄入卫工程等。

在建的大型调水、引水工程有南水北调、甘肃引大入秦、山西万家寨引黄、江苏泰州引江河、新疆引额济克、四川武都引水、宁夏扶贫扬黄、陕西东雷抽黄和黑河引水等工程。

4）水力发电工程

水电建设，20 世纪 50 年代开工兴建了新安江（662.5 MW）、三门峡（400 MW）水电站；60 年代兴建了新丰江（292.5 MW）、柘溪（447.5 MW）、盐锅峡（352 MW）、丹江口（900 MW）、刘家峡（1 225 MW）等水电站；70 年代兴建了凤滩（400 MW）、乌江渡（630 MW）、葛洲坝（2 715 MW）等水电站；80 年代兴建了大化（400 MW）、白山（一期 900 MW、二期 1 500 MW）、龙羊峡（1 280 MW）、东江（500 MW）等水电站。

90 年代以后，水电建设进入高潮，开工兴建了三峡（18 200 MW）、二滩（3 300 MW）、小浪底（1 800 MW）、天生桥二级（初期 880 MW、后期 1 320 MW）、天生桥一级（1 200 MW）、五强溪（1 200 MW）、隔河岩（1 200 MW）、岩滩（1 210 MW）、万家寨（1 080 MW）等水力发电工程。

2. 有代表性的重点水利工程简介

1）长江三峡水利枢纽工程

长江三峡水利枢纽工程位于长江西陵峡中段，坝址在湖北省宜昌市三斗坪，控制流域面积 100 万 km^2。工程总库容 393 亿 m^3，其中防洪库容 221.5 亿 m^3。电站装机容量 18 200 MW，多年平均发电量 847 亿 kWh。

三峡工程设计总工期 17 年，其中施工准备及一期工程施工 5 年，二期工程施工 6 年，三期工程施工 6 年。1992 年 4 月 3 日，全国人民代表大会通过了兴建三峡工程的决议。1993 年 1 月三峡工程开始施工准备，1994 年 12 月 14 日正式开工，1997 年 11 月 8 日二期围堰截流成功。2003 年第一批机组发电，永久船闸通航，2009 年工程将建成。

三峡工程是治理和开发长江的关键性世纪工程，具有防洪、发电和航运等综合效益。工程建成后，可有效控制川江洪水，使荆江河段的防洪标准由不足十年一遇提高到百年一遇，减轻长江中下游洪水威胁。发电供电半径 1 000 km，覆盖华北、华中、华东、中南 4 大区，每年可替代原煤 4 000 万 ~5 000 万 t，显著改善长江宜昌至重庆 660 km 的航道，万吨级船队可直抵重庆，航道单向年通过能力可由目前的约 1 000 万 t 提高到 5 000 万 t，长江年运量提高 4 倍，并可使运输成本降低 35% ~37%。

2）黄河小浪底水利枢纽工程

黄河小浪底水利枢纽工程位于河南省洛阳市以北 40 km 的黄河干流上，控制黄河流域面积 69.4 万 km^2，占黄河流域总面积的 92.3%。水库总库容 126.5 亿 m^3，其中防洪库容 40.5 亿 m^3，淤沙库容 75.5 亿 m^3，长期有效库容 51 亿 m^3，电站装机容量 1 800 MW。

小浪底工程计划施工总工期 11 年，其中施工准备期 3 年，主体工程施工期 8 年。1991 年 9 月开始施工准备，1994 年 9 月 12 日主体工程开工，1997 年 10 月 28 日胜利截流，1999 年底第一台机组发电，2001 年全部竣工。

小浪底工程具有战略地位重要、工程规模巨大、水沙条件特殊、地质条件复杂和技术运用要求苛刻等特点，被国内外专家称为世界上最复杂、最具有挑战性的工程之一。小浪底工程也是我国目前利用世界银行贷款额度最大（共 10 亿美元）的项目，主体土建工程采用国际竞争性招标，工程建设管理全面按照国际惯例管理模式进行。

小浪底工程是治理黄河水害、开发黄河水利的关键性工程，工程建成后，可使黄河下游防洪标准由现在的 60 年一遇提高到 1 000 年一遇，基本解决黄河下游洪水和凌汛威胁；减缓下游河道淤积，50 年可减少下游河道淤积约 78 亿 t，相当于使黄河下游河道 20 年不淤积抬高；每年可增加近 20 亿 m^3 的调节水量，改善下游的灌溉和城市供水条件；电站装机容量 1 800 MW，多年平均发电量为 56.5 亿 kWh，是河南省电力系统中唯一具有调节能力的大容量调峰电源。

3）三门峡水利枢纽

三门峡水利枢纽工程位于河南省三门峡市黄河干流上，是在黄河干流兴建的第一座大型水利枢纽，具有防洪、防凌、发电、灌溉等综合利用效益。枢纽由左岸1号和2号泄洪排沙洞、左岸非溢流坝段、溢流坝段、厂房坝段、右岸非溢流坝段、发电厂房等建筑物组成。大坝为混凝土重力坝，最大坝高106 m。

4)丹江口水利枢纽工程

丹江口水利枢纽工程位于湖北省丹江口市汉江干流上，具有防洪、发电、灌溉、航运、养殖等综合利用效益。水库总库容209.7亿 m^3，防洪库容77.2亿 m^3，为多年调节水库。电站装机容量900 MW，多年平均发电量38.3亿kWh。

枢纽由左岸土石坝、左岸连接坝段、厂房坝段、溢流坝段、深孔泄洪坝段、升船机、右岸连接坝段和右岸土石坝段等主要建筑物组成。主坝为混凝土宽缝重力坝，最大坝高97 m。1958年9月开工，1968年第一台机组发电，1974年竣工。

水库建成后，使下游河道防洪标准由6年一遇提高到20年一遇，配合分洪工程可提高到百年一遇。百年一遇洪峰流量经调蓄后可由51 200 m^3/s 减少到13 200 m^3/s。电站是华中电力系统的主要电源之一，发挥着调峰、调频和事故备用电源作用。灌溉面积达到24万 hm^2，改善了850 km的上下游河道。

5)葛洲坝水利枢纽工程

葛洲坝水利枢纽工程位于湖北省宜昌市长江三峡出口2.3 km处，是长江干流上第一座大型水利枢纽，具有发电和航运等综合效益。装机容量2 715 MW，保证出力768 MW，多年平均发电量157亿kWh。

工程施工采用分期导流、分两期施工的方案：一期，二、三江施工，大江通航；二期，大江施工，利用二、三江已建成的建筑物通航、泄洪和发电。一期工程1970年开工，1981年1月大江截流，6月三江船闸通航，7月二江电厂发电；二期工程1982年开工，1986年6月发电，1988年12月全部机组安装完毕，大江船闸建成。1989年工程竣工。

(二)我国水利工程的意义

我国是一个水旱灾害频繁的国家。从1840年到1949年的100余年时间，是我国历史上水旱灾害最严重的一个时期。由于黄河决口，夺淮入海，长江与洞庭湖水系破坏，水利设施连年失修，一到汛期，洪水肆虐，灾民遍野；一遇大旱，赤地千里，民不聊生。

新中国成立后，经过艰苦奋斗，我国的水利事业取得了举世瞩目的巨大成就，成为我国历史上水利建设规模最大、效益最显著、成果最辉煌的时期。水利设施对抗御水旱灾害，保障工农业生产和人民生命财产安全，维护社会稳定发挥了重要的作用。

1.防洪体系有效地减轻了洪水的灾害，保障了人民生命财产安全和社会稳定

新中国成立后，按照“蓄泄兼筹”和“除害与兴利相结合”的方针，对大江大河进行了大规模的治理。到2006年底，全国累计修建加固大江大河大湖等各类堤防28.08万多km，保护人口5.5亿人，保护耕地4 500万 hm^2。累计达标堤防10.6万km，堤防达标率37.7%。一、二级堤防累计达标长度2.36万km，达标率72.7%。建成各类水库85 849座，水库总库容5 842亿 m^3，全国主要江河初步形成了以堤防、河道整治、水库、蓄滞洪区等为主的工程防洪体系，以及预测预报、防汛调度、洪泛区管理、抢险救灾等非工程防护体系，使我国主要江河的防洪能力有了明显的提高。

2. 农田水利事业的发展，有效地改善了农业生产条件

到2006年底，我国有效灌溉面积达到5 707.8万hm^2，30万亩以上大型灌区285处，有效灌溉面积1 461.2万hm^2。工程节水灌溉面积达到2 242.6万hm^2，其中，渠道防渗节灌面积959.4万hm^2，低压管灌面积为526.4万hm^2，喷滴灌和渗灌面积357.8万hm^2，集雨节灌等其他工程节水灌溉面积399万hm^2。万亩以上灌区干、支、斗渠防渗长度占相应渠道总长度的27.2%。全国农业灌溉水利用系数为0.46。累计建成各类机电井485.9万眼，其中安装机电提水设备可正常汲取地下水的配套机电井436.5万眼，装机容量4 072万kW。累计建成各类固定机电抽水泵站47.3万处，装机容量2 453万kW。

农田水利事业的发展，提高了农业抗御水旱灾害的能力，促进了农业生产发展。南方许多地方水稻从一年一熟改为一年两熟、三熟，北方一些从来不种水稻的地方，也在大面积发展水稻。由于有了灌溉保证，北方冬小麦和棉花播种面积成倍增长。过去很多经常遭受旱涝灾害、产量很低的农田，通过治理变成了旱涝保收、高产稳产的农田。全国南、北各地已出现了不少粮食亩产超过千斤的县、市，这其中，水利发挥了重要作用。

3. 供水事业有效地促进和保障了城乡社会经济的发展和人民生活水平的提高

新中国成立以来，我国兴建了大量的蓄水、引水、提水工程，形成了比较完善的供水保障体系。为了满足城市迅猛发展对水的需求，我国修建了一大批远距离城市供水水源工程。像引滦（滦河）入津（天津）、引滦（滦河）入唐（唐山）、引碧（碧流河）入连（大连）、引黄（黄河）济青（青岛）、引青（青龙河）济秦（秦皇岛）、东江—深圳供水、西安黑河引水等等，城市供水能力显著提高。到2006年，全国水利工程实际供水能力达到6 591亿m^3，占原设计能力的79.3%。在水利工程供水能力中，蓄水工程、引水工程、提水泵站工程、已配套机电井和其他水源工程分别占总供水能力的36.5%、30.9%、14.4%、13.1%和5.1%。

4. 水土保持有效地改善了生产条件和生态环境

至2006年底，全国累计治理水土流失面积97.5万km^2。其中，小流域治理面积37.9万km^2，累计实施生态修复面积67万km^2，建成黄土高原淤地坝2.9万座。经过初步治理的地区，有效地保护了国土资源，减轻了对河道和水库的淤积，促进了当地经济的发展。采取了以小流域为单元、山水田林路统一规划、综合治理措施，走出了一条开发性治理的路子，加快了治理步伐，改善了水土流失区的生产、生活条件，经济得到了较快的发展。

5. 水力发电已成为我国日益重要的能源供应

我国水能资源丰富，理论蕴藏量为6.88亿kW，可开发资源为4.48亿kW，均占世界第一位。经过开发建设，一大批举世闻名的水利水电枢纽工程已经建成或正在建设。新中国成立初，全国水电装机容量仅为36万kW，年发电量为12亿kWh。到2007年底，全国已建成水电站装机容量14 526万kW，年发电量4 867亿kWh，在建规模约1.32亿kW。全国水电装机和发电量已分别占全国电力总装机和发电量的20.4%和14.9%。在水电建设中，农村水电已经成为一支重要力量。为了帮助中西部地区人民脱贫致富，在水电资源丰富的地区，大力进行水电开发建设。农村水电的发展，促进了农村经济和精神文明的发展，在农村小康社会建设中，水电担负着重要使命，有着举足轻重的作用。

第二节　水法概述

一、水法的概念及特征

（一）水法的概念

水法是国家根据社会与经济发展的现状和预期制定的，旨在调整人们在开发、利用、节约、保护和管理水资源的过程中所发生的各种社会关系的规范性法律文件。在我国，狭义的水法仅指《中华人民共和国水法》（简称《水法》），这是调整我国水资源保护、开发、利用、管理的基本法律。广义的水法是指调整相关各种水事法律关系的法律、法规，涉及水资源保护与管理的各个方面，除《水法》外还包括：《中华人民共和国宪法》中关于国家资源的相关规定、《中华人民共和国防洪法》、《中华人民共和国水污染防治法》、《中华人民共和国水土保持法》、《中华人民共和国河道管理条例》、《取水许可和水资源费征收管理条例》等，它们与《水法》一起组成我国的水法体系。

（二）水法的特征

水法的特征是指水法作为一个相对完整的法律门类，其性质、内容、体系和调整对象等各方面的属性与特点。我国的水法主要有以下几个特征。

（1）从水法的调整对象上讲，水法在法律部门上属于环境资源法（所谓法律部门是指根据一定的标准和原则对国家现行全部法律规范所作的系统化的归类）。根据法律调整对象的特点，我国主要有宪法、刑法、民法、行政法、经济法、诉讼程序法、劳动与社会保障法、环境与资源法、军事法等几个法律部门。环境资源法部门主要的调整对象包括自然资源与环境的保护、防止在自然资源的利用过程中的污染与其他各种公害。环境与资源法部门主要由环境保护法和自然资源法两部分组成，前者主要调整如何对自然环境加以保护、防止污染与其他各种公害等问题，后者主要调整自然资源的开发、利用和保护问题。水法首先是一种典型的自然资源法，例如其中的水权制度、水资源有偿使用制度、取水许可制度、流域规划制度等都涉及水资源的开发、利用问题，属于自然资源法的范畴；水法同时还包含涉及环境保护方面的内容，例如开发水资源过程中的生态保护的规定，水污染防治的规定都涉及自然环境保护的问题，属于环境保护法的范畴。

（2）从水法的主要的调整手段上讲，水法具有行政管理法的特点。水法的各项制度的实施与执行，都有赖于水行政管理部门的许可、审批、监督和对非法行为的行政制裁。水法中规定了水行政部门的管理体制、管理权限，也是水行政部门水政监察与水事执法的实体法依据（实体法是指从法律的内容上规定主要权利和义务的法律规范，如民法、刑法、行政法等；与实体法相对应的程序法是指保证实体权利和义务得以实施的程序性的法律，如民事诉讼法、刑事诉讼法、行政诉讼法等）。同时，水法中的行政执法程序也都要符合行政诉讼法等法律行政程序的相关规定，因此水法与行政法的关系极为密切，具有行政管理法的属性与特点。

（3）从法律体系上来讲，水法以《中华人民共和国水法》为基础，包括其他各种涉及水事法律关系的规范性文件，形成了较完整的法律体系。《中华人民共和国水法》是我国水事立法的基础性法律规范，规定了我国各项基本的水事法律原则和基本的水事法律制度。除此之外，对于防洪、水污染防治、水土保持、河道管理等专门的问题又有专门的立法进行规定。另外，国务院水利行政主管部门针对具体的水事管理问题还制定有相关的部门规章，省、自治区、直辖市等地方人大和政府根据本地区的具体情况结合其相应的立法权限制定地方性法规和地方规章，这些水事立法都必须以《中华人民共和国水法》为基础，遵循水法的原则和各项制度，从而形成了包含有各种法律表现形式的水事法律体系。

(4)从法律内容上讲，水法具有科学性、前瞻性、全局性和技术性等特点。能否保证水资源可持续利用，关系到我国能否实现社会经济可持续发展。在可持续发展的结构体系中，人类的生存与发展必须在环境资源的允许范围之内，如果超出资源环境的许可和承受能力，人类不但达不到可持续发展的战略目标，就连自身的生存也会无法保障。所以必须把握科学性，使水事立法能够全面反映社会发展与自然资源利用中带有规律性的因素，根据中国的国情和经济承受能力，立足未来和社会发展的长远目标，充分吸取工业发达国家在实现工业化过程中的教训，在发展的过程中，逐步解决资源、环境等重大问题，做到"边发展、边治理，边利用、边保护"，走可持续发展之路。"不足谋万世者不足谋一时，不足谋全局者不足谋一域"。水法的立法和执法必须立足社会发展的长远规划和国家发展的全局利益，这同时也是落实以人为本的科学发展观的要求。与其他立法相比，水法的制定不仅需要考察研究社会经济发展规律，也要研究自然科学规律，了解水作为一种重要的自然资源在开发、利用、保护中需要注意的问题，例如排污总量控制制度、水质监测与通报制度、饮用水水源保护区制度、地下水开采控制制度、流量与水位维持制度等等具有大量的技术要素，其中许多技术指标与技术参数都是水法立法与执法过程中需要掌握的重要内容。

二、水法的渊源

根据法律制定的部门不同，水法体系中的各种法律规范按照法律的效力等级可以被分为宪法、法律、行政法规、部门规章、地方性法规、地方规章等。

宪法是国家的根本大法，是治国安邦的总章程，是一切法律的制定依据。宪法关于自然资源所有权制度的规定，是水法关于水权制度的依据；关于国家行政机构的设置和职权的规定、关于公民的权利义务的规定，是水法关于水事主体权利义务的制定依据。水法及水法规的制定，必须符合宪法精神，不得与其相抵触。

水事法律是指全国人大及其常委会制定的规范性法律文件，如《中华人民共和国水法》就是于2002年8月29日由九届全国人民代表大会常务委员会第二十九次会议修订通过，《中华人民共和国防洪法》于1997年8月29日第八届全国人民代表大会常务委员会第二十七次会议通过，《中华人民共和国水土保持法》于1991年6月29日全国人民代表大会常务委员会二十次会议通过，《中华人民共和国水污染防治法》于2008年2月28日第十届全国人民代表大会常务委员会第三十二次会议修订、2008年6月1日起施行。它们都属于法律的范畴。

水行政法规是指由国务院制定并发布的规范性法律文件，如《中华人民共和国河道管理条例》由中华人民共和国国务院制定，于1988年6月10日由国务院发布；《长江河道采砂管理条例》于2001年10月25日由国务院发布,2002年1月1日起施行。《取水许可和水资源费征收管理条例》由国务院制定,于2006年4月15日起施行。

水行政部门规章是指由国务院水行政主管部门颁布的规范性文件。水利部是国务院设立的水行政主管部门,它在行使水管理职能过程中,有权制定相应的部门规章。部门规章规定的事项应当属于执行法律或者国务院的行政法规、决定、命令的事项。如:1997年12月26日开始实施的《水行政处罚实施办法》,2000年5月15日开始实施的《水政监察工作章程》,2008年4月9日开始实施的《取水许可管理办法》等。

地方性水法规是指省、自治区、直辖市的人民代表大会及其常务委员会根据本行政区域的具体情况和实际需要,在不同宪法、水事法律、水行政法规相抵触的前提下,制定的规范本行政区域内水事活动的规范性文件。省、自治区人民政府所在地的市,经济特区所在地的市和经国务院批准的较大的市的人民代表大会及其常务委员会,根据本市的具体情况和实际需要,在不同宪法、水事法律、水行政法规和本省、自治区的地方性水法规相抵触的前提下,也可以制定地方性水事法规,报省、自治区人民代表大会常务委员会批准后在本市行政区域内施行。

地方性水行政规章是指省、自治区、直辖市和较大的市的人民政府,根据水事法律、水行政法规和本省、自治区、直辖市的地方性水法规,制定的规范性文件。它规定的事项属于为执行水事法律、水行政法规、地方性水法规的规定需要制定规章的事项。

除上述国内水法律法规外,还应当注意遵守国际法有关水事活动的规定。特别是在水资源开发利用中涉及不同国家的利益时,应当遵守相应的国际条约和两国之间签订的有关协议。

三、制定水法的意义

制度是开展各项工作的重要保障和具有决定性的因素之一,随着我国法治的发展进程,"有法可依、有法必依"也已成为我国各项事业、工作必须贯彻的原则。同样,在水利工作中也必须把管理制度建设放在重要的地位。在水资源的保护、开发、利用、管理等各个领域中实现"依法治水"已经成为涉及全局的重要任务。水法的意义主要具体表现在以下几个方面。

第一,水法以法律的形式确定我国水资源保护和各项水利事业发展的基本方针政策。法律的重要特征之一就是国家强制力,即法律是由国家强制力保证实施的,是国家意志的体现。在水法中,我国水资源保护和各项水利事业的基本方针政策都成为水法所必须贯彻的基本原则,例如,《水法》的第四条规定:"开发、利用、节约、保护水资源和防治水害,应当全面规划、统筹兼顾、标本兼治、综合利用、讲求效益,发挥水资源的多种功能,协调好生活、生产经营和生态环境用水。"就是根据我国水资源现状、基于解决水资源短缺所产生的诸多矛盾,调整社会发展同环境资源保护的关系所做出的具有全局性的、指导性的规定。

第二,水法的制定与实施,将我国长期探索出的行之有效的保护水资源的具体措施制度化、法律化。这一系列具体的措施对促进和维护健康、科学的水事活动具有重要的意义。在水法中,重点规定了编制水中长期供求计划制度、取水许可制度、计划用水管理制度、节约用水管理制度、水资源费制度、河道管理制度、水利工程建设对农业的补偿制度、河道采砂许可制度等等。对于解决用水/供水矛盾、促进节约型社会的形成，规范土地和水的各项权属，调整水利工程的建设与农业生产的关系，乃至解决人口增长、科技发展与水资源的使用等一系列社会经济问题都有非常重要的意义。

第三，在保障相关政府机关依法进行水事管理活动的同时，依法保障公民、法人对水资源进行合法利用的权利。就水法的具体实施与水政管理而言，具有两个层面的重要意义，一方面，水法以法律的形式确立适合我国国情的水资源管理体制，赋予和保障水行政管理部门的各项权力和职责，更好地发挥水行政管理部门在遏制与打击涉及水资源的违法犯罪活动中的作用；另一方面，严格规范水行政管理部门的执法权限和在具体执法中的各项权力，使之依法行政，在法律的范围内合理地使用手中的权力。从而保护公民、法人利用水资源的合法权利和获得的合法利益不受来自公权力（政府权力）部门的越权违法干涉，使得水政管理工作体系和水利执法体系法律化、制度化，这对于在水行政管理领域推行和贯彻“以人为本”的执法理念具有重要的意义。

第四，通过水法的实施和宣传对于普及科学用水、合理用水、节约用水的观念，提高全体社会成员对水资源的保护意识具有积极的作用。法律除具有强制功能以外，还具有指引、预测、评价和教育功能。通过水法的宣传教育，不断提高全民的水法知识水平和水法观念，无论是公民、法人，使他们知法、守法，自觉维护水法的实施，从而使水法的各项原则性与制度性规定深入人心，对于增强全体社会成员节约用水、保护环境的参与意识，促进我国水资源的合理、有效地开发利用，实现水资源的可持续利用，以适应国民经济和社会发展的需要，协调经济社会发展与自然资源、自然环境的关系都具有重要的意义。

四、水法的适用范围

法律的适用范围，也称法律的效力范围，包括法律的时间效力，即法律从什么时候开始发生效力和什么时候失效；法律的空间效力，即法律适用的地域范围；法律对人、事的效力，即法律对什么人、什么行为适用。《水法》第二条规定：在中华人民共和国领域内开发、利用、节约、保护、管理水资源，防治水害，适用本法。本法所称水资源，包括地表水和地下水。

水法规定的所适用的地域范围和对人、对事的适用范围，主要包含以下几层意思：

第一，本法适用的地域范围，是中华人民共和国境内。它包括在我国主权所及的全部领域内。一般讲，法律的地域效力范围的普遍原则，适用于制定它的机关所管辖的全部领域。《水法》作为全国人大常委会制定、颁布的法律，其效力自然在我国境内。

第二，本法适用的主体范围，包括一切从事开发、利用、节约、保护、管理水资源，防治水害活动的单位或个人。这里的“单位”，可以是我国的法人和其他组织，也可以是外资企业以及其他组织；“个人”既可以是中国公民个人，也可以是外国人。上述主体在我国境内从事开发、利用、节约、保护、管理水资源，防治水害活动的，都必须遵守《水法》。

水法适用范围不包括有关海水的开发、利用、保护、管理和防洪活动、水污染防治。《水法》第八十条规定：“海水的开发、利用、保护和管理，依照有关法律的规定执行。”《海域使用管理法》、《海洋环境保护法》对海水的开发、利用、保护和管理已有规定，因此海水的开发、利用、保护和管理，不适用水法。

第三，水法所称水资源，包括地表水和地下水。地球上的水分布在海洋、冰川、雪山、湖泊、沼泽、河流、大气、生物体、土壤和地层中，它们相互作用并不断交换，形成一个完整的水系统。全球97.5%是咸水，而能参与全球水循环、在陆地上逐年可以得到恢复和更新的淡水资源，数量仅为全球水储量的0.2%。这部分淡水与人类的关系最密切，且具有经济利用价值。这部分陆地上可供人们使用的淡水就是通常所说的水资源，一般包括地表水和地下水，它们都靠降水补给。地表水主要有河流和湖泊水，由大气降水、冰川融水和地下水补给，以河川径流、水面蒸发、土壤入渗的形式排泄；地下水为储存于地下含水层的水量，由降水和地表水的下渗补给，以河川径流、潜水蒸发、地下潜流的形式排泄。地表水包括河流、冰川、湖泊、沼泽等水体；地下水是地下含水量的动态水量，用地下水的补给量来表示。《水法》规定的水资源，包括地表水和地下水，主要考虑地表水与地下水之间互相联系且相互转化，不能分割管理，必须加强统一配置、管理和保护。

大气水是水循环的一个重要环节，它没有包括在水法所称的水资源中。人们在进行影响大气水的活动时，应当依据《中华人民共和国气象法》和国务院颁布的《人工影响天气管理条例》进行。

第三节　水事法律关系

一、法律关系的要素

所谓法律关系是指法律规范在调整社会关系的过程中所形成的人们之间的权利义务关系[1]。也就是说，法律关系是一种社会关系，被法律调整和确认因而上升成为具有法律意义的法律关系。

法律关系具有以下几个特点：①法律关系具有合法性，也就是法律所确定和认可的社会关系。②法律关系以权利义务为内容，是特定法律关系主体之间的权利－义务关系。③法律关系体现国家的法律意志。从实质上看，法律关系作为一定社会关系的特殊形式，正在于它体现国家的意志。这是因为，法律关系是根据法律规范有目的、有意识地建立的。所以，法律关系像法律规范一样必然体现国家的意志。在这个意义上，破坏了法律关系，其实也违背了国家意志。

法律关系具有三个构成要素：

(1)法律关系主体。法律关系主体是法律关系的参与者，即法律关系中，一定权利的享有者和一定义务的承担者。在每一具体的法律关系中，主体的多少各不相同，但大体上都属于相对应的双方：一方是权利的享有者，成为权利人；另一方是义务的承担者，成为义务人。

(2)法律关系客体。法律关系客体是指法律关系主体之间的权利和义务所指向的对象。客体所承载的利益本身是法律权利和法律义务联系的中介，主体通过它联系缔结为

[1] 刘金国，舒国滢主编：《法理学教科书》，中国政法大学出版社，1999年，第114页。

法律关系。法律关系客体的范围有以下几类:物、人身和行为结果。法律关系客体中的"物"是指法律关系主体支配的、在生产上和生活上所需要的客观实体,能够为人类所认识和控制,能够给人们带来某种物质利益,具有经济价值,且能为法律所认可。法律关系客体中的"人身"包括由人的生理器官组成的人的物质形态,也包括附随于人的诸如"荣誉"、"名誉"等社会评价。法律关系客体中的"行为结果"即义务人完成其行为所产生的能够满足权利人利益要求的结果。一种是物化结果,即义务人的行为(劳动)凝结于一定的物体,产生一定的物化产品或营建物(房屋、道路、桥梁等);另一种是非物化结果,即义务人的行为没有转化为物化实体,而仅表现为一定的行为过程,直至终了,最后产生权利人所期望的结果(或效果)。如演员的演出、教师的授课等。

(3)法律关系的内容。法律关系的内容就是法律关系主体之间的法律权利和法律义务。它是法律规范在实际社会生活中调整社会关系的具体落实与体现。

法律关系的本质是法律关系主体之间的权利/义务关系,这种权利/义务关系符合法律的规定,具有法律的意义并由法律保障。

二、水事法律关系的要素

水事法律关系是指水法在调整人们开发、利用、节约、保护、管理水资源,防治水害的水事活动中形成的权利义务关系。

水事法律关系既包括横向法律关系也包括纵向法律关系。按照法律主体在法律关系中的地位不同,可以分为纵向(隶属)的法律关系和横向(平权)的法律关系。纵向(隶属)的法律关系是指在不平等的法律主体之间所建立的权力服从关系。包括内部行政法律关系,例如,行政管理关系中的上级主管机关与下级主管机关之间的法律关系;也包括外部法律关系,例如,行政机关在从事管理活动时,有管理与被管理、命令与服从、监督与被监督诸方面的法律关系。横向(平权)法律关系是指平权法律主体之间的权利义务关系。其特点在于,法律主体的地位是平等的,权利和义务的内容具有一定程度的任意性,如民事财产关系,民事诉讼之原、被告关系等。

在纵向外部水事法律关系中,水事法律关系主体一方,是国家水资源主管机关。这种法律关系体现国家意志性,例如水行政处罚、水行政许可、水行政监察等,作为水事行政主体另一方的公民、法人和其他组织有义务遵守水事法律规范、配合国家水资源主管机关或法律授权的组织的管理行为。在横向水事法律关系中,水事法律关系主体的双方是平等的法律主体,例如水事合同等,双方互负民事权利、义务,需要承担相关的民事责任。

(一)水事法律关系的主体

水事法律关系的主体主要包括国家机关、自然人、法人和其他组织。作为水事法律关系的特殊主体,国家代表人民的利益进行水事活动。国家机关特别是水事行政主管机关根据其具体的分工履行其在水事管理中的指导、监督、审批、处罚、服务等各项职能,拥有法定的职权承担相应的管理水事活动的义务。公民一旦进入水法所调整的法律关系范畴,就会因其社会行为,依据水法的规定享有一定的权利、承担相应的义务,从而成为水事法律关系的主体之一。法人和其他组织在我国包括能进行独立经济核算、拥有独立法律地位的企事业单位,也包括由国家进行预算拨款的具有社会公共服务职能的事业单位。

这些单位能够成为水事法律关系的主体必须拥有独立的财产权,能够承担相应的法律责任,能够以自己的名义从事水事活动,享有相应的权利、承担相应的义务。其他组织,是指依法设立,能够承担一定的民事责任,但不具有法人资格的社会组织。

(二)水事法律关系的客体

水事法律关系的客体是指参加水事法律关系的主体享有的权利和承担的所共同指向的对象。没有水事法律关系的客体,主体的权利与义务就失去了履行的基础。水事法律关系的客体主要包括物、行为以及行为结果等。我国的水资源作为人民生活、经济发展不可或缺的物质资源,是具有经济价值的物质财富。除此之外水利工程设施、河道等具有水法意义的客观物质存在也具有水事法律客体的地位。作为水事法律关系的客体的行为包括行政机关的管理类活动:如水行政监察、水行政处罚、水行政许可等,也包括劳务性活动:如兴建水库、防汛抗洪、农田排灌等。

(三)水事法律关系的内容

水事法律关系的内容,是指水事法律关系主体所享有的权利和承担的义务。它是水事法律规范的指示内容(行为模式、法律权利与法律义务的一般规定)在实际社会生活中的具体落实,是水事法律规范在社会关系中实现的一种状态。

水事法律关系中权利的享有主要表现在两个方面:国家机关权力的行使和单位、个人与其他组织权利的保护。国家机关权力的行使体现在:①权利主体可以根据自己的意志在法律范围内从事一些水事法律活动。例如《水法》规定:“国务院水行政主管部门或者流域管理机构管理的水工程,由主管部门或者流域管理机构商有关省、自治区、直辖市人民政府划定工程管理和保护范围。”这是说明国家机关有权力划定工程管理和保护范围。②享有权利的主体可以要求义务主体作为或不作为。例如《水法》规定:“在水事纠纷解决前,未经各方达成协议或者共同的上一级人民政府批准,在行政区域交界线两侧一定范围内,任何一方不得修建排水、阻水、取水和截(蓄)水工程,不得单方面改变水的现状。”这说明国家机关有权力要求水事纠纷当事方在未经各方达成协议或者共同的上一级人民政府批准的条件下不得从事某些特定的水事活动。

单位、个人与其他组织权利的保护主要表现在:①当单位、个人与其他组织依法取得相关的水事活动的权利后,其在法律范围内从事的水事活动不受非法干涉。②当水事法律关系主体的特定权利得不到保障的时候可以向国家有关机关提出法律诉求,获得救济。如《水法》规定:“单位之间、个人之间、单位与个人之间发生的水事纠纷,应当协商解决;当事人不愿协商或者协商不成的,可以申请县级以上地方人民政府或者其授权的部门调解,也可以直接向人民法院提起民事诉讼。县级以上地方人民政府或者其授权的部门调解不成的,当事人可以向人民法院提起民事诉讼。”这就是说在现实社会生活中出现水事纠纷,水事法律关系主体需要维护其权利的,可以依《水法》向有关国家机关请求保护。

水事法律关系中义务的承担主要有国家机关义务的承担和单位、个人与其他组织义务的承担两个方面。国家机关义务的承担主要体现在:①国家机关的权力的行使本身也是国家机关必须履行的法定义务,例如水行政监察执法等活动。②当水事法律关系主体的义务得不到履行时,国家有关机关可以强制其履行、赔偿相关损失或进行相应的法律制裁。例如《水污染防治法》规定:“拒绝环境保护主管部门或者其他依照本法规定行使监督管理权的部门的监督检查,或者在接受监督检查时弄虚作假的,由县级以上人民政府环境保护主管部门或者其他依照本法规定行使监督管理权的部门责令改正,处一万元以上十万元以下的罚款。”根据《水污染防治法》的规定环境保护主管部门进行检查时,相关单位有义务接受和配合检查,不履行该义务则要接受相应的法律制裁。③当国家机关的违法越权行为给单位、个人与其他组织义务造成损害的时候,国家权力机关有义务纠正其违法行为并对受害的相对人进行补偿。例如,《水行政处罚实施办法》规定:水行政处罚机关及其水政监察人员违反《行政处罚法》和《水行政处罚实施办法》实施水行政处罚的,按照《行政处罚法》的规定,追究法律责任。

单位、个人与其他组织义务的承担主要表现在:①社会不特定的主体必须履行作为或不作为义务,以维护国家与社会公共的利益或不影响对方利害关系人的利益。例如《水法》规定:“单位和个人有保护水工程的义务,不得侵占、毁坏堤防、护岸、防汛、水文监测、水文地质监测等工程设施。”“禁止在饮用水水源保护区内设置排污口。”这说明不特定的主体在社会活动中都具有相关的不作为义务,防止对国家及社会公共利益的侵害。②法律要求承担义务的特定主体必须履行相应特定的法律义务。例如《水法》规定:“国家鼓励单位和个人依法开发、利用水资源,并保护其合法权益。开发、利用水资源的单位和个人有依法保护水资源的义务。”这说明单位和个人有依法开发、利用水资源的权利,同时也有依法保护水资源的义务,权利义务对等,享受权利的同时必须履行义务。而履行义务的主体在这里是特定的,专指“开发、利用水资源的单位和个人”,属于特殊主体的义务。法律的这一义务的设定旨在调动单位和个人依法保护、开发、利用水资源的积极性,以促进我国水利事业的健康发展。

需要说明的是,法律关系主体的权利和义务与作为法律规范内容的权利和义务(法律上规定的权利和义务)虽然都具有法律属性,但还是有区别的。法律关系主体的权利和义务是法律关系主体在实施法律(遵守法律或适用法律)的活动过程中所实际享有的法律权利和正在履行的法律义务,即“实有的”法律权利和义务,属于现实性领域。在社会生活中,法律上所规定的权利和义务,也只有转化为法律关系主体实有的权利和义务,才能使法律对社会的调整达到有效的结果。水事法律关系的意义在于将法律所确定的权利义务关系落实到社会关系的调整中。水事法律关系的确立是以水事法律规范为基础,是水事法律关系落实到社会生活的产物,使得法律上的权利义务转变为现实的特定主体的权利义务关系。所以,水事法律关系对于水法的实施与实现都具有重要的意义。

第四节　水法的作用与水法的基本原则

一、水法的作用

水法的作用是指水法作为一项部门法在调整社会关系的过程中所具有的功能。水法作为促进实现水资源可持续利用的重要法律规范,是我国水资源开发、利用、管理的重要法律依据,对于确立依法治水的法律原则、确立国内外水资源管理的新经验与理念、完善水行政管理体制都具有重要的作用。

(1)《水法》是依法治水的重要法律依据。水是人类生存的生命线,是经济发展和社会进步的生命线,是实现可持续发展的重要物质基础。依法治水、依法管水,是依法治国的重要组成部分,也是实现水资源可持续利用的根本保证。水法将社会需求、民众意愿上升为国家意志,以立法的形式表现出来,使之具有了国家强制力,使得对水资源的管理充分地做到有法可依。可以说,《水法》的制定,是我国水资源保障与经济社会发展需求之间的矛盾加剧、水环境不断恶化这一社会存在在意识形态领域里的必然反映,同时,也是我国现阶段水资源管理实施可持续发展战略的必由之路。

依法治水是现代治水的理念,也是一种行政管理的理念。现代行政理念强调行政管理行为的合法性、便民性,突出"以人为本"、保护行政管理相对人的合法权利。依法治水是依法行政的重要组成部分,在依法行政的要求下,公民需要守法,政府更需要守法。"对于公权力,法无明文不得行之;对于私权利,法无明文不得惩之"。行政执法机关从事水事活动的管理、检查必须严格地按照《水法》以及相关配套法规的规定,禁止越权行政和违法行政。如果出现了越权行政和违法行政,有关机关要及时制止和纠正,给单位、个人和其他组织造成损失的要给予补偿。单位、个人和其他组织认为水行政机关的行为属于越权行政和违法行政,或者行政行为不适当而给其造成损失的,可以通过行政复议、行政诉讼等途径申请撤销违法行政行为以维护其合法利益。

(2)《水法》吸收了国内外水资源管理的新经验、新理念,把近年来党和国家科学的治水方针、思路和目标通过法律的形式确定下来。新《水法》对我国面临的重大水问题做出有针对性的明确规定,既符合现代水法的趋势,又具有我国自己的特色。它以建立节水防污型社会、实现水资源的可持续利用、保证社会经济的可持续发展为目标,以提高用水效率为核心,把水资源的节约、保护、合理配置放在突出的位置,促进资源与社会经济、生态环境协调发展。

(3)《水法》以法律的形式确立了我国水政管理制度与体系。1992 年,联合国环境与发展会议通过的《21 世纪议程》指出:水资源的综合管理包括地表水与地下水、水质与水量两个方面,应当在流域一级进行,并根据需要加强或者发展适当的体制。我国重要江河均是跨省区的流域,这一自然特点使协调流域管理与行政区域管理的关系显得更为重要。长期以来,我国水资源管理体制不顺;水资源管理制度不完善,特别是在节约用水、计划用水和水资源保护方面的法律制度不完善,致使水资源浪费和污染严重;规定的法律责任可操作性不强,对违法行为打击力度不够,给执法工作造成了困难。其症结就在于流域水资源保护机构的法律地位不确立,职能设置和职责划分不明确。《水法》第十二条规定:"国家对水资源实行流域管理与行政区域管理相结合的管理体制。"这一规定赋予了流域机构行使水资源管理和监督的权力,流域水资源保护事业将由此步入法制化轨道,走向依法行使管理权限、正确履行监督管理职能的健康发展的道路。

我国地域辽阔,自然条件千差万别,东西南北水资源状况不同。国家根据各水系的特点,设置了七大流域机构,即长江流域、黄河流域、淮河流域、海河流域、松辽流域(松花江和辽河)、珠江流域、太湖流域。它们在所管辖的范围内行使法律、行政法规规定的和水利部授予的水资源管理与监督职责。

除对流域机构确权之外,以水法为核心的其他配套法规规定了包括水功能区监督管理、饮水水源地监督管理、取水许可水质管理、入河排污口监督管理和省界水体水质监测等许多重要的管理制度，开创了许多行之有效的水政管理制度，对于我国水资源的合理开发与积极保护具有极大影响和深远的意义。

二、水法的基本原则

所谓法律原则是指能够作为规则的来源或基础的综合性、稳定性的原理或准则。水法的基本原则就是水法中所确立的调整水资源开发、利用、管理等法律关系上的具有指导意义的基本准则。我国水法的基本原则主要包括以下几个方面。

（一）开发、利用、节约、保护水资源和防治水害的过程中应当遵循“全面规划、统筹兼顾、标本兼治、综合利用”的基本原则

科学、合理、有效地开发、利用、节约、保护、管理水资源和防治水害是水法的立法任务和目标。人们对水问题的认识是随着经济社会的快速发展及工业化、城市化、农业现代化进程加快而不断深化的。《水法》第四条规定：“开发、利用、节约、保护水资源和防治水害，应当全面规划、统筹兼顾、标本兼治、综合利用、讲求效益，发挥水资源的多种功能，协调好生活、生产经营和生态环境用水。”随着经济社会的发展，人口的增加，人类对水的开发利用程度会越来越高，水的利用量会越来越大，水供求矛盾日益突出，水污染问题也日趋严重。据统计，在过去的20世纪，全世界总耗水量增加了6倍多。我国的水资源问题主要是短缺问题。全球气候变化对我国水资源的影响表现在北方河流出现了长达20年左右的持续枯水期，南方部分河流则出现了大洪水，全国旱涝灾害频繁。长期以来，在水资源的开发利用过程中，重开源轻节流、重经济效益轻生态与环境保护，加之一些地区不合理地开发利用水资源、用水浪费和水污染，使缺水矛盾加剧，造成生态环境恶化，成为经济社会发展的重要制约因素。同时，水资源宏观配置尚未建立，难以实施水资源的合理配置、高效利用和有效保护。

为了加强对水资源开发、利用的宏观管理，合理配置水资源，规范水资源分配行为，减少用水矛盾，使经济社会的发展与水资源状况相适应，就必须进行对水资源的全面规划。《水法》将“水资源规划”单列一章作了规定，同时规定了水中长期供求规划制度，建立了跨行政区域的水量分配方案和旱情紧急情况下的水量调度预案制度；开发、利用水资源应当首先满足城乡居民生活用水，并兼顾农业、工业、生态环境用水及航运等需要；各级政府应当加强对灌溉、排涝、水土保持工作的领导，促进农业发展；国家鼓励开发利用水能资源、水运资源及对雨水、微咸水收集、开发利用和对海水的利用、淡化。

全面规划在水法上主要表现为水利建设设施规划和水资源规划。作为全面规划在制度上的重要体现，《水法》第五条规定：县级以上人民政府应当加强水利基础设施建设，并将其纳入本级国民经济和社会发展计划。

经济社会的发展对水利建设工作提出了新的、更高的要求，水利基础设施建设只能加强不能削弱。①人口的增加和经济发展，使得洪涝灾害的淹没损失成倍增长，相应地防洪工程的标准、质量就需要提高，防汛任务也更加艰巨。20世纪90年代的10年中有6年发生大水，特别是1998年的严重洪涝灾害牵动了全国工作大局。此后，中央和地方加大了防洪投入，重点堤防的工程状况有了较大改善，长江、黄河等大江大河的防洪形势有了

明显改观。但从总体上看,我国江河的防洪工程还没有达到规划标准。②从农业发展上看,我国农业发展进入新的发展阶段,农业和农村经济结构需要进行战略性调整,农业中低产田的改造、灌溉方式的转变、园田化建设、更高层次的水土整治等将是今后农村水利的重要任务。从城市发展看,随着城市化进程的加快,水利服务领域进一步扩大,城市防洪、供水、水资源保护、水土保持等任务越来越重。③水资源短缺已成为我国特别是北方地区经济社会发展的严重制约因素,水利建设的任务繁重。鉴于我国水资源出现的新情况和新问题,水利基础设施建设的任务十分繁重,需要从法律上保证将水利基础设施纳入各级政府的国民经济和社会发展计划。

(二)在水资源的开发、利用和保护上,坚持国家统一领导与动员社会力量相结合

在国家对水资源的领导方面,《水法》规定:国家对水资源实行流域管理与行政区域管理相结合的管理体制。

国务院水行政主管部门负责全国水资源的统一管理和监督工作。国务院水行政主管部门在国家确定的重要江河、湖泊设立的流域管理机构,在所管辖的范围内行使法律、行政法规规定的和国务院水行政主管部门授予的水资源管理和监督职责。县级以上地方人民政府水行政主管部门按照规定的权限,负责本行政区域内水资源的统一管理和监督工作。

在鼓励社会力量参与水资源开发利用方面,《水法》第六条规定:"国家鼓励单位和个人依法开发、利用水资源,并保护其合法权益。开发、利用水资源的单位和个人有依法保护水资源的义务。"国家鼓励单位和个人依法开发、利用水资源有以下几层意思:①单位和个人开发、利用水资源要依法进行,这里的"依法"包括依照水法及相关法律和行政法规。水资源属于国家所有,是重要的公共资源,单位和个人开发、利用水资源必须符合水资源规划,并依法经过批准。②国家鼓励单位和个人依法开发、利用水资源中的"水资源"包括各种水资源,如《水法》第二十四条、第五十二条规定国家鼓励对这些雨水、微咸水、再生水的开发、利用。同时《水法》第二十六条、第二十七条规定:国家鼓励单位和个人依法开发、利用水能、水运资源。③单位和个人在依法开发、利用水资源中,也要同时依法保护水资源,也就是在保护中开发。权利义务对等,享受权利的同时必须履行义务。

(三)国家对水资源实行取水许可和有偿使用制度

水是基础性的自然资源和战略性的经济资源,水资源属于国家所有。国家为了开发、利用和保护好水资源,实现水资源的可持续利用,使水资源更好地造福于全体国民,更好地适应经济社会的可持续发展,对水资源实行取水许可制度和有偿使用制度。

对水资源依法实行取水许可制度和有偿使用制度,是使水资源管理体制和运行机制适应市场经济体制和加强政府宏观调控的需要。水资源作为一项财产,国家作为所有权人行使财产所有权,有着重要的法律意义。实行取水许可制度,有利于有效控制水的需求,缓解一些地区严重缺水的局面;有利于水资源利用方式由粗放型向集约型转变,促进节约用水,建立节水型社会;有利于国家对水资源宏观管理措施的落实,促进水资源的合理配置和可持续利用,以较小的水资源代价实现国民经济的持续增长。总之,对水资源依法实行取水许可制度和有偿使用制度,符合我国的国情和建立市场经济体制的需要,体现了新时期依法管水和全面建设小康社会的时代要求。

国家对水资源依法实行有偿使用制度。水资源有偿使用制度,是指国家以水资源所有者和管理者的双重身份,为实现所有者权益,保障水资源的可持续利用,向取用水资源的单位和个人收取水资源使用费的制度。我国长期在计划经济体制下,对水资源主要采取行政调配、无偿使用的方式,加上经济技术的原因,用水效率和效益很低,与发达国家差距很大。因此,《水法》将水资源有偿使用制度作为国家又一项基本的水资源管理制度在总则中作了专门规定。为了健全完善我国的水资源权属法律制度,建立取水权法律规范,将实施取水许可和收取水资源费两项制度紧密相连,明确规定除家庭生活和零星散养、圈养畜禽饮用等少量取水的以外,直接从江河、湖泊或者地下取用水资源的单位和个人,应当按照国家取水许可制度和水资源有偿使用制度的规定,向水行政主管部门或者流域管理机构申请领取取水许可证,并缴纳水资源费,取得取水权。就是将取得取水许可证和缴纳水资源费作为取得取水权的前提条件。这就为进一步健全完善我国的水资源权属法律制度和取水许可、水资源有偿使用制度提供了法律依据,为在国家宏观调控下进一步运用市场机制配置水资源创立了法制基础。为了落实这一制度,国务院颁布了《取水许可和水资源费征收管理条例》,从 2006 年 4 月 15 日起施行。

(四)国家厉行节约用水、建立节水型社会

《水法》规定:国家鼓励和支持开发、利用、节约、保护、管理水资源和防治水害的先进科学技术的研究、推广和应用。国家厉行节约用水,大力推行节约用水措施,推广节约用水新技术、新工艺,发展节水型工业、农业和服务业,建立节水型社会。各级人民政府应当采取措施,加强对节约用水的管理,建立节约用水技术开发推广体系,培育和发展节约用水产业。

建立节水型社会是由我国水资源的实际情况所决定的,是我国经济社会发展中一项战略性、全局性、必须长期坚持的国策。我国是世界上人均水资源短缺的国家之一,人均占有的水资源不足 2 200 m^3,约为世界人均水平的 1/4。目前,全国每年缺水近 400 亿 m^3。其中,农村、农业缺水约 300 亿 m^3,城市、工业缺水约 60 亿 m^3。农村还有 2 400 多万人饮水困难没有得到解决;600 多个城市中有 400 多个缺水,其中 100 多个城市严重缺水,约有 1.5 亿城市人口的日常生活因缺水而受到不同程度的影响。随着我国人口和经济社会的持续增长、发展,水资源的短缺形势将更加严峻。因此,厉行节约用水,建立节水型社会是客观需要,势在必行,可以说是唯一的选择。

过去我国对开发、利用、节约、保护、管理水资源和防治水害的科学技术的研究、推广与应用重视不够,存在的问题较多,既有体制方面的原因,也有认识上的问题;既有有关科学技术研究落后问题,也有现有技术没有得到推广、应用的问题,从某种程度上讲技术推广存在的问题更为突出,急需建立有效的技术推广机制。新《水法》突出了对相关科学技术的研究、推广和应用的鼓励和支持,加强了对科学、合理、有效地开发、利用、节约、保护、管理水资源和防治水害,推动水资源可持续利用的管理力度。

第五节 中外水法的历史发展与未来趋势

一、中国水法的历史发展

水法是调整人们在开发、利用、保护和管理水资源的过程中所发生的各种社会关系的法律规范。水法的制定起因于以下一些因素：解决用水矛盾，水利工程的规模扩大和复杂化，政治经济集中程度使土地和水的占有权变更，人口增加和技术进步使国家活动内容扩大等。中国作为一个传统的农业大国，水资源的开发、利用一直是国家关注的问题。中国历史上对水的问题的关注点主要有二：防治水害和兴修水利，并以农业灌溉为主要目标。

历史上各个王朝都把治水、防治水害作为立法的一项重要内容。早在战国时期的秦国就有水利设施建设的相关法令。1979 年四川省考古工作者在川北青川县郝家坪发现的《为田律》(秦武王更修田律)木牍，记载了涉及秦代土地资源管理的最原始的法律文本。其中提到："九月，大除道即阪险。十月，为桥，修波(陂)堤，利津梁，鲜草篱(离)。非除道之时而有陷败不可行，辄为之。"意为九月平整道路，十月修建坡堤，修缮沟渠与桥梁。在湖北江陵张家山出土的汉代初年的法律简牍"二年律令"也有几乎相同的记载。说明在农地管理水利兴建方面，汉代基本继承了秦国的相关规定。敦煌出土的悬泉置平帝元始五年《诏书四时月令五十条》曰："季春月令：修利□防，道达沟渎。开通道路，毋有障塞。"说明兴修水利已被汉代立法纳入农业管理的日常工作之中。

涉及水的立法在古代史籍中也有大量的记载。唐代曾制定关于水的单项法规，在敦煌莫高窟藏经洞中发现的《开元水部式》，是唐代工部所属水部所制定的单独水事法规，规定了水利工程机构设置、管理、保护、防汛、灌溉、渔业、维修以及相关赏罚条款。其主要原则突出了水资源的综合、有效利用，民用水、灌溉、河流运输、渔业以及手工业加工用水按照次序适用，突出民用水与农业生产用水的优先地位。唐高宗永徽年间制定的《永徽律疏》(又名《唐律疏议》)是中华法系的主要代表，其中包含大量涉及水事法律关系的法律规范，对决堤、决水以及修桥、航运中的违法行为都规定了惩戒条款。唐代开元年间修撰的行政法典《唐六典》中有大量涉及治水机构的职权范围和惩罚的规定。根据《宋史·河渠志》载，宋神宗熙宁二年颁布《农田水利条约》，规定了兴建防洪排涝灌溉等农田水利工程的各项要求，并且鼓励水利建设，对兴修水利的官员进行奖励与提升。金代关于水的单项法规《河防令》规定了河防管理机构和职责及工作制度等。明律和清律中，关于水管理的法律条款，基本上袭用唐代以来的规定，不同的是，清律中增加了对水资源污染者应受惩罚的规定。说明我国在封建社会后期已经开始注意和重视水污染的防治问题，并开始通过法律对相关问题进行规范。

中华民国时期，我国水法开始了向近现代水法的重要转变，许多现代水法的原则与规则被纳入水法的具体规定之中。国民政府于 1930 年颁布了《河川法》，规定了河川管理、使用、防洪和防卫机构的设置及职权等。1942 年又发布了《水利法》，规定水利区划分及管理机构，初步确立了水资源的流域管理体制。除此之外，初步确立了水权制度，规定了水权的取得、撤销、改变；用水量和赔偿；水权登记和免登范围；水利工程的核准，兴建工程不得影响航运、水产养殖、流放木材、蓄水、泄水及水道保护等条款。1944 年颁布的民法中，有 11 条规定了对用水、排水、污染水道等法律责任。

中华人民共和国的水法也经历了长时间的发展。自中华人民共和国建立以来，国家兴办了大量的水利工程，促进了国民经济的发展。在多年的水政管理实践中，制定了一系列的单行法规。现行的单行法规有：1961 年中央批转农业部和水电部《关于加强水利管理工作的十条意见》，1964 年国务院颁布的《关于加强航道管理和养护工作的指示》，1979 年国务院颁发了《关于保护水库安全和水产资源的通令》，1981 年水利部发布了《水库工程管理通则》、《水闸工程管理通则》、《河道堤防工程管理通则》，1982 年国务院颁布了《水土保持工作条例》，1983 年水利电力部发布了《水利水电工程管理条例》。另外，有关部门还颁布了水利工程建设各个环节的技术性规章。以上这些法规、规章为以后制定中国的水法奠定了基础。

1988 年 1 月 21 日第六届全国人民代表大会常务委员会第二十四次会议通过的《中华人民共和国水法》，是新中国第一部全面规范合理开发利用和保护水资源，防治水害活动的水基本法。为充分发挥水资源的综合效益，适应国民经济发展，起到了重要作用。经过十几年的实践，随着社会主义市场经济的建立，可持续发展战略的确定，中华人民共和国第九届全国人民代表大会常务委员会第二十九次会议于 2002 年 8 月 29 日，修订通过了新的《中华人民共和国水法》。

我国的水法的制定与修改始终在立足我国基本国情的基础上，坚持吸收国外先进的立法经验，做到科学性与合理性的统一。特别是近些年来，节约能源、保护环境成为贯彻落实“科学发展观”和统筹“人与自然和谐发展”的重要内容：“坚持生产发展、生活富裕、生态良好的文明发展道路，建设资源节约型、环境友好型社会，实现速度和结构质量效益相统一、经济发展与人口资源环境相协调，使人民在良好生态环境中生产生活，实现经济社会永续发展。”

二、国外水法的发展历史

在国外水法发展历史上，习惯法、穆斯林水法、罗马水法以及欧洲民法系统中的水法原理曾对水法的发展产生过很大影响。各国水法的产生和发展与各自的社会政治制度、资源开发利用历史以及宗教等因素有关。如日本古代水法可追溯到中国唐代的《水部式》（水法），明治维新后开始制定河川法；英国水法始自 15 世纪解决供水问题的需要，19 世纪开始制定水工程条例、公共卫生法等。目前世界上有多数国家，水的开发利用存在严重的无政府状态，因此水的污染源日益增加，受污染的水和水域不断扩大，生态平衡遭到严重破坏；洪涝灾害造成了对生命财产的严重威胁。同时，随着生产的发展、科学的进步，对水的供需矛盾也越来越突出，因此许多国家通过立法加强国家干预。例如美国法律规定，联邦有权管理通航河道的水质控制、防洪、流域开发和保护生态环境，规定大中型水利工程由联邦政府规划开发。1970 年《苏联和各加盟共和国水立法纲要》，确定了关于河道、湖泊、内河、水库及在苏联境内的地表水和地下水利用、保护的各项原则。1974 年《罗马尼亚社会主义共和国水法》规定实行许可证制度，除家庭生活用水外，公开饮用及国民经济各部门用水，都应持有水主管部门颁发的许可证，并遵守其规定。

自20世纪,特别是20世纪下半叶以来,是国际水法历史发展最重要时期。这一时期世界各国的水资源被广泛开发利用,用水量迅速增加。几乎所有的国家都制定了相应的水事规范,从内容上看,主要包括水权、用水许可制度、水利工程与水污染防治等内容。随着水资源的供给与需求之间矛盾的扩大,水资源开发利用带来的综合利用、用水管理、投资分摊、环境保护、组织体制等一系列问题都反映到水法中来,许多国家,包括发达国家都在修订水法,或制定新的水法。国外一些文献称这一时期为现代水法形成和发展时期。应许多国家的要求,国际水法协会于1975年、1976年、1977年先后召开过3次"关于水法体系问题"讨论会,对各国治水、利水、管水的实际情况和水法的发展趋势进行了分析研究。

综观世界各国水法,大致归纳为两种类型:一类以英、法等欧洲一些国家为代表,制定一个基本水法,内容包括水资源开发、管理、保护等方面的基本政策;此外还制定有专项法规,如英国1973年水法,规定了水务局的设置、职能及水管理任务等;法国1964年水法侧重水的分配、防止污染等。另一类以美国、日本等国为代表,根据水资源利用和管理的需要制定针对各种目的的法规,但似乎没有一个基本水法。如美国水工程的规划、拨款、建议和管理几乎都通过立法确定。自1824年国会批准第二个有关水的法规"河道和港口法"至1983年里根政府批准的"水土资源开发利用研究的经济与环境原理和指南",其间共制定有关水的法规数十个。日本著名的水法有河川法、特定多目标法、水资源开发促进法、水污染防治法等。

现代水资源立法形式,广义地说,应包括国家宪法条款、国家立法机关通过的法律、政府颁布的通告、规定、部级决定、地方和城市发布的条例等。国际水法协会1976年加拉加斯会议提出,水资源立法内容应包括所有有助于合理保护、开发和利用水资源的活动,按照水量、水质以及水和其他自然资源或环境因素的关系拟定。具体包括:国家水政策目标及实现途径、水的控制和主权权利、用水权的取得、有关水源和用水的禁令、用水优先权、用水条件、水害的防止、水事裁判、用水户参与管理、水资源管理、用水新技术的审查和批准。许多国家都认为水资源作为一项社会公共资源应当为社会所公有,并通过国家对水资源进行统一、有效的管理。

国外的水法的立法及其发展趋势为水法的制定积累了一定的经验,也对我国水法的发展提供了有益的借鉴:①水法的现代化趋势、现代水资源利用和管理中的新成果、新矛盾的解决等,不断反映在水资源立法中;保护水资源、实现水资源的有效利用已经成为各国水法制定的共识。施行取水许可已经成为当今世界各国普遍采取的一种水管理制度。②根据需要多方面立法。实践表明,由于水资源的利用、开发与保护涉及到社会的诸多方面,水资源利用和管理也具有复杂性,不论有无基本水法,都需要制定多方面的水事法规。③水法,包括基本水法,既要保持相对稳定,也要适时修改过时的条款。特别是其中的技术性条款与各项指标要根据社会实际的发展和对水资源的需求与供给及时更新。

第二章 水资源的规划与开发利用

第一节 水资源的规划

一、水资源规划的基本原则

水是人类赖以生存与经济社会发展不可替代的基础性资源，也是生态环境的基本要素。与土地、森林、草原、矿产等自然资源不同，它是大气降雨再生的动态资源。地表水与地下水相互转换，上下游、干支流、左右岸、水量水质相互关联，相互影响。水资源还具有多功能性，且可重复使用，水资源可以用来发电、灌溉、航运、供水、渔业等；水资源有利害双重性，它既能兴利，又能为害。水多了会闹水灾，水少了会闹旱灾，水脏了会影响生态环境。因此，开发、利用、节约、保护水资源和防治水害的各项活动，都应当全面规划、统筹兼顾、标本兼治、综合利用、讲求效益，发挥水资源的多种功能，协调好生活、生产经营和生态环境用水。这一基本原则是新中国成立以来水利建设的实践总结。只有这样，才能实现水资源的可持续利用、保障我国经济社会的可持续发展。

《水法》总则第四条规定："开发、利用、节约、保护水资源和防治水害，应当全面规划、统筹兼顾、标本兼治、综合利用、讲求效益，发挥水资源的多种功能，协调好生活、生产经营和生态环境用水。"

水资源规划是为适应社会和经济发展的需要而制定的对水资源的开发利用和保护进行全面布局安排的文件。水资源规划是开发、利用、节约、保护水资源和防治水害的重要依据。其作用是协调好各个用水部门和地区间的用水要求，使有限的可用水资源在不同用户和地区间合理分配，以达到社会经济和环境效益的优化组合，并充分估计规划中拟定的对水资源开发利用活动可能引发的对环境和生态的不利影响，提出对策，以达到可持续开发利用水资源的目的。

在制定水资源规划工作中，应当坚持按自然规律办事，处理好人与自然、人与水、人与生态环境和生态、水与社会发展的关系。为此，要在水资源规划中遵循以下的基本原则：

（1）坚持水资源开发利用与经济社会协调发展的原则。水资源开发利用要与经济社会发展的目标、规模、水平和速度相适应，并适当超前。经济社会的发展要与水资源的承载能力相适应，城市发展、生产力布局、产业结构调整以及生态环境建设都要充分考虑水资源条件。

（2）坚持全面规划和统筹兼顾的原则。坚持全面规划、统筹兼顾、标本兼治、综合治理、除害兴利结合，开源节流治污并重，防洪抗旱并举。妥善处理上下游、左右岸、干支流、城市与农村、流域与区域、开发与保护、建设与管理、近期与远期等各方面的关系。

（3）坚持水资源可持续利用的原则。统筹协调生活、生产和生态用水，合理配置地表水与地下水、当地水与外流域调水、常规水源与非常规水源等多种水源，对要求与供水可能进行合理安排。在重视水资源开发利用的同时，强化水资源的节约与保护，以提高用水效率为核心，把节约用水放在首位，积极防治水污染，实现水资源可持续利用。

(4)坚持按社会主义市场经济规律治水的原则。要适应社会主义市场经济的要求，认真研究产权、水权、水价、水市场等问题，研究体制、机制、法律法规问题。科学制定水资源开发、利用、配置、节约、保护、治理的有关经济政策，利用经济手段，调节水事活动，发挥政府宏观调控和市场机制的作用。

(5)坚持科学治水的原则。要广泛应用先进的科学技术，努力提高规划的科技含量和创新能力。要运用现代化的技术手段、技术方法和规划思想，科学配置水资源，缓解面临的主要水资源问题，并用先进的信息技术手段管理水资源，制定出具有高科技水平的现代化水利规划。

(6)坚持因地制宜、突出重点的原则。根据各地水资源状况和经济社会条件，确定适合本地实际的水资源开发利用模式。同时，要充分考虑需水的增长及国家和地方财力状况，界定各类用水的优先次序，确定水资源开发、利用、配置、节约、保护、治理的重点。

二、水资源规划的分类和制定

(一)水资源规划的分类

《水法》第十四条明确规定："国家制定全国水资源战略规划；开发、利用、节约、保护水资源和防治水害，应当按照流域、区域统一制定规划。规划分为流域规划和区域规划。流域规划包括流域综合规划和流域专业规划；区域规划包括区域综合规划和区域专业规划。"

水法明确了我国水资源的规划体系，即国家和流域、区域的规划，包括全国水资源战略规划；流域或者区域的综合规划；流域或区域的专业规划。各项规划之间相协调和衔接，构成水资源规划体系。

流域规划和区域规划具有一定的法律地位和作用。开发、利用、节约、保护、管理水资源和防治水害应当按流域、区域统一制定规划，从事上述水事活动必须服从流域、区域规划。流域、区域规划均包括综合规划和专业规划两大类。其中，综合规划是指根据经济社会发展需要和水资源开发利用现状编制的兴水利、除水害的总体部署；专业规划包括防洪、治涝、灌溉、航运、供水、水力发电、竹木流放、渔业、水资源保护、水土保持、防沙治沙、节约用水等规划，是上述水事活动的具体依据。

制定全国水资源的战略规划，对于我国的发展有着重大的意义。战略是指对全局性的、高层次的重大问题的筹划和指导，规划是指比较全面的长远的发展计划。水资源战略规划，是为实现水资源的可持续利用，适应国民经济和社会发展的长远需求，对我国水资源的开发利用和保护所做出的长远的总体计划。

水是人类社会生存发展不可缺少的，它既是自然资源又是战略资源。作为战略资源有没有战略储备，这是衡量一个国家和地区经济实力的一个尺度，是衡量能否维护国家安全和社会稳定的保障程度。我们必须从人类的生存与发展的战略高度，从可持续利用和可持续发展战略的高度来认识水的问题。

(二)水资源规划的意义

以水资源的可持续利用支持经济社会的可持续发展,为全面建设小康社会提供有力支撑和保障,是我国新时期水利改革与发展战略目标。开发、利用、节约、保护水资源和防治水害事关经济社会发展的大局和人民群众的根本利益,必须全面规划、统筹安排,即要根据水资源的基本状况和国民经济及社会发展对水资源的各项需求,统一制定规划,确定水资源开发、利用、治理的中、长期目标,并规定实现目标的分步计划。

规划的制定和执行,可以为经济社会发展提供五方面的基本保障:一是饮水保障,要优先满足城乡人民生活用水的要求,为城乡居民提供安全清洁的饮用水,改善公共设施和生态环境,逐步提高生活质量;二是经济社会对防洪保安的要求,保障人民生命财产的防洪安全;三是水对粮食安全的保障,基本满足粮食生产对水的需求,改善农业生产条件,为我国粮食安全提供水利保障;四是基本满足国民经济建设用水需求,保障经济持续、快速、健康发展;五是努力满足改善生态环境用水需求,逐步增加生态环境用水,不断改善自然生态和美化生活环境,努力实现人与自然的和谐与协调。

(三)水资源规划的制定

1. 全国水资源战略规划的制定

《水法》中规定:"国家制定全国水资源战略规划。"

我国水资源时空分布不均,且水资源分布与经济社会发展布局不对称。水资源不足是制约我国经济社会发展的重要因素,为解决大江大河流域间的重大水资源调配和布局问题,仅有流域或者区域的水资源规划是不够的,还应当制定全国的水资源战略规划。因此,规划不仅要在流域、县级以上地方行政区域组织进行,更需要在全国规划层次和范围内组织进行。全国的水资源战略规划是宏观规划,主要是在查清我国水资源及其开发利用现状、分析评价水资源承载能力的基础上,根据水资源的分布和经济社会发展整体布局,计划水资源的配置和综合治理问题。

在流域规划和区域规划的关系上,《水法》中也做了明确的规定:"流域范围内的区域规划应当服从流域规划,专业规划应当服从综合规划。

流域综合规划和区域综合规划以及与土地利用关系密切的专业规划,应当与国民经济和社会发展规划以及土地利用总体规划、城市总体规划和环境保护规划相协调,兼顾各地区、各行业的需要。"

水资源具有流域性、多功能性和不可替代性,这就使得开发、利用、节约、保护、管理水资源和防治水害的各项活动相互联系、形成整体。因此,在上下游、左右岸、各行各业之间存在着局部与整体、趋利避害、协调平衡问题。为了保证国家整体利益并统筹兼顾各方利益,水法规定了流域规划与区域规划、专业规划与综合规划之间的关系,并规定了水资源流域规划、区域规划与其他相关的总体规划相协调的关系。

按照局部必须服从整体、专项必须服从综合的原则和对水资源加强统一管理的要求,《水法》规定流域范围内的区域规划应当服从流域规划,专业规划应当服从综合规划。流域和区域的综合规划要充分考虑人口、资源、环境等要素,适应生产力发展布局的要求,处理好防洪抗旱、开源节流保护、兴利除害、排水与蓄水、供水与用水以及上游与下游、城市与农村、流域与区域等方面的需要,统筹兼顾各地区、各行业的需要。另外,考虑到在推进城市化的过程中，有些地方片面追求扩大城市规模，不考虑水资源和供水的可能性，因而造成城市用水严重紧缺，不得不回过头来花更多的投资去建引水工程，所以，《水法》中也规定了有关的水资源规划应当与国民经济和社会发展规划及土地利用总体规划、城市总体规划和环境保护规划相互协调。

2. 流域和区域水资源规划的制定

《水法》第十七条规定："国家确定的重要江河、湖泊的流域综合规划，由国务院水行政主管部门会同国务院有关部门和有关省、自治区、直辖市人民政府编制，报国务院批准。跨省、自治区、直辖市的其他江河、湖泊的流域综合规划和区域综合规划，由有关流域管理机构会同江河、湖泊所在地的省、自治区、直辖市人民政府水行政主管部门和有关部门编制，分别经有关省、自治区、直辖市人民政府审查提出意见后，报国务院水行政主管部门审核；国务院水行政主管部门征求国务院有关部门意见后，报国务院或者其授权的部门批准。"

本条规定了开发、利用、节约、保护水资源和防治水害的各类规划的编制和审批权限。规定以外的其他江河、湖泊的流域综合规划和区域综合规划，由县级以上地方人民政府水行政主管部门会同同级有关部门和有关地方人民政府编制，报本级人民政府或者其授权的部门批准，并报上一级水行政主管部门备案。

专业规划由县级以上人民政府有关部门编制，征求同级其他有关部门意见后，报本级人民政府批准。其中，防洪规划、水土保持规划的编制、批准，依照防洪法、水土保持法的有关规定执行。

规划一经批准，必须严格执行。如果经批准的规划需要修改时，必须按照规划编制程序经原批准机关批准。

三、水资源综合科学考察与调查评价

《水法》第十六条规定："制定规划，必须进行水资源综合科学考察和调查评价。水资源综合科学考察和调查评价，由县级以上人民政府水行政主管部门会同同级有关部门组织进行。"

制定规划必须开展水资源综合科学考察和调查评价工作。水资源综合科学考察和调查的目的是全面客观地掌握水资源的自然状况和开发利用现状，以及未来的变化趋势，客观反映水资源开发利用中存在的问题。水资源调查评价成果是开发、利用、节约、保护、管理水资源和防治水害的依据。因此，进行水资源规划，为经济社会发展提供水资源保障，必须进行水资源调查评价。水资源综合科学考察和调查是水行政主管部门的职责，同时又涉及多部门、多学科的工作，所以由县级以上人民政府水行政主管部门会同同级有关部门组织进行。

水文、水资源信息是制定规划的依据和重要基础，是提供水资源数量、质量和可利用量的基础，提供对现状用水方式、水平、程度、效率等评价成果的基本依据，为需水预测、节约用水、水资源保护、供水预测、水资源配置提供可靠的分析成果。由于水资源的时空分布和开发利用状况是变化的，尤其在我国北方地区近来变化较大，因此，必须加强对水资源的动态监测，运用现代化的技术手段和先进的信息技术，加强水文、水资源信息监测系统建设,要实行水资源数量与质量、供水与用水、排污与环保相结合的统一监测网络体系,建立和完善供、用、排水计量设施,建设现代化水资源监测系统。水文资源是国家基本资料的重要组成部分。为了充分发挥水文资料的作用,更好地为国民经济和社会发展服务,基本水文资料应当按照国家有关规定予以公开。

四、水利工程的环境影响

水利水电工程通常具有发电、防洪、灌溉、航运、养殖、供水、旅游等综合效益,是人类改造自然、利用自然的重要途径。但是,随着环境意识的增强,人们也已认识到,修建大坝不仅会引起河流水沙情势的变化,而且水库淹没与移民活动,以及工程施工等也会对生态环境产生不同程度影响。因此,不论是流域水资源综合利用规划制定,还是在水利工程的规划、设计、施工运行及管理的各阶段中,均应充分考虑维护生态平衡与环境保护的要求,包括生态用水与环境用水的要求,水利水电工程建设应与经济、社会的可持续发展,以及生态环境良性循环相协调。

(一)水利水电工程的主要环境影响问题分析

一般来说,兴建具有水库的水利水电工程会产生下列环境问题:

(1)因水库淹没,库区移民安置中毁林开荒将造成水土流失。因安置不当及生活环境改变,移民生活不安定会产生一些社会问题。

(2)水库蓄水后,有可能引起库岸崩坍,诱发地震等。此外,因河流情势变化对坝下与河口水体生态环境产生潜在影响。

(3)水库蓄水后,会引起库周地下水位抬高,导致土地盐碱化等。

(4)水库蓄水后,因水流变缓,水体稀释扩散能力降低,水体中污染物浓度增加,库尾与一些库湾易发生富营养化。

(5)一些水库蓄水后,水温结构发生变化,可能出现分层,对下游农作物产生冷害。

(6)水库淹没会影响陆生生物的生境,修坝对水生生物特别是洄游性鱼类将产生直接影响。

(7)对多泥沙河流,水库回水末端易产生泥沙淤积,不仅减少蓄水库容,而且可能引起河床抬高,影响航运。流入水库的支流河口也可能形成拦门沙而影响泄流。因改变河流的水力条件,对下游河道可能造成冲刷。

(8)水库蓄水后,水面增加,对库周的气候可能产生影响,引起风速、湿度、降水、气温等气象要素的变化。

(9)库区的文物古迹可能被淹没。

(10)对库区人群健康会产生影响,如一些水介疾病会因水面扩大而增加,移民动迁也会导致一些疾病流行等。

(11)由于水库蓄水,下游河道水位降低或河道下切,流量减少可能影响生活和工农业用水。

(二)防止和减免不利影响的一些对策措施

修建水利水电工程是为了改造自然,造福人类,但对环境常会产生一定的影响,需考虑采取必要的对策措施,将工程对环境的不利影响减少到最低程度。

对于作为供水水源的工程，要制定水源保护条例，密切监视水库水质状况，严格控制污水排放，确保水库不受污染。

下游有用水要求的工程，要采取适当泄放基流，以满足下游生活及环境用水的要求。

（三）工程建设期的环境管理

为了做好建设期环境保护工作，要建立健全工程环境保护管理体系，制定工程建设期环境保护计划，在招标文件和承包合同中必须包含环境保护条款，并在工程施工中执行环境监理制度。

工程施工期是工程建设的重要阶段，也是落实污染防治与环境保护“三同时”要求的关键阶段。在主体工程建设的同时，要落实环境影响评价和环境保护设计中确定的减免措施。

1. 工程业主单位的环境管理

工程业主要成立环境保护管理机构，其职责是：①制定建设期环境保护实施规划和管理办法；②编制招标文件和承包项目合同中的环保条款；③制定环境保护工作年度计划；④组织实施环保工程措施；⑤负责协调环保和其他部门的关系；⑥编写年度环境保护工作报告及月、季、年报表；⑦开展环境保护宣传、教育和培训。

2. 承包商的环境管理

施工承包商应严格按照施工合同中环保条款的要求，指定专人负责环保工作，执行环境保护年度计划；检查环保设施的建设及运行情况，处理施工过程中出现的环保问题，核算本年度环保经费的使用情况，报告承包合同中环保条款执行情况。

3. 施工环境监理

环境监理是工程监理的组成部分，是落实水电工程环境保护措施的重要措施；环境监理的组织形式可根据工程具体情况而定，对与工程施工关系较大的环境问题，由环境监理工程师提出解决意见，经工程总监同意后执行。一般环境问题由环境监理工程师决定。

环境监理的内容一般包括：①地表、地下水资源保护；②施工区生活供水灭菌消毒的监测与检查；③生活污水和生产废水的处理，排污口及水质监测；④粉尘及有毒、有害气体的控制和大气监测；⑤噪声污染控制和监测；⑥固体废弃物的处理；⑦水土流失的防治与植被恢复；⑧人群健康保护；⑨文物保护；⑩环保设施的建设。

（四）工程的环境监测

当工程对环境影响较大或时间较长时，应从施工开始前就对影响较大的主要环境因子进行跟踪监测，特别是在运行期对某些影响较大的环境因子要进行监测。

水利水电工程生态环境监测工作应根据工程的具体情况和要求进行。一般对水库库容较大的工程，为了掌握水库蓄水前后水文、泥沙、水质、水温、局部气候等环境因素变化的状况及规律，更好地进行水资源与水环境的管理，应开展环境监测。

第二节 水资源的开发利用

一、综合利用

《水法》第六条明确规定：“国家鼓励单位和个人依法开发、利用水资源，并保护其合法权益。开发、利用水资源的单位和个人有依法保护水资源的义务。”

这一条是关于国家鼓励并保护单位和个人依法开发、利用水资源和单位、个人有依法保护水资源义务的规定。

这一规定必将调动单位和个人依法保护、开发、利用水资源的积极性，有利于我国水利事业的发展。

（一）水资源开发利用的原则

《水法》第二十条规定：“开发、利用水资源，应当坚持兴利与除害相结合，兼顾上下游、左右岸和有关地区之间的利益，充分发挥水资源的综合效益，并服从防洪的总体安排。”

水是大气循环过程中可再生和动态的自然资源。应该对水资源进行多功能的综合利用和重复利用，以更好地取得社会、经济、环境的综合效益。该条明确规定了水资源开发利用的基本原则。

1. 实行防洪与兴利相结合，全面规划、统筹兼顾，发挥水资源的综合效益

我国水资源总量中大部分来自洪水，水资源在一年内和年际间变化很大，汛期和多水年易形成洪涝灾害，非汛期和枯水年水少，往往又发生旱灾。这一特点决定了要防治洪涝、满足用水要求就必须坚持兴利与除害相结合。实行防洪与兴利相结合的原则，首先应当在流域综合规划中体现。其次，该原则应当在骨干枢纽工程，特别是在大型水库的建设中得到体现。以防洪为主的水库，应当综合考虑各项兴利事业的需要，把拦蓄的大量洪水转化为可以提供利用的水，并且按照灌溉、供水、水运、水力发电、渔业等方面的需要，适时调节径流，以服务于水资源的综合利用。以发电、灌溉、供水为主的水库，也必须根据防洪的总体安排，承担一定的防洪任务。同时水资源是大气降雨循环再生的动态自然资源，地表水与地下水相互转化，不可分割，也难以按地区、部门或城乡的界限划分，而应当按流域自然单元进行开发、利用和管理。不合理的资源开发导致严重的生态环境问题。我国现状是，水资源开发利用率为20%，但北方主要河流已超过50%，其中海河流域和黑河流域已超过90%。过度开发，大量挤占生态环境用水，导致河流断流、湖泊萎缩、湿地消失、天然植被破坏等一系列生态环境问题；地下水过量开采，造成地下水位持续下降、地面沉降、海水入侵、水源枯竭、水质恶化等环境问题；经济社会的发展和人口的增长，使用水量急剧增加，水的供需矛盾日益突出，地区间用水矛盾十分尖锐，水事纠纷时有发生。所有这些，都要求我们开发利用水资源要全面规划、统筹兼顾，发挥水资源的综合效益。

2. 开发利用水资源，应当服从防洪的总体安排

我国特定的自然条件和水文特征，决定了防洪问题在我国具有特殊的重要性。我国大约有1/2的人口、1/3的耕地、上百座大中城市、许多重要交通干线和工矿企业处于江河洪水位以下，受江河洪水严重威胁的地区的工农业产值占全国的2/3。随着经济的发展和人口的增长，洪水造成的损失也越来越大。大江大河一旦出事，势必造成难以挽回的损失，打乱整个国家经济的布置，影响社会稳定。因此，开发利用水资源应当服从防洪的总体安排，按照《防洪法》的有关规定，规范各种水资源开发利用活动。

为此，在水资源的开发利用过程中，地方各级人民政府应当结合本地区水资源的实际情况，按照地表水与地下水统一调度开发、开源与节流相结合、节流优先和污水处理再利

用的原则,合理组织开发、综合利用水资源。

(二)水资源开发利用中注意的问题

1. 加强水资源开发的前期论证工作

《水法》第二十三条:"国民经济和社会发展规划以及城市总体规划的编制、重大建设项目的布局,应当与当地水资源条件和防洪要求相适应,并进行科学论证;在水资源不足的地区,应当对城市规模和建设耗水量大的工业、农业和服务业项目加以限制。"

水资源论证应当包括两个方面:一是水资源承载能力。水资源承载能力指的是在一定流域或区域内,其自身的水资源能够持续支撑的经济社会发展规模并维系良好生态系统的能力。二是水环境承载能力。水环境承载能力指的是在一定的水域,其水体能够被继续使用并仍保持良好生态系统时,所能够容纳污水及污染物的最大能力。这两者是相辅相成、紧密相连的。水资源虽然是可循环、可更新的资源,但在一定时期、一定的地点,其承载能力也是有限的。因此,生产力布局和城市建设就应当与当地水资源条件也就是水资源承载能力以及防洪要求相适应。在水资源不足的地区,应当对城市规模和建设耗水量大的工业、农业和服务业项目加以限制。目前,水利部和国家发展与改革委员会已经发布了建设项目水资源论证管理办法,对论证工作作出了具体的规定。

2. 在水资源配置过程中,注意用水的顺序原则

《水法》第二十一条:"开发、利用水资源,应当首先满足城乡居民生活用水,并兼顾农业、工业、生态环境用水以及航运等需要。

在干旱和半干旱地区开发、利用水资源,应当充分考虑生态环境用水需要。"

水是基础性的自然资源和战略性的经济资源,是生态环境的控制性要素。在水资源发生供需矛盾时,如何安排城乡生活用水、农业用水、工业用水、生态环境用水和其他用水的先后顺序,是一个非常重要而又敏感的问题。对此,各国水法都有规定。其中有一个共同点,就是都把生活用水放在优先地位。水是生命之源,社会对水的第一需求就是饮水保障。获得充足、洁净的饮水,是城乡居民最基本的生活需要。《水法》第五十四条也重点强调,要求"各级人民政府应当积极采取措施,改善城乡居民的饮用水条件"。

目前,我国水资源与人口、经济布局和城镇发展不相匹配,加之长期以来水源工程建设滞后,供水增长速度不能满足国民经济发展、人口增长及城市化发展的要求,全国区域性缺水越来越严重,特别是北方地区和重要城市的水资源供需矛盾十分突出。随着人口的持续增长,我国人均水资源量将进一步减少,经济社会的快速发展,城市化进程的加快,以及人民生活质量的提高和生态环境的改善,用水需求将不断增加,对供水量和水质的要求不断提高,水资源供需矛盾将不断加剧。因此,要大力发展供水事业,确保安全供水,满足城乡用水需求。

此外,在干旱、半干旱地区开发、利用水资源,还应当充分考虑生态环境用水的需要。我国干旱区和半干旱区占整个国土面积近一半,干旱区和半干旱区生态环境的稳定与否,也决定着本地区人民生活质量的高低。生态环境的稳定,在很大程度上取决于水资源的供给状况。但是,长期以来这些地区的水资源开发利用没有考虑生态环境保护,致使这些地区生态环境恶化,表现为地表植被退化甚至死亡、河道断流、湖泊萎缩、下游河床淤积、河口生态破坏、土地次生盐渍化等诸多生态问题。因此,水资源的开发利用必须与社会和

经济发展相适应，突出生态环境用水的重要性，为社会的可持续发展奠定良好的环境基础。

3. 加强流域调水的规划和论证工作，防止出现次生的环境破坏

我国水资源时空上分布极不均匀，同时我国又是一个水资源严重短缺的国家，因此流域调水对于缓解重点缺水地区的水资源供需矛盾，具有十分重要的意义。

由于我国水资源不丰富，时空分布不均以及水资源极不平衡的特点，跨流域调水将是21世纪中国水利的一大特点。实施跨流域调水将对调出区的生态环境和水资源形势带来影响，所以《水法》第二十二条规定：跨流域调水，应当进行全面规划和科学论证，统筹兼顾调出和调入流域的用水需要，防止对生态环境造成破坏。

4. 加强非传统水资源的开发利用

在合理开发地表水、科学利用地下水的同时，积极开发利用多种水资源，增加可供水量，是缓解缺水矛盾的重要途径。《水法》第二十四条规定：在水资源短缺的地区，国家鼓励对雨水和微咸水的收集、开发、利用和对海水的利用、淡化。对此，规定将会进一步推动多种非传统水资源的开发利用。

目前，雨水、微咸水的利用技术已经相当成熟，在一些地区已经起到了非常重要的作用。而对于海水的淡化利用，由于投资成本高，近期还难以普及应用。但直接利用海水供作工业冷却、生活冲洗、城市绿化和环境用水，以替代淡水资源，已成为我国沿海城市解决淡水资源紧缺的一条重要途径。

5. 国家应当鼓励开发利用水能、水运资源

《水法》第二十六条、二十七条规定：国家鼓励开发、利用水能、水运资源。

我国水能资源丰富，理论蕴藏量为6.88亿kW，可开发资源为4.48亿kW，均占世界第一位。丰富的水能资源是我国能源特别是电力发展的巨大优势。水能资源既是一项洁净的、可再生的能源，又兼有相当于开采煤炭、石油的一次能源建设和相当于修建火电站的二次能源建设的双重功能。这些都决定了水能开发在我国能源建设中的重要地位。新中国成立以来，我国水能资源开发利用取得了举世瞩目的成就。截止到2007年底，全国已建成的大、中、小型水电站装机容量总计为14 526万kW，当年发电量为4 867亿kWh。但目前水能资源的开发利用率并不高，全国水力发电量仅占技术可开发利用量的30%，大力开发我国丰富的水能资源仍是一项十分重要的任务。

《水法》第二十六条："国家鼓励开发、利用水能资源。在水能丰富的河流，应当有计划地进行多目标梯级开发。"

开发水能资源，应当有计划地进行多目标梯级开发，坚持大中小并举的方针。一方面，水能资源作为我国一大常规能源，它的开发利用要满足国民经济发展对能源的需求，要与其他能源的开发和利用相协调；另一方面，水力发电作为水资源开发利用的一部分，它的开发应当在流域统一规划下，与水资源综合利用相协调。同时，应当坚持梯级开发的原则。同样，在水能资源开发中，应该注重小型水电的作用。从1983年开始，通过开发当地小水电资源建设农村水电初级电气化县，使1.2亿无电人口用上了电，初步治理了数千条中小河流，增加水库库容500亿m^3，增加灌溉面积2 530万亩，解决了6 425万人及4 742万头牲畜饮水困难，改善了农业生产条件和农民生活条件，提高了防洪抗旱能力。

通过开发农村水电,建设初级电气化县,大力实施小水电代柴,改善了农村能源结构,促进了天然林保护和退耕还林还草。目前,农村水电供电区已有2 000万户居民不同程度地使用电炊,节约了大量薪柴,减少了森林砍伐,缓解了水土流失。

但是在水能开发过程中,应当保护生态环境,兼顾防洪、供水、灌溉、航运、竹木流放、渔业等方面的需要。水能资源的开发可以实现水资源的综合利用,但是必须看到,水电站建设和运行中会遇到许多矛盾。如利用水电站的水库滞洪,汛期要求腾空水库,为拦洪、削减下泄流量做准备,但是这样做,又要降低水电站的水头,减少发电量。再比如,为了发电,需要拦河筑坝,这样会阻障船、筏和鱼类的通行。因此,在水电站建设和运行中应当充分考虑各方面的需要,妥善解决出现的矛盾,协调各方面的利益。

我国水运资源丰富。在960万km^2的国土上,分布有长江、黄河、珠江、淮河、海河、辽河、黑龙江等七大主要水系,还有贯穿海河、黄河、淮河、长江、钱塘江等五个水系的京杭大运河。水运也是水资源综合开发利用的一项重要功能。与其他运输方式相比,内河航运具有运能大、能耗小、成本低、占地少、对环境污染轻等特点。但是,兴建拦河工程会出现碍航、碍鱼等问题。1964年国务院颁发了《关于加强航道管理和养护工作的指示》。它要求各单位、各地区和各部门在开发利用水资源时,必须对防洪、排涝、灌溉、发电、水电、水产、给水和木材流放等各方面统筹兼顾、全面规划,以收到综合利用的效益。《水法》第二十七条规定:国家鼓励开发、利用水运资源。在水生生物洄游通道、通航或者竹木流放的河流上修建永久性拦河闸坝,建设单位应当同时修建过鱼、过船、过木设施,或者经国务院授权的部门批准采取其他补救措施,并妥善安排施工和蓄水期间的水生生物保护、航运和竹木流放,所需费用由建设单位承担。

在不通航的河流或者人工水道上修建闸坝后可以通航的,闸坝建设单位应当同时修建过船设施或者预留过船设施位置。

此外,在水能、水运资源开发的同时,应当加强对移民工作的管理。

《水法》第二十九条中规定:"国家对水工程建设移民实行开发性移民的方针,按照前期补偿、补助与后期扶持相结合的原则,妥善安排移民的生产和生活,保护移民的合法权益。

移民安置应当与工程建设同步进行。建设单位应当根据安置地区的环境容量和可持续发展的原则,因地制宜,编制移民安置规划,经依法批准后,由有关地方人民政府组织实施。所需移民经费列入工程建设投资计划。"

6. 加强水资源利用的日常管理,注意协调各方的利益关系

《水法》第二十五条规定:地方各级人民政府应当加强对灌溉、排涝、水土保持工作的领导,促进农业生产发展。

据调查统计,1981年以来,我国灌溉面积明显下降。虽然每年都有新增的灌溉面积,但不足以弥补因年久失修、损坏报废、设备老化、无力更新、基建占地、水源变化或水源被城市占用等因素而减少的灌溉面积。同时因灌溉不当、地下水位抬高,北方一些地区发生土壤次生盐碱化,南方一些地区出现渍害。上述问题在当前一些地区仍不同程度地存在。到目前为止,我国能以占世界不足10%的耕地养活占世界22%的人口,使13亿人口解决温饱问题,这是世界瞩目的伟大成就。但到2030年,我国人口将达到16亿,要在农业用

水量不增加的情况下保障16亿人口的粮食安全,农田水利建设就要发挥举足轻重的作用。因此,地方各级人民政府应当加强对灌溉、排涝、水土保持工作的领导,采取措施防治盐碱化和渍害,促进农业生产发展。

为了调动和保护农村集体经济组织和农民投资兴建各种水利设施的积极性,以利于管理、开发、利用水资源,本条规定,农村集体经济组织或者其成员依法在本集体经济组织所有的集体土地或者承包土地上投资兴建水工程设施的,按照谁投资建设谁管理和谁受益的原则,对水工程设施及其蓄水进行管理和合理使用。

但水是流动的,且可以重复使用和综合利用,引水截(蓄)水、排水都会对上、下游或左右岸带来一定的影响。因引水、截(蓄)水、排水产生的相邻关系是相邻关系的主要种类之一。它和其他民事法律关系一样,受我国民法基本原则规范,因此处理相邻关系必须遵守我国民法的基本原则。《民法通则》第八十三条规定:“不动产的相邻各方,应当按照有利生产、方便生活、团结互助、公平合理的精神,正确处理截水、排水、通行、通风、采光等方面的相邻关系。给相邻方造成妨碍或者损失的,应当停止侵害,排除妨碍,赔偿损失。”与此相一致,《水法》第二十八条中明确规定:“任何单位和个人引水、截(蓄)水、排水,不得损害公共利益和他人的合法权益。”《水法》第七十六条明确规定:“引水、截(蓄)水、排水,损害公共利益或者他人合法权益的,依法承担民事责任。”

二、开发利用中的补偿机制

《水法》第七条明确规定:“国家对水资源依法实行取水许可制度和有偿使用制度。但是,农村集体经济组织及其成员使用本集体经济组织的水塘、水库中的水的除外。国务院水行政主管部门负责全国取水许可制度和水资源有偿使用制度的组织实施。”

这一规定确定了国家对水资源实行取水许可和有偿使用的制度。

(一)国家对水资源依法实行取水许可制度

1993年国务院制定颁布了《取水许可制度实施办法》,水利部相继制定颁布了《取水许可审批程序规定》、《取水许可监督管理办法》等部门规章,一些省级政府制定了实施细则等地方政府规章。取水许可制度的实施使水资源开发利用逐步纳入了法制轨道,促进了水资源的保护、节约和优化配置,加强了水资源的统一管理。实施取水许可制度虽然已经取得一定成效,但也还存在一些问题。主要是取水许可制度的实施还未与建立取水权制度、对取用水全面实行权属管理相联系;取水许可审批取水量的方法程序过于简单,科学性不足;由于水资源管理体制尚未完全理顺,存在一些重复许可发证的现象;监督管理措施还不够完善等。对于实践中存在的这些问题,《水法》将取水许可制度作为国家基本的水资源管理制度在总则中作了专门规定。为了依法保障取水许可制度的实施,国务院颁布了《取水许可和水资源费征收管理条例》,自2006年4月15日起施行。水利部相应地制定了《水行政许可听证规定》。

(二)国家对水资源依法实行有偿使用制度

水资源有偿使用制度,是指国家以水资源所有者和管理者的双重身份,为实现所有者权益,保障水资源的可持续利用,向取用水资源的单位和个人收取水资源使用费的制度。我国长期在计划经济体制下,对水资源主要采取行政调配、无偿使用的方式,加上经济技

行为做出一定的限制是必要的，目的是为了保障水工程的安全。水工程管理和保护范围的划定权限，根据水工程的管理权限确定。

案例 1

案情

在湖南郴州市开始旧城区改造中，贯穿城区中心的燕泉河治理首当其冲。经过几年的综合治理，燕泉河的河道更宽、水质更好，两岸风景更加优美，已成为郴城人民休闲的好去处。但是燕泉河治理后期遇到了一定阻力。完全覆盖于燕泉河上、侵占河道面积 2 000 多 m^2 的“天上人间”娱乐城及 20 多处在拆迁范围内的建筑物，由于种种原因，一直不能拆迁，从而导致燕泉河治理进展缓慢。

“天上人间”娱乐城修建于 1997 年，后抵押给郴州市北湖区农业银行。2003 年 12 月，北湖区农业银行又将该房屋以 200 万元价格拍卖给上海商人李某。由于该房屋只有房产证，没有土地使用证，市房产局依据市人大常委会《关于加快治理燕泉河中心城区段的议案》和有关规定，没有给李某办理房屋产权证过户手续。

依据《防洪法》第四十二条规定，郴州市防汛抗旱指挥部于 2006 年 1 月 11 日对“天上人间”房屋产权所有人——北湖区农业银行下达了《限期清除阻水障碍物通知书》。1 月 13 日，在沿河张贴了《郴州市防汛抗旱指挥部关于限期清除燕泉河阻水障碍物的公告》，责令北湖区农业银行在 2006 年 1 月 31 日前自行清除阻水房屋“天上人间”，同时告知北湖区农业银行应有的权利和义务。但是，北湖区农业银行以“天上人间”房屋已卖给李某为由，拒不履行清除义务，也不配合协商补偿价格。4 月 2 日，市防汛抗旱指挥部申请公证处组织有关评估机构对房屋进行评估和公证，但由于当事人不配合，导致无法进行。

2006 年 7 月 15 日，受第四号台风“碧利斯”影响，郴州市遭遇特大洪灾，由于“天上人间”侵占河道阻碍行洪，燕泉河流域两岸单位和居民遭受了巨大的经济损失。为保证燕泉河正常行洪，郴州市防汛抗旱指挥部根据《防洪法》相关规定，经湖南省防汛抗旱指挥部同意后，决定对“天上人间”阻水建筑物进行紧急处置。2006 年 7 月 27 日上午 8 时，市公安、水政、城管、市政等部门的近 200 名执法人员，对城区燕泉河上的严重阻洪建筑“天上人间”娱乐城进行了依法强行拆除。

点评

20 世纪 80 年代，在河道整治和旧城改造过程中，有的单位和个人任意侵占河道、围垦滩地，缩小了行洪断面，严重影响了河道的正常行洪。2002 年以来，全国省级水行政主管部门和流域机构检查了河道内建设项目 5 000 多项，其中有近 20% 的项目是未经批准的违规项目，部分项目对河道行洪产生了一定的影响。这些项目中有的是公路、铁路建设，有的是水电开发建设，有的是房地产开发项目。随着城市的发展，沿河开发与防洪安全、河流生态保护的矛盾日益突出。近年来，人们认识到大量围湖造地、围垦河流、侵占河道，降低了河流的行洪能力，加剧了洪涝灾害。随着认识的深化和治水思路的转变，对违章工程的查处和强行拆除也是必然的。

根据《水法》和《河道管理条例》的规定，河道内工程建设应当服从流域综合规划，符合国家规定的防洪、排涝、防潮、通航标准和其他有关技术要求，维护堤防河岸安全，保持河势稳定和行洪、航道畅通。违反《水法》及《河道管理条例》对河道管理与保护的强制性规定，需要承担相应的法律责任。其中"未经批准或者不按照国家规定的防洪标准、工程安全标准整治河道或者修建水工程建筑物和其他设施的"，县级以上地方人民政府河道主管机关除责令纠正违法行为、采取补救措施外，可以并处警告、罚款、没收非法所得；对有关责任人员，由其所在单位或者上级主管机关给予行政处分；构成犯罪的，依法追究刑事责任。

案例 2

案情

2004 年 4 月 2 日，新疆某县水利局水行政执法人员在例行检查时发现，在干河子国道 312 线大桥上游河段沿原自然河床中心线被人用混凝土板砌成一段 250 m 长的堤坝，并填筑了坝后河床，在填筑的河滩上挖了水池，使原本 80 m 宽的河床被人为缩窄为 25 m。经调查，此段堤坝是内蒙古某市政府办事处修筑的。水行政执法人员在向办事处负责人作调查询问时得知，河道堤坝的修筑是由某镇政府和镇经济技术开发区同意的。县水利局认为，该堤坝的修筑未经过水行政主管部门审批同意，并擅自缩窄了河道行洪宽度，将严重影响河道的行洪。县水利局于 2004 年 4 月 14 日向办事处下达了责令改正通知书，要求办事处在 4 月 16 日前自行清除沿河道中心线修建的严重阻碍行洪的堤坝，填埋挖筑的水池，退出被侵占的河道管理范围，恢复河道原状；逾期不清除，由防汛指挥机构组织强行清除，所需费用由设障者承担。在 3 次下发责令改正通知书、当事方拒不改正的情况下，2006 年 3 月，新疆某县水利局水行政执法人员赴现场拆除违法建设的堤坝。清障行动未果，案件陷入僵局。

点评

依据《河道管理条例》第十一条的相关规定，修建开发水利、防治水害、整治河道的各类工程和跨河、穿河、穿堤、临河的桥梁、码头、道路、渡口、管道、缆线等建筑物及设施，建设单位必须按照河道管理权限，将工程建设方案报送河道主管机关审查同意后，方可按照基本建设程序履行审批手续。建设项目经批准后，建设单位应当将施工安排告知河道主管机关。

从表面看，本案案情并不复杂，事实清楚，证据确凿，是一起未经河道主管机关审查批准，擅自在河道内修筑堤坝、侵占河道的违法案件。《水法》第四十三条第一款规定："国家对水工程实施保护。国家所有的水工程应当按照国务院的规定划定工程管理和保护范围。"划定水工程管理范围，是为了保证水工程正常运行。水工程周边管理范围内的土地,必须由工程管理单位直接管理。水利工程管理单位依照《土地管理法》及其相关法规的规定,取得管理范围内的土地的使用权。因此,水工程管理范围应当视为水工程设施的组成部分。《水法》第六十五条第一款规定:"在河道管理范围内建设妨碍行洪的建筑物、构筑物,或者从事影响河势稳定、危害河岸堤防安全和其他妨碍河道行洪的活动的,由县级以上人民政府水行政主管部门或者流域管理机构依据职权,责令停止违法行为,限期拆除违法建筑物、构筑物,恢复原状;逾期不拆除、不恢复原状的,强行拆除,所需费用由违法单位或者个人负担,并处一万元以上十万元以下的罚款。"据此,办事处应承担相应的法律责任。

对于办事处未经水行政主管部门同意,擅自在河道内修建堤坝的行为,应按照《水法》有关规定,责令违法当事人改正违法行为,限期拆除违法建筑物;逾期不拆除、不恢复的,强行拆除,并处1万元以上10万元以下的罚款。然而,水利局仅仅是向当事人下达了责令改正通知书,而未使用法律赋予的水行政处罚权。如果水利局在查处本案的过程中,水行政处罚程序都严格执行,相关材料完备,那么,在此案自行执行陷入僵局时,还可以申请人民法院强制执行。

案例3

案情

2008年6月1日上午9时,H市河务局采砂管理大队与L县水利局水政执法大队在砂场进行禁采执法巡查过程中,发现有不法分子利用农用汽车在陈村2号、3号坝基础处采砂。

陈村2号、3号坝是漳河右堤重要的水利工程,对保障河道行洪安全起着重要作用。H市河务局水政监察支队所属的采砂管理大队制止了一起破坏重要水利工程的违法行为。但是水政监察人员发现违法行为后,执法人员当即进行了制止。但当事人依仗自己是当地村民,对执法人员的多次劝阻置之不理,执法人员当即向L县公安局报案。公安人员出警后,依据水政监察人员提供的现场证据,按照《中华人民共和国治安处罚法》第三十三条对损坏水利工程设施行为的规定,报经县公安局批准,对当事人王某和陈某处以10日治安拘留。

点评

《水法》以及《河道管理条例》中对河道采砂管理都做出了规定,要求河道采砂必须经过河道主管部门的批准。根据《河道管理条例》的规定,县级以上地方人民政府河道主管机关除责令违反河道管理与保护相关规定的需要纠正违法行为、采取补救措施外,可以并处警告、罚款、没收非法所得;对有关责任人员,由其所在单位或者上级主管机关给予行政处分;构成犯罪的,依法追究刑事责任。其中主要的违法行为包括:"未经批准或者不按照河道主管机关的规定在河道管理范围内采砂、取土、淘金、弃置砂石或者淤泥、爆破、钻探、挖筑鱼塘的行为。"

保护水工程是每个单位和全体公民都应当履行的法律义务。《水法》规定，任何单位和个人都不得侵占和毁坏以上工程设施，否则将依照水法规定追究其法律责任。所以，《中华人民共和国治安处罚法》第三十三条规定："有下列行为之一的，处十日以上十五日以下拘留：盗窃、损毁油气管道设施、电力电信设施、广播电视设施、水利防汛工程设施，或者水文监测、测量、气象测报、环境监测、地质监测、地震监测等公共设施的……"所以，公安机关根据水政机关的申请对有关人员进行行政处罚是有法律依据的。

第四章　水资源配置与用水

改革开放以来,我国工业和城镇生活用水持续增长。工业用水从1980年的457亿m^3,增加到2004年的1 229亿m^3,增加了1.7倍。城镇生活用水从1980年的68亿m^3,提高到2004年的361亿m^3,增加了4倍多。我国农业用水在经过了大规模的增长后,基本上维持在4 000多亿m^3的用水规模,占总用水量的比重由1980年的85%下降到2004年的65%。2005年全国总用水量为5 633亿m^3,与2004年比较,全国总用水量增加85亿m^3,其中农业用水减少6亿m^3,工业用水增加56亿m^3(其中火电用水增加36亿m^3),生活用水增加24亿m^3,生态用水增加11亿m^3。

2006年全国总用水量为5 795亿m^3,与2005年比较,全国总用水量增加162亿m^3,其中农业用水增加84亿m^3,工业用水增加59亿m^3(其中火电用水增加21亿m^3),生活用水增加19亿m^3。

而2005年全国总供水量为5 633亿m^3,占当年水资源总量的20%。到了2006年全国总供水量5 795亿m^3,占到当年水资源总量的23%。由上述统计可以看出,我国对水资源的需求和使用量每年都在增加,而水资源的总量却基本保持不变。每年总供水量占水资源总量的比例在不断增长,水资源的供需矛盾在加剧。

计划用水是我国水资源利用中的重要原则和重要制度,对于应对水资源短缺和提高水资源利用的效率和效益,有着重要的作用。计划用水是指在科学发展观的指导下,根据一个地区的水资源的实际情况并结合该地区社会经济发展的情况以及该地区未来的发展前景制定科学的用水计划,在计划的基础上批准和使用水资源。

第一节　水资源用水配置

一、用水配置的协调统筹

水是人类赖以生存和发展不可替代的宝贵资源,随着社会经济的发展,特别是工业化、城市化进程的加快,水资源短缺已成为全球性的危机。同许多国家一样,我国也是一个水资源贫乏的国家。人均水资源拥有量只有不足2 200 m^3,仅为世界平均水平的1/4。据预测,到21世纪中叶,我国人均水资源拥有量将减少到1 750 m^3。届时,全国大部分地区将面临水资源更紧张、缺水更严重的局面。在此严峻的形势下,为了实现水资源的可持续利用,支持经济社会的可持续发展,我们应该把水资源的节约、保护、合理配置放在突出位置,促进资源与经济社会、生态环境协调发展。

(一)水资源合理配置定义

水资源合理配置的定义为:在水资源生态经济系统内,按照可持续性、有效性、公平性和系统性原则,遵循自然规律和经济规律,对特定流域或区域范围内不同形式的水资源,通过工程与非工程措施，对多种可利用水源在宏观调控下进行区域间和各用水部门间的科学调配。

（二）水资源中长期供求规划的主管部门、审批程序和审批机关

《水法》第四十四条规定："国务院发展计划主管部门和国务院水行政主管部门负责全国水资源的宏观调配。"

水法的这一规定，明确了国务院发展计划主管部门和国务院水行政主管部门负责全国水资源的宏观调配。除此之外，任何单位和个人无权决定全国水资源的宏观分配情况。水资源的宏观调配是指在全国、流域或者区域内，按照高效、公平、合理和可持续的原则，遵循市场经济规律和水资源的自然规律，对有限的各种形式的水资源通过工程措施和非工程措施在不同流域、行政区域之间进行的分配。水资源的宏观调配是通过制定和执行跨流域、跨省、跨市、跨县的水中长期供求规划来实现的，水资源可利用量是其基本依据。

在进行全国水资源宏观调配过程中，国务院水行政主管部门会同有关部门依据水的供求现状、国民经济和社会发展规划、流域规划、区域规划，按照水资源供需协调、综合平衡、保护生态、厉行节约、合理开源的原则来制定全国的和跨省、自治区、直辖市的水中长期供求规划，并经由国务院发展计划主管部门审查批准后执行。

地方的水中长期供求规划，由县级以上地方人民政府水行政主管部门会同同级有关部门依据上一级水中长期供求规划和本地区的实际情况制定，经本级人民政府发展计划主管部门审查批准后执行。

水中长期供求规划，是调节水资源的总供给和总需求关系的总体部署，以水资源可供给量和生态环境可承受的能力为基础，立足现实、展望中长期。根据经济社会发展对水的需求量和水资源可开发水平决定的可供量决定需求，按照统筹兼顾、综合平衡和合理调配的原则，协调好全国或流域、区域的生活、生产和生态用水。水中长期供求规划的制定关系到国民经济的各个方面和生态环境，是国民经济中长期规划的重要组成部分。

水中长期供求规划的制定，主要经过以下几个程序：历史与现状水资源分析；需水预测；供水预测；综合平衡与对策措施；编制与审批。其规划内容，一般应当包括以下几个方面：水资源及其供求现状的调查评价；不同水平年需水与供水情况预测；水的供需综合平衡与分析；根据供需平衡分析情况，提出相应的对策措施。

（三）水量分配方案、水量调度预案的制定

《水法》第四十五条规定："调蓄径流和分配水量，应当依据流域规划和水中长期供求规划，以流域为单元制定水量分配方案。

跨省、自治区、直辖市的水量分配方案和旱情紧急情况下的水量调度预案，由流域管理机构会同有关省、自治区、直辖市人民政府制订，报国务院或者其授权的部门批准后执行。其他跨行政区域的水量分配方案和旱情紧急情况下的水量调度预案，由共同的上一级人民政府水行政主管部门会同有关地方人民政府制订，报本级人民政府批准后执行。"

水量分配方案是指在一个流域内，根据流域内各行政区域的用水现状、地理、气候、水资源条件、人口、土地、经济结构、经济发展水平、用水效率、管理水平等各项因素，将上述各项形式的水资源分配到各行政区域的计划。

旱情紧急情况下的水量调度预案是指在连续枯水年和特旱年，为减轻严重缺水干旱造成的损失,各流域和各行政区域应当制定的措施和应急计划。制定旱情紧急情况下的水量调度预案,要分析当地历史上出现特殊旱情的成因、规律、应对措施和损失情况,提出必要的应急工程措施和非工程措施。制定预案,应当优先保证城乡居民生活用水,兼顾关系国计民生的农业和工业用水以及生态环境用水。要强化管理,加强对防灾减灾工作的统一领导,及时调整水资源的分配方案和供水对策,从充分挖掘供水潜力,动用水库的部分死库容,增加供水,实施跨流域或跨区域的应急临时调水,加强全民的节水宣传,增强全社会的节水意识。

水法本条规定,前者是分水方案,后者是应对旱情紧急情况的对策方案。

以上明确了调蓄径流和分配水量的依据以及水量分配方案和旱情紧急情况下的水量调度预案制订、批准、执行的程序。

另外,为预防和避免不同行政区域在边界河流上开发利用水资源中发生水事纠纷,《水法》中也做了相应的规定:在不同行政区域之间的边界河流上建设水资源开发、利用项目,应当符合该流域经批准的水量分配方案,由有关县级以上地方人民政府报共同的上一级人民政府水行政主管部门或者有关流域管理机构批准。

二、用水配置的论证与实施

(一)加强用水配置的论证工作

在进行用水配置之前,必须做好相应的论证工作,避免配水之后水源地出现水量不足、生态环境恶化等次生的影响。

《水法》第四十七条规定:“国家对用水实行总量控制和定额管理相结合的制度。”“省、自治区、直辖市人民政府有关行业主管部门应当制定本行政区域内行业用水定额,报同级水行政主管部门和质量监督检验行政主管部门审核同意后,由省、自治区、直辖市人民政府公布,并报国务院水行政主管部门和国务院质量监督检验行政主管部门备案。”

上述的总量控制是水资源管理的宏观控制指标,是指各流域、省(自治区、市)、市、县(区、旗)、各部门、各企业、各用水户的可使用的水资源量,也就是水权的初始分配。要根据全国、各流域、各省(自治区、市)、各市和各县水资源调查评价,在摸清全国可利用水资源量,各流域、省、市、县可利用水资源量和各行各业、各用水户的用水定额以及现状用水量的基础上,才能确定各地、各行业、用水户的总量控制指标。

定额管理是水资源管理的微观控制指标,是确定水资源宏观控制指标总量控制的基础。定额涉及经济、社会的各行各业和居民生活,要在水平衡测试的基础上确定各行各业、各种单位产品和服务项目的具体用量。有了这两个指标的约束,各地区、各行业、各用水户的每一项工作都有了自己的用水指标,再加上实行计量收费、超定额累进加价的收费制度,就可以在全社会层层建立一种节水激励制度,就能层层落实节水责任。节水和每个单位及个人经济利益挂起钩来,节水型工业、农业、服务业和节水型社会才能建立,才能实现水资源的可持续利用,保障经济社会的可持续发展。

用水定额涉及各行各业,工作量浩大,需要投入巨大的人力、物力和财力,需要调动各行各业的积极性,以行业为单位,制定省级行政区域各行业的用水定额。同时,定额的成果也要经省级人民政府水行政和质量监督行政主管部门的审核同意,由省级人民政府公布，并报国务院水行政主管部门和国务院质量监督检验行政主管部门备案。

（二）强化用水配置的实施程序

《水法》第四十六条规定："县级以上地方人民政府水行政主管部门或者流域管理机构应当根据批准的水量分配方案和年度预测来水量，制定年度水量分配方案和调度计划，实施水量统一调度。"

配水过程中，县级以上地方人民政府水行政主管部门或者流域管理机构应该立足现实，准确预测，实施水量统一调度。水量分配方案制定的基础是来水量，而来水量的多少受到大气降雨的影响。因为每年的大气降雨量是不同的，所以每年的来水量也是不同的。水量分配方案中的水量是一个多年平均的水量，每年随着来水量的不同，其可分配的水量也是一个变化的量，而不是一成不变的。所以，各流域机构，各省、市、县人民政府水行政主管部门，每年都应当根据批准的本流域或者本行政区域的水量分配方案和本年度预测来水量，制定本流域或者本行政区域的年度水量分配方案和调度计划，将既定水资源在不同的时间段及行政区域内科学分配。跨省的年度水量分配方案和调度计划，由流域管理机构根据批准的水量分配方案和年度预测来水量制定；跨市的年度水量分配方案和调度计划，由省行政主管部门根据批准的水量分配方案和年度预测来水量制定；跨县的，则由市水行政主管部门根据上述原则制定。

《水法》第四十七条规定："县级以上地方人民政府发展计划主管部门会同同级水行政主管部门，根据用水定额、经济技术条件以及水量分配方案确定的可供本行政区域使用的水量，制定年度用水计划，对本行政区域内的年度用水实行总量控制。"

水量分配方案供一个行政区域使用的水量随着每年降雨量的不同而变化，是一个动态的变量。为了使总量控制这个水资源宏观控制指标在经济社会的发展中得到很好的贯彻落实，使有限的水资源发挥更大的经济、社会效益和生态效益，《水法》中明确规定，省、市、县三级地方人民政府计划主管部门会同同级水行政主管部门，根据用水定额、经济技术条件以及水量分配方案确定的可供本行政区域使用的水量，制定年度用水计划，对本行政区域内的年度用水实行总量控制，以使本行政区域各行各业的用水不突破各个行业用水总量指标。

第二节　取水许可、计划用水与计量收费

一、取水许可

（一）取水许可制度的意义

取水许可制度是根据我国水资源的实际情况，对需要取水的单位与个人进行的一项行政许可制度。根据该项制度，需要取水的单位与个人只有取得有关行政管理机关的许可之后，在有关规定的范围内才能实施取水行为。取水许可制度和水资源有偿使用制度，是水资源管理中两项非常重要的制度。其意义主要有以下几点：

第一，取水许可可以通过行政审批权促进有计划取水。我国是人均水资源非常紧缺的国家，而且时间和空间分布非常不均匀，与土地、矿产等资源不匹配。实施取水许可制

度和水资源有偿使用制度，有利于水资源统一管理，有利于国家对水资源的有效控制、合理配置，有利于促进水资源的合理开发和高效利用，有利于遏制用水浪费，保护取水权人的用水权益，促进水资源的节约、保护和可持续利用。

第二，取水许可是水行政管理机关进行监管的重要基础。取水许可制度是国家基于水资源的所有者和管理者的双重身份，授权水行政主管部门或者流域管理机构代表国家对直接从江河、湖泊或者地下取用水资源的单位和个人进行审查许可其取水的一项制度。原《水法》第三十二条和1993年国务院制定的《取水许可制度实施办法》均规定了国家对直接从地下或者江河、湖泊取水的，实行取水许可制度。

第三，取水许可是征收水资源费、实现水资源有偿使用的重要依据。

水资源有偿使用制度是国家基于水资源的所有者和管理者的双重身份，为实现所有者权益，保障水资源的可持续利用，对直接取用江河、湖泊或者地下水资源的单位和个人征收水资源费的一种制度。原《水法》第三十四条规定了对城市中直接从地下取水的单位征收水资源费；其他从地下或者江河、湖泊取水的可以由省、自治区、直辖市人民政府决定征收水资源费。当时水资源还没有今天这么紧缺，只是为了限制从城市地下取水，而对其他从地下、江河、湖泊取水的，是否征收水资源费，由各省、自治区、直辖市人民政府根据本行政区域水资源供求的实际情况决定。到2003年为止，全国从南到北已有25个省、自治区、直辖市先后制定了水资源费征收管理办法，而且征收的范围均是既含城市地下，也含农村地下和江河、湖泊。新《水法》将征收水资源费的范围，扩大到所有的江河、湖泊或者地下。这样规定之后，水资源费的征收就有了法定的依据。就是说，通过法律的形式对水资源有偿使用制度进行了确认。

（二）取水许可的范围

《水法》规定：直接从江河、湖泊或者地下取用水资源的单位和个人，应当按照国家取水许可制度和水资源有偿使用制度的规定，向水行政主管部门或者流域管理机构申请领取取水许可证，并缴纳水资源费，取得取水权。但是，家庭生活和零星散养、圈养畜禽饮用等少量取水的除外。实施取水许可制度和征收管理水资源费的具体办法，由国务院规定。

直接从江河、湖泊或者地下取用水资源的单位和个人应当按照国家取水许可制度和水资源有偿使用制度的规定，向水行政主管部门或者流域管理机构申请领取取水许可证，并缴纳水资源费，取得取水权。但是，家庭生活和零星散养、圈养畜禽饮用等少量取水的除外。这是指以家庭为取水单位的为了自己家庭生活和少量散养、圈养畜禽的取水，而不包括家庭办的养殖场取水和自来水厂为居民生活供水而取水的行为。将原《水法》中的取水改成了现在的取用水资源，扩大了取水许可的范围，包含了水电厂的用水等。对于未经批准擅自取水的，未按照批准的取水许可规定条件取水的或拒不缴纳、拖延缴纳或者拖欠水资源费的，《水法》均规定了相应的法律责任。

《水法》第六十九条规定，有下列行为之一的，由县级以上人民政府水行政主管部门或者流域管理机构依据职权，责令停止违法行为，限期采取补救措施，处2万元以上10万元以下的罚款；情节严重的，并可以吊销其取水许可证：①未经批准擅自取水的；②未依照批准的取水许可规定条件取水的。本条规定了两种违法行为，即未经批准擅自取水和未依照批准的取水许可规定条件取水。只要当事人违反了两种违法行为之一，就构成违法,应当承担本条规定的法律责任。依照本条规定,由县级以上人民政府水行政主管部门或者流域管理机构依据职权对违法行为人给予行政处罚,处罚的方式有以下几种:

(1)责令停止违法行为。即县级以上人民政府水行政主管部门或者流域管理机构在行政执法中,发现并确认违法行为人有未经批准擅自取水的或者未依照批准的取水许可规定条件取水的行为后,责令违法行为人停止正在进行的违法取水行为。

(2)限期采取补救措施。即由县级以上人民政府水行政主管部门或者流域管理机构责令违法行为人在一定的期限内采取补救措施,如补办取水许可证或者修改取水许可规定条件等。违法行为人在接到限期采取补救措施的行政处罚后,应当在规定的期限内采取补救措施。

(3)罚款 。即由县级以上人民政府水行政主管部门或者流域管理机构强制未经批准擅自取水的或者未依照批准的取水许可规定条件取水的违法行为人交纳一定数量货币的行政处罚。根据本条规定,可以对违法行为人单处罚款。本条规定的罚款幅度是 2 万元以上 10 万元以下,罚款的具体数额由县级以上人民政府水行政主管部门或者流域管理机构根据当事人违法行为的具体情况决定。

(4)吊销取水许可证。即县级以上人民政府水行政主管部门或者流域管理机构以行政处罚的方式,使违法行为人原先依法取得的取水许可证归于无效。按照本条的规定,只有违法情节严重时,有关行政主管部门才能够对违法行为人处以吊销取水许可证的行政处罚。何为情节严重,本条并未明确规定,通常是指违法行为人多次未依照批准的取水许可规定条件取水,经有关行政主管部门多次处罚仍然不改,造成恶劣社会影响等情形。拒不缴纳、拖延缴纳或者拖欠水资源费的,由县级以上人民政府水行政主管部门或者流域管理机构依据职权,责令限期缴纳;逾期不缴纳的,从滞纳之日起按日加收滞纳部分 2‰的滞纳金,并处应缴或者补缴水资源费 1 倍以上 5 倍以下的罚款。

有关取水的程序及相关问题,参见“水行政许可”一章。

二、计划用水与计量收费

随着水资源紧缺和水环境污染成为一个世界性的重大难题,把水资源作为一种公共资源、公共财产由政府加强对水资源开发利用的控制和管理已逐渐成为当今世界的一种趋势。我国干旱缺水严重,要以经济手段促进用水单位节约用水,完善水资源有偿使用制度有利于缓解当前城乡严重缺水局面。我国未来经济发展对水资源需求量大,完善水资源有偿使用制度,有利于以较小的资源代价,实现经济顺利增长。我国水环境恶化状况十分严重,完善水资源有偿使用制度有利于水资源的有效保护,促进水资源可持续利用。1985 年国务院颁布的《水利工程水费核订、计收和管理办法》规定,城市自来水厂供给的水,用户按城市有关部门规定的办法缴纳水费。征收水资源费的办法,仅在山西、辽宁、天津等水资源已经出现紧缺的地区提出,其中山西征收水资源费最早。从 1988 年到现在,在水费计收方面,各省(区、市)都相继颁布了计收办法和标准,有的还进行了调整;在水资源费征收方面,国务院颁布的《取水许可和水资源费征收管理条例》已于 2006 年 4 月 15 日生效。

水资源的有偿使用是水资源国家所有权的体现,也是节约用水的重要手段和有效措施。水资源的有偿使用主要有水资源费与水费两种：

水资源费是指取水单位和个人因消耗了水资源而向国家缴纳的资源费用，主要用于对水资源的恢复与管理，而水费则指用水单位和个人向水利工程管理单位支付的费用，主要用于补偿成本及合理的收益。水资源费是体现国家对水资源实行权属管理的行政性收费；水费是体现商品交换关系的经营性收费，二者性质不同。它们的主要区别在于：

(1)收费性质不同。前者是使用国家的自然资源，国家作为所有权人收取的资源使用费，后者使用的是经水工程加工生产后具有商品性质的水。后者构成包括了前者。

(2)收费的主体不同。前者是各级水行政主管部门；后者是供水工程管理单位。

(3)交费的义务主体不同。前者是取用城市地下水或者依据地方性法规直接从地下、江河、湖泊取水的单位和个人；后者是一切使用供水工程供应水的单位和个人。

(4)两者的用途不同。前者用于水资源的调查、评价、监测、管理和保护；后者用于供水工程运行管理、大修理和更新改造以及应当缴纳的水资源费。

(5)两者对于拒缴费用的处理途径不同。前者的处理根据《水法》规定，由县级以上人民政府水行政主管部门或者流域管理机构依据职权，责令限期缴纳；逾期不缴纳的，从滞纳之日起按日加收滞纳部分2‰的滞纳金，并处应缴或者补缴水资源费1倍以上5倍以下的罚款，并可向当地人民法院申请强制执行；后者可以向人民法院提起民事诉讼。

目前，城市居民生活用水所交的水费包含水资源费，而农村生活用水、灌溉用水所交的水费中不含水资源费。此次对农业用水征收水资源费只是对从河流、水库、地下水取用的水资源用于农业生产的，超过限额部分征收水资源费。水资源费征收标准为粮食作物用水0.08元/m^3，其他农业生产用水0.16元/m^3。也就是说，限额内用水还按原来的水费标准交水费，超过限额后则要多交钱。《水法》具体规定了计量用水制度，第四十九条规定："用水应当计量，并按照批准的用水计划用水。""用水实行计量收费和超定额累进加价制度。"这是对用水计量以及计量收费和超定额累进加价制度的规定。用水计量是促进用水户节约用水的一项非常重要的措施。用水只有计量，才能准确反映各用水户用水的多少。有了用水计量，还只是促进节约用水的第一步。除此之外，还必须实行计量水费制度，也就是根据各用水户用水计量计收水费，才能激励用水户通过节约用水，节约水费支出。这样，用水户用水的多少就和自己的经济利益直接挂钩，就能够促进节约用水。为了激励各用水户进一步节约用水，还需要制定各行各业和生活用水的用水定额，根据用水定额和各用水户的产品量和人口数，下达各用水户的用水总量，即用水计划，实行超定额累进加价制度，在定额以内的用水量，实行平价收费，超过定额以外的用水量，实行平价基础上累进加价收费，这样就能进一步促进各用水户节约用水，以减少自己的水费开支。

目前，农业灌溉用水是我国最大的用水户，除了极少的地方实行按斗门计量收费外，基本上都是实行按土地亩数计收水费。这种计收水费方法，由于对各用水户没有计量，用水多和少，都按自己耕种的土地数量交纳水费，不和水量多少挂钩，所以水价的高低，对农民用水的多少也没有直接的利益关系。因此，农民对节水没有经济动力。工业等用水户，也有不少单位没有安装计量设施，或者装有计量设施，由于水价较低，没有实行超定额累进加价以及没有将水资源作为一项生产要素进行成本核算，浪费水的现象也很严重。水的重复利用率只有40%左右，远低于发达国家75%～85%的水平。城镇家庭生活用水还有一些地方实行包费制,没有计量收费,也存在着大量的浪费水资源现象。为了改变以上种种浪费水资源的现象,促进节约用水。《水法》规定:用水应当计量,并按照批准的用水计划用水。用水实行计量收费和超定额累进加价制度。

第三节 节约用水

目前,我国许多城市水资源缺乏,供水能力不足,用水非常紧张,严重地影响了人民生活和工业生产。缺水的原因,除了供水设施建设跟不上、用水量日益增加外,水资源管理不统一、开发不合理、水源污染严重,生产工艺、设备落后,耗水量大、重复利用率低、水的浪费严重是主要原因。用水问题的解决,必须坚持"开源节流并重"的方针,在加快供水设施建设的同时,大力开展节约用水工作。

我们要充分认识节约用水是我国经济建设中必须长期坚持的一项重要方针,是一项长期性、经常性的工作。《水法》中节约用水的主要内容如下。

一、推行节水灌溉方式和节水技术,提高农业节水效率

农业是我国最大的用水行业。1949 年我国农业用水量约为 1 001 亿 m^3,占全国用水量的 97.1%。到 2006 年全国总用水量为 5 795 亿 m^3,其中,农业用水为 3 664.4 亿 m^3,占 63.2%。由于现有蓄水工程普遍存在老化失修、漏水严重。据统计,截至 2003 年,全国 8.5 万多座水库,有 1/3 存在不同程度病险漏水问题。许多灌区只修了干渠和支渠,而且漏水严重,支渠以下的渠系修建不全,有的配套率不到 20%。农业灌溉水的利用率只有 0.43,仅为发达国家的一半左右;单方水的粮食生产能力只有 1 kg 左右,远低于 2 kg 以上的世界水平,大水漫灌方式普遍存在。每年干旱面积达 4 亿亩,缺水 300 亿 m^3。因此,解决水资源短缺问题的根本出路在发展节水农业。要制定促进节水的政策,大力发展节水农业,把推广节水灌溉作为一项革命性的措施来抓,大幅度提高水的利用率,努力扩大农田有效灌溉面积。

《水法》规定:各级人民政府应当推行节水灌溉方式和节水技术,对农业蓄水、输水工程采取必要的防渗漏措施,提高农业用水效率。

近年来,国家投巨额资金开展病险水库除险加固和大型灌区节水改造,对水库和渠道防渗衬砌和利用管道输水以减少蓄水、输水过程中的渗漏和蒸发损失,提高输水效率。发展节水灌溉技术,把浇地变为浇作物,大幅度节约田间灌溉用水,提高水的利用率。与大水漫灌相比,采用渠道防渗和管道输水可节水 20% ~30%,喷灌可节水 50%,微灌可节水 60% ~70%。如通过大力发展节水灌溉,把全国农业用水的平均利用系数提高 0.1,每年即可节约约 400 亿 m^3 农业用水。这样既可以减轻农民负担,又可以扩大灌溉面积和提高灌溉保证率以及为居民生活、工业生产和生态用水提供更多的水资源,加快经济社会的发展。《水法》在修订中总结了近年来各地改进节水灌溉方式和发展节水技术的成功经验,规定了各级人民政府应当推行节水灌溉方式和节水技术。

二、提高工业用水重复利用率和淘汰耗水量高的工艺、设备以及产品

目前，我国工业用水重复利用率仅有60%～65%，远低于发达国家80%～85%的水平。生产1 t钢，我国耗水量为23～56 m^3，而美国、日本只需6 m^3；生产1 t纸，我国耗水450 m^3，而美国、日本只要不到200 m^3。我国万元工业产值耗水量达130～150 m^3，而发达国家只用10 m^3。因此，我国工业用水的节水潜力很大。如果工业用水重复利用率提高到60%，全国工业可节水几百亿立方米，相当于工业取水量的42%。因此，要借鉴国外先进经验，调整产业结构，大力采用先进节水技术、工艺和设备，增加循环用水次数，提高水的重复利用率，以节约水资源。

为了尽快提高我国工业用水的重复利用率，修订后的《水法》专门规定：工业用水应当采用先进技术、工艺和设备，增加循环用水次数，提高水的重复利用率。国家逐步淘汰落后的、耗水量高的工艺、设备和产品，具体名录由国务院经济综合主管部门会同国务院水行政主管部门和有关部门制定并公布。生产者、销售者或者生产经营中的使用者应当在规定的时间内停止生产、销售或者使用列入名录的工艺、设备和产品。

工业用水要采取循环用水、一水多用、废水处理综合利用等措施，提高工业用水的重复利用率。缺淡水资源的沿海城市，要积极采用海水作冷却水。今后凡工业用水重复利用率较低的城市，首先应挖掘潜力，一般不得新建工业供水工程。

各用水单位、生产车间和主要耗水设备，都要装表计量，根据用水定额核定用水计划。凡高于用水定额的，要结合企业技术改造，调整生产工艺流程，改革用水设备，增建节约用水设施，将用水计划降到用水定额以内。新建、扩建的企事业单位，要选用节水型的生产工艺、设备，把节约用水措施与主体工程同时设计，同时施工，同时投产，并作为工程项目竣工验收的条件之一。所需投资，凡基本建设项目，由基本建设投资安排，凡更新改造措施项目，由更新改造措施资金安排。

《水法》明令逐步淘汰落后的、耗水量高的工艺、设备和产品，并且要求国务院经济综合主管部门会同国务院水主管部门和有关部门制定并公布具体名录。在第六十八条规定：生产、销售或者在生产经营中使用国家明令淘汰的落后的、耗水量高的工艺、产品和设备的，由县级以上地方人民政府经济综合主管部门责令停止生产、销售或者使用，处2万元以上10万元以下的罚款。

为了鼓励企业生产节水型的设备和污水再利用，财政部、国家税务总局2001年文件规定，工业企业节水技术改造国家设备投资的40%，抵减当年新增所得税；对于以废水为原料生产的产品，可以按照有关规定，减免所得税5年。

三、推广节水型生活用水器具，提高生活用水效率和城市污水集中处理、再生利用

随着我国经济社会的快速发展，城市化进程的加快和人口增长，我国城市水资源供需矛盾日益突出。2006年，全国生活用水达到693.8亿 m^3。在全国669个城市中，缺水城市有400多个，其中严重缺水的城市100多个，年缺水60亿 m^3 左右。进入21世纪，我国水资源供需矛盾进一步加剧。据专家预测，2010年全国总供水量可达6 200亿～6 500亿

m^3,相应的总需水量将达 7 300 亿 m^3,缺口近 1 000 亿 m^3;2030 年全国总需水量将达 10 000亿 m^3,全国将缺水 2 000 亿 m^3。我国的水资源供需面临非常严峻的形势,要求我们在水资源开发利用和加强节水管理方面有大的突破。但开发难度越来越大,成本越来越高,而且可开发水资源量是有限的,相比而言节水管理则事半功倍,投入小,见效大。因此,《水法》在第一章总则第八条规定:"各级人民政府应当采取措施,加强对节约用水的管理,建立节约用水技术推广体系,培育和发展节约用水产业。"单位和个人都有节约用水的义务。

现在,我国城市供水管网和生活用水器具跑、冒、滴、漏水资源损失达 20%,浪费水资源十分严重。其原因有两个:一是节水新技术、工艺和设备研究开发不够,没有研究开发、生产和使用节水新技术、工艺和设备的激励制度;二是水资源有偿使用、定额管理、水价体系计量收费、总量控制和计划用水等管理制度没有建立起来,人们的资源意识和商品意识淡薄。为改变这种状况,必须加强节约用水和科学用水,强化城市人民政府的节水责任。城市自来水企业、房产管理部门和各用水单位,要加强供水、用水设备、设施的管理、维修、保养,堵塞跑、冒、滴、漏,消灭长流水,将城市管网漏失率降到 6% 以下。《水法》第八条强调各城市人民政府要因地制宜,根据本城市的水资源状况,经济社会发展水平和企业、居民承受能力,来推动节水工作,特别要推广家庭用水的重复利用和节水型洁具,比如家庭推行洗菜水—洗拖把—冲厕所等用水顺序,又如前年北京市政府免费发给每个家庭一个节水龙头。

城市节水的另一条途径,是污水再生利用。首先,要树立节约用水就可减少排污量、节水重于开源的观念。污水再生利用就是将污水经过集中处理后用于农业灌溉或城市和家庭非饮用水。目前,我国的城市污水集中处理率还比较低,而且运行成本高。为此,应从源头上抓水资源保护,推广使用清洁生产技术,减少废水的排放。加强城市污水集中处理,使工业污水和生活污水经过处理达到一定的标准,再用到城市的洒路、浇草、冲厕、工业的冷却等用水,以及家庭的拖地、冲厕等用水。污水经过处理变成再生水,必须建设配套的供水设施、制定相应的激励政策以及和优质水水价拉开距离。使污水处理厂有利可图,鼓励企业和家庭使用,使他们减少水费支出,从而加大污水处理量,提高污水再生利用率。

《水法》第五十二条规定:城市人民政府应当因地制宜采取有效措施,推广节水型生活用水器具,降低城市供水管网漏失率,提高生活用水效率;加强城市污水集中处理,鼓励使用再生水,提高污水再生利用率。

以法律的形式赋予各级政府节水的义务,其意义非常重要。在新水法颁布后,上海市由政府出资为居民更换耗水量大的抽水马桶,取得了非常好的社会效果和非常明显的经济效益。

四、贯彻节水设施与主体工程之间的"三同时"制度

《水法》第五十三条规定:新建、扩建、改建建设项目,应当制定节水措施方案,配套建设节水设施。节水设施应当与主体工程同时设计、同时施工、同时投产。供水企业和自建供水设施的单位应当加强供水设施的维护管理,减少水的漏失。

所有的新建、扩建、改建建设项目,都要制定节水措施方案,包括工程措施。工程措施就是指配套建设节水设施。节水设施应当与主体工程同时设计,同时施工并同时投产运用。不能主体工程建成投入使用了,节水设施没有建成或者节水设施没有达到国家规定的要求。否则,要承担《水法》第七十一条规定的法律责任。《水法》第七十一条规定:建设项目的节水设施没有建成或者没有达到国家规定的要求、擅自投入使用的,由县级以上人民政府有关部门或者流域管理机构依据职权,责令停止使用,限期改正,处5万元以上10万元以下的罚款。

供水企业和自建供水设施的单位应当加强供水设施的维护管理,减少水的漏失。目前,我国供水企业的输水工程包含渠道和管道,都存在着大量的跑、冒、滴、漏现象,既有工程自身的渗漏,也有管理上的渗漏,水资源浪费严重。因此,要实行严格的水资源管理制度,必须依靠科技进步和市场机制,提高水资源的利用率。进一步增强节约水资源的观念,把节约水资源放在首位,加强供水设施的维护管理,减少水的漏失,是所有供水企业和自建供水设施单位义不容辞的责任。

另外,把供水紧张的城市各工业单位用水(包括自备水源)逐步纳入供水计划,实行计划供水,并和经济责任制联系起来,实行节奖超罚。对节水效果好的单位和个人可从企业奖励基金中给予奖励。对超计划用水要累进加价收费,乃至减少或停止供水。超计划用水加价的水费,应从用水单位税后留利中开支。超计划用水所收的水费,用于开展节约用水工作和补助城市供水工程建设等工作。城市自来水企业要一手抓供水,一手抓节水,克服重售水、轻节水、重利润、忽视服务的倾向。为了解决好节水和利润的矛盾,今后对城市自来水企业不仅要考核供水水质、水压、漏失率、制水成本、服务质量等,还要把节约用水工作作为一项重要的考核指标。对节水工作做得好的,因节水减少售水量而影响企业留利的,财政部门可根据具体情况给予适当照顾,具体办法由各地自行规定。新闻单位、报刊和宣传部门,要大力宣传节约用水和保护水资源的重要意义及其经济效益,经常报道节约用水的好人好事,推广节约用水的先进经验。各有关科研单位、大专院校、用水单位要研制节水型设备、器具和部件,提供节约用水的先进技术。要研究海水和污水处理利用技术。

第四节　水　价

水是一种有限的无可代替的宝贵资源,是工业生产的重要物质基础和原料,又是人民生活中不可缺少的生活资料。水价格的制定与调整,既要有利于水资源的合理开发、利用和节约,也要考虑到目前用水单位的负担能力及人民群众的切身利益。

我国水资源短缺,同时,普遍存在用水效率低下、浪费水资源现象。其重要原因之一,是长期以来,人们没有把水工程供应的水看成是一种商品,没有按照价值规律确定水的价值,而是把水工程供应的水看成一种行政事业服务行为,把水费当成一种行政事业收费,而且实行低收费政策。这样,造成水资源短缺与浪费并存。在低标准收费制度下,水费标准只有成本的1/3左右,而且实际计收到位的,只有一半左右,导致工程老化失修,工程效益难以发挥。为在全社会树立水的资源意识和商品意识,促进全社会的节约用水,应当运用经济杠杆调节水资源的供需关系。这次《水法》修订后,将1985年国务院制定的《水利工程水费核订、计收和管理办法》中的水费标准改为水价,水费标准应在核算供水成本的基础上根据国家经济政策和当地水资源状况,对各供用水分别核定。改为供水价格应当按照补偿成本、合理收益、优质优价、公平负担的原则确定,即供水价格既要考虑补偿供水单位的供水成本,也要考虑供水单位的合理收益(利润)和国家税收,还要根据供水的水质情况的不同,实行不同的水价,同时,还要根据不同用水户的承受能力确定不同的水价。

一、水工程水费水价确定的原则和水费办法制定机关

《水法》规定:使用水工程供应的水,应当按照国家规定向供水单位缴纳水费。供水价格应当按照补偿成本、合理收益、优质优价、公平负担的原则确定。具体办法由省级以上人民政府价格主管部门会同同级水行政主管部门或者其他供水行政主管部门依据职权制定。对水价制定的具体办法,《水法》规定由省级以上人民政府价格主管部门会同同级水行政主管部门或者其他供水行政主管部门依据职权制定。这就将水工程供水价格管理办法,由原来需国务院制定,改为由国家、省两级价格主管部门、水行政主管部门或者其他供水行政主管部门依据职权制定。国家一级制定的水工程供水水价管理办法,主要是水价核定的原则、计收和管理的一些原则规定以及流域机构管理的水工程的供水水价。具体的水价由各省(市、自治区)制定。条文中所称其他供水行政主管部门,主要是指城市建设行政主管部门,因为它们还管理着部分城市自来水的供应。

二、城市供水价格管理

为进一步规范城市供水价格,保障供水、用水双方的合法权益,促进城市供水事业发展,节约和保护水资源,根据《中华人民共和国价格法》和《城市供水条例》,国家计委和建设部制定了《城市供水价格管理办法》。城市供水价格是指城市供水企业通过一定的工程设施,将地表水、地下水进行必要的净化、消毒处理,使水质符合国家规定的标准后供给用户使用的商品水价格将污水处理费计入城市供水价格,按城市供水范围,根据用户使用量计量征收。城市供水价格按照统一领导、分级管理的原则,实行政府定价,具体定价权限按价格分工管理目录执行。制定城市供水价格,实行听证会制度和公告制度。县级以上人民政府价格主管部门是城市供水价格的主管部门。县级以上城市供水行政主管部门按职责分工,协助政府价格主管部门做好城市供水价格管理工作。

(一)水价分类与构成

根据水资源使用性质可分为居民生活用水、工业用水、行政事业用水、经营服务用水、特种用水等五类。各类水价之间的比价关系由所在城市人民政府价格主管部门会同同级城市供水行政主管部门结合本地实际情况确定。

城市供水价格由供水成本、费用、税金和利润构成。成本和费用按国家财政主管部门颁发的《企业财务通则》和《企业会计准则》等有关规定核定。

(1)城市供水成本是指供水生产过程中发生的原水费、电费、原材料费、资产折旧费、修理费、直接工资、水质检测和监测费以及其他应计入供水成本的直接费用;

(2)费用是指组织和管理供水生产经营所发生的销售费用、管理费用和财务费用;

(3)税金是指供水企业应缴纳的税金；

(4)城市供水价格中的利润，按净资产利润率核定。

输水、配水等环节中的水损可合理计入成本，污水处理成本按管理体制单独核算。

(二)水价的制定

制定城市供水价格应遵循补偿成本、合理收益、节约用水、公平负担的原则。供水企业合理盈利的平均水平应当是净资产利润率8%～10%。具体的利润水平由所在城市人民政府价格主管部门征求同级城市供水行政主管部门意见后，根据其不同的资金来源确定：

(1)主要靠政府投资的，企业净资产利润率不得高于6%。

(2)主要靠企业投资的，包括利用贷款、引进外资、发行债券或股票等方式筹资建设供水设施的供水价格，还贷期间净资产利润率不得高于12%。还贷期结束后，供水价格应按本条规定的平均净资产利润率核定。

城市供水应逐步实行容量水价和计量水价相结合的两部制水价或阶梯式计量水价。容量水价用于补偿供水的固定资产成本，计量水价用于补偿供水的运营成本。

两部制水价计算公式如下：

(1)两部制水价=容量水价+计量水价

(2)容量水价=容量基价+每户容量基数

(3)容量基价= 年制水能力

(4)居民生活用水容量水价基数=每户平均人口×每人每月计划平均消费量

(5)非居民生活用水容量水价基数为前一年或前三年的平均用水量，新用水单位按审定后的用水量计算

(6)计量水价=计量基价×实际用水量

(7)计量基价=年实际售水量

城市居民生活用水可根据条件先实行阶梯式计量水价。阶梯式计量水价可分为三级，级差为1:1.5:2。阶梯式计量水价计算公式如下：

(1)阶梯式计量水价=第一级水价×第一级水量基数+第二级水价×第二级水量基数+第三级水价×第三级水量基数

(2)居民生活用水计量水价第一级水量基数=每户平均人口×每人每月计划平均消费量

具体比价关系由所在城市人民政府价格主管部门会同同级供水行政主管部门结合本地实际情况确定。居民生活用水阶梯式水价的第一级水量基数，根据确保居民基本生活用水的原则制定；第二级水量基数，根据改善和提高居民生活质量的原则制定；第三级水量基数，根据按市场价格满足特殊需要的原则制定。具体各级水量基数由所在城市人民政府价格主管部门结合本地实际情况确定。以旅游业为主或季节性消费特点明显的地区可实行季节性水价。城市非居民生活用水实行两部制水价时，应与国务院及其所属职能部门发布的实行计划用水超计划加价的有关规定相衔接。

污水处理费的标准根据城市排水管网和污水处理厂的运行维护和建设费用核定。供水企业在未接管居民小区物业管理等单位的供水职责之前，应对居民小区物业管理等临

时供水单位实行趸售价格。趸售价格在不改变居民生活用水价格的前提下由供水企业与临时供水单位协商议定,报所在城市人民政府价格主管部门备案。双方对临时供水价格有争议的,由所在城市人民政府价格主管部门协调。

(三)水价申报与审批

符合以下条件的供水企业可以提出调价申请:

(1)按国家法律、法规合法经营,价格不足以补偿简单再生产的;

(2)政府给予补贴后仍有亏损的;

(3)合理补偿扩大再生产投资的。

城市供水企业需要调整供水价格时,应向所在城市人民政府价格主管部门提出书面申请,调价申报文件应抄送同级城市供水行政主管部门。城市供水行政主管部门应及时将意见函告同级人民政府价格主管部门,以供同级价格主管部门统筹考虑。

城市供水价格的调整,由供水企业所在的城市人民政府价格主管部门审核,报所在城市人民政府批准后执行,并报上一级人民政府价格和供水行政主管部门备案。必要时,上一级人民政府价格主管部门可对城市供水价格实行监审。监审的具体办法由国务院价格主管部门规定。城市价格主管部门接到调整城市供水价格的申报后,应召开听证会,邀请人大、政协和政府各有关部门及各界用户代表参加。听证会的具体办法由国务院价格主管部门另行下达。供水价格调整方案实施前,由所在城市人民政府向社会公告。

城市供水价格应按以下原则审批:

(1)有利于供水事业的发展,满足经济发展和人民生活需要。

(2)有利于节约用水。

(3)充分考虑社会承受能力,理顺城市供水价格应分步实施。第一次制定两部制水价时,容量水价不得超过居民每月负担平均水价的1/3。

(4)有利于规范供水价格,健全供水企业成本约束机制。

对城市供水中涉及用户特别是带有垄断性质的供水设施建设、维护、服务等主要项目(如用户管网配套、增容、维修、计量器具安装),劳务及重要原材料、设施等价格标准,应由所在城市人民政府价格主管部门会同同级城市供水行政主管部门核定。

(四)水价执行与监督

城市中有水厂独立经营或管网独立经营的,允许不同供水企业执行不同上网水价,但对同类用户,必须执行同一价格。城市供水应实行装表到户、抄表到户、计量收费。城市供水行政主管部门应当对各类量水、测水设施实行统一管理,加强供水计量监测,完善供水计量监测设施。混和用水应分表计量,未分表计量的从高适用水价。用户应当按照规定的计量标准和水价标准按月交纳水费。接到水费通知单15日内仍不交纳水费的,按应交纳水费额每日加收5‰的滞纳金。没有正当理由或特殊原因连续两个月不交水费的,供水企业可按照《城市供水条例》规定暂停供水。供水企业的供水水质、水压必须符合《生活饮用水卫生标准》和《城市供水企业资质管理规定》的要求。因水质达不到饮用水标准,给用户造成不良影响和经济损失的,用户有权到政府价格主管部门、供水行政主管部门、消协或司法部门投诉,供水企业应当按照《城市供水条例》规定,承担相应的法律责任。用户应根据所在城市人民政府的规定,在交纳水费的同时,交纳污水处理费。各级城市供水行政主管部门要逐步建立、健全城市供水水质监管体系，加强水质管理，保证安全可靠供水。县级以上人民政府价格主管部门应当加强对本行政区域内城市供水价格执行情况的监督检查，对违反价格法律、法规、规章及政策的单位和个人应依法查处。

三、农业用水价格有关问题

（一）农村供水体制以及水价管理存在的问题

我国农业供水体制和水价管理目前存在的主要问题：一是供水补偿机制不合理，水价偏低，不利于节约用水。我国农业用水收费过去一直作为行政事业性收费管理，个别地方实行无偿供水，近些年才逐步纳入商品价格管理，但标准普遍偏低，大都低于供水成本。二是农业供水管理层次和环节较多，水费收取不规范，层层加价，农民实际水费负担较重。农村乡镇以下供水渠系由基层政府自建自管，水费由乡村干部代收，由于缺乏监管，普遍存在中间加价和搭车收费现象，加重了农民水费负担。目前国有水管单位供农业用水价格全国平均为3分/m^3，考虑乡村供水环节正常的成本费用后约为3.5分/m^3，但到农民田头的实际水价平均为5分/m^3左右，加价幅度高达40%，个别地区甚至高出几倍。三是水费普遍实行按亩收费的办法，造成农业用水浪费严重，农民没有节水积极性。农村以家庭为基本生产单位分散用水的生产特点和供水计量设施落后的现状，使得我国绝大部分地区均按亩计收农业水费，水费与用水多少没有直接关系，导致农民和水管单位没有节水积极性，普遍采用大水漫灌方式。同时，我国农业灌渠基本上没有衬砌的土渠，从蓄水工程到田间，水的平均利用系数一般在40%左右，低的仅30%，水量损耗严重。

（二）改革农业水价的基本原则

改革农业水价的基本原则是，在充分考虑农民承受能力的基础上，通过建立科学合理的农业水价形成机制，提高农民的节水意识，促进农业灌溉方式的转变，达到节约用水的目的。改革农业水价必须与改革农业供水体制和改造农业灌渠、改善计量手段等统筹安排、配套实施。改革的基本思路如下。

1. 统一原则，分散决策，推进农业水价改革

由于各地经济发展和农业供水情况千差万别，水价改革不能采取统一模式。要充分发挥中央和地方两方面的积极性，对农业水价改革实行统一原则，因地制宜，分散决策。中央制定水价改革的基本原则，并对地方水价改革进行指导、检查和督促，各省级人民政府结合本地实际情况确定具体改革方案并组织实施。

2. 适应市场经济发展的要求和农业供用水特点，完善农业水价形成机制和管理办法

（1）规范农业供水补偿机制，将农业供水各环节水价均纳入政府价格管理范围。国有水利工程供农业用水实行政府定价，按照补偿供水合理成本的原则核定，并根据供水成本变化情况适时调整。对已实行产权改革的民办民营中、小型水利工程，可实行政府指导价，具体水平由经营者与农民用水合作组织在指导价范围内协商确定。

（2）因地制宜确定水价管理模式，加强对乡镇及以下供水环节的成本核定和水价管理。通过河道和水库等取水的自流灌区，可实行国有水管单位供水价格加上末级渠系维护费的定价模式，末级渠系维护费按照补偿乡镇及以下供水渠系维护管理合理成本的原则核定，要规范管理并从严控制标准；高扬程、机电井灌区渠道条件较好，国有水管部门的

管理已延伸到了农民田头,水价可核定到农户,水费由水管单位直接收取。

(3)适当引入农业供水地区差价和季节差价。可根据水资源条件和供水工程情况实行分区域或分灌区定价;在实行农业用水计量的条件下,可适当引入丰枯季节差价或浮动价格机制,加大水价的激励和约束作用,缓解水资源紧缺的矛盾。

(4)为促进水资源的合理分配和水利工程的稳定运行,应继续推广计量水价和容量水价相结合的两部制水价制度。

3.充分考虑农民的支付能力,逐步将农业水价提高到供水成本水平

在清理整顿水价秩序、取消农业供水中间环节乱加价和搭车收费的基础上,充分考虑农民的承受能力,分步将农业水价提高到供水成本的水平。对大型高扬程提水、机电井灌区及其他成本高的水利工程(如跨流域调水工程),要采取提价和扶持政策相结合的办法,适当解决供水成本与价格倒挂问题,减轻水价上涨压力。当前要充分考虑高扬程灌区的经济发展承载能力,水价少调或不调。

4.创造条件逐步实行超定额用水累进加价

我国农业用水分散,计量设施落后,以农户为单位计量成本很高,目前难以实施。因此,可按照水的自然流程和灌溉区域,以打破行政区划的自然村、组或农民用水合作组织为水量计量和水费计收对象,在调查研究的基础上分别制定基本用水定额,定额内用水价格不提高或小幅提高,超定额用水可较大幅度提价并实行累进加价,促使购水单位(自然村、组等)采取措施对每个农户合理配水、控制水耗,促进农户自觉节水。科学解决农用水的计量问题,是水价改革的一个重要环节,各地要继续努力探索,找出办法。各级水利部门要会同质量技术监督部门加强监督管理,采取有效措施解决农业用水计量中存在的问题,为水资源的优化配置和有偿使用提供可靠的计量保证。

5.健全水费征收和管理制度,降低农业供水成本,减轻农民水费负担

一是认真贯彻《水利产业政策》,将水利工程水费严格纳入商品价格管理并加强监督检查,由水管单位作为经营收入直接收取,防止水费收取中的加价、截留、挪用等行为。二是健全水费收取制度,增加透明度。在大型灌区要推行"统一票据、明码标价、开票到户"的办法,实行账务公开,在村组将放水时间、水量、水价、水费予以公布,接受群众监督。

(三)农业水价改革的具体方向

在清理整顿水价和严格审核农业供水成本的基础上,充分考虑农民的实际承受能力,制定农业水价调整方案。整顿空间较大的地区可将国有水管单位供水价格一步提高到保本水平,剩余的空间用于降低农民的实际水价;对农业水价秩序较好,基本没有中间乱加价的地区,各地可根据实际情况对农业水价进行小幅微调,原则上在三年内分步调整到供水成本水平。对整顿和调整水价后农民实际用水价格未上涨的地区,可采取超定额用水累进加价的办法,以减少浪费,合理保护水资源。

推行农业供水产权制度改革等体制创新,降低农业供水的中间交易成本。国有水管部门管理范围延伸,按水的流程直接管理收费到自然村、组或农户;逐步建立用水者协会等形式的农民用水合作组织,让农民自己参与管水,负责末级渠系的水量分配、水费收取和渠道维修等工作,实行民主管理;试行小型水利产权制度改革,对乡村输水渠道进行公开租赁或承包,将农业灌溉管理经营权移交给农民,明确承包者对农户的最终水费标准,

通过管理权限、职责和利益的挂钩，调动农民维修渠道、节约用水的积极性。

案例

案情

某省一工程公司承建了在一条河流上修建发电厂的施工任务，自2000年至2001年电厂施工期间，直接从该省一A水库取水324.2万m^3，应缴纳水资源费32.42万元。但在当地水行政主管部门——市水务局向该工程公司征收水资源费时，公司拒不缴费，理由是他们已向A水库交了每立方米0.5元的水费，不应再缴纳水资源费。

根据《水法》及该省政府的有关文件规定，水务局在核准该工程公司取水量后，于2001年12月31日向其下发了缴费通知单。对方接收了缴费通知单并签字。但在规定日期内，对方没有自动履行缴费义务。于是水务局根据《行政处罚法》和《行政复议法》有关规定，于2002年1月15日向其下发了《行政处理决定书》。

水务局认定对方应缴纳水资源费的主要依据有四项。一是《水法》中有明确规定：直接从江河、湖泊或者地下取用水资源的单位和个人，应缴纳水资源费。对方虽然不是直接取水，但是是直接从A水库取水。二是该水库在水价测算中，没有包含水资源费。三是该省《〈水法〉实施办法》的解释权是省水利厅，省水利厅于1993年就下发文件明确规定：凡是从A水库取水的单位和个人应缴纳水资源费。四是省水利厅针对此事明确答复应该收取水资源费，并下发文件，专门对征收水资源费问题进行了解释。

在事实清楚、法律依据充分、程序合法的情况下该工程公司仍拒交水资源费。2002年3月27日，水务局向市中级人民法院申请强制执行。市中级人民法院认真审核了此案的卷宗，于2002年4月4日对该公司下发了执行通知书，并通过银行划转了应缴纳的水资源费和滞纳金以及法院执行费。工程公司不服，于2002年4月8日向该市某区人民法院提起诉讼，要求撤销市水务局行政处理决定书。区法院经过公开审理，最后判决维持市水务局做出的行政处理决定书。

点评

这是一起依法征收水资源费的案件，也是一起典型的水行政案件。在取水许可制度方面，1988年的《水法》确立了取水许可制度。1993年国务院颁布了《取水许可制度实施办法》(以下简称《办法》)，使我国的水资源管理工作开始逐步走向规范化，无序开采水资源的现象得到了有效的遏制，促进了水资源的开发利用和有效配置。

关于水资源费的征收问题，《办法》自1993年9月1日施行以来，对于规范取水许可，促进水资源节约、保护与合理利用，发挥了积极的作用。但是，社会各界对于水资源费的性质认识不足，许多人认为水资源是大自然的赐予，不应当给水利部门交费。有的地方的水资源费标准定得很低，没有体现出资源的稀缺性和经济杠杆对有限自然资源的调节作用。虽然2002年修订的《水法》解决了部门分割管理问题，实现了取水的统一管理，但是仍然没有解决水资源费征收的问题。实践中出现了各地水资源费政策不统一、征收程序不规范、使用方向不合理等问题。

社会上对于取水许可制度和水资源费征收的认识还很不够，再加上法规不完善，取水户中有很多认识上的误区，本案中当事人拒交水资源费的一个重要原因也是他认为直接从水库中取水既然交了水费就不必再交水资源费。对于直接在水库中取水的水资源费缴纳有两种情况，一是水库已经办理了取水许可，水库管理单位向取水户收的水费中就应当含有水资源费；二是水库没有办理取水许可，取水户就应当办理取水许可并在水费之外再缴纳水资源费，总的原则是不重不漏。

第五章　防汛抗洪减灾

第一节　概　述

一、防汛与减灾的必要性

我国地处欧亚大陆东南部，东南临太平洋，西南西北深入欧亚大陆腹地，地势西北高、东南低，地理条件和气候条件十分复杂，大部分地区位于世界上著名的季风气候区，降水的时空变化很大，水旱灾害频繁。

据历史资料记载，公元前206年至1949年的2 155年间，中国发生较大洪水灾害1 092次。历史上危害甚重的黄河，三年两决口、百年一改道，泛滥范围北到天津，南至淮河流域，总计25万km^2。1933年黄河大水，南北两岸大堤决口50多处，死亡1.8万人。长江自汉代开始就有水灾记载，1931年长江、淮河洪水，共死亡40万人。1935年长江支流汉江和澧水特大洪水，死亡14.2万人。我国平均不到两年就发生一次较大洪灾，每年都因洪水灾害造成一定损失。

20世纪90年代以来我国共有8年发生大洪水，局部洪涝灾害每年发生，平均每年有7个台风登陆中国大陆，山洪灾害严重。2/3国土面积不同程度遭受洪涝灾害，年均洪涝灾害损失约1 100亿元，占同期全国GDP的1%。

从古至今，防洪治水始终是国之要务。中华人民共和国成立以来，整治江河，抗御洪水，基本上实现了大江大河半个世纪的安澜，保障了经济社会的可持续发展。目前，全国重要江河具备了防御20世纪50年代以来最大洪水的能力，一般中小河流具备了防御5～10年一遇洪水的能力，能够有效应对较为严重的洪涝灾害。中国正处于经济快速发展阶段，经济的发展、财富的积累和人口的增加以及全球气候变化，将导致洪涝灾害频率和程度增加，防洪减灾形势更趋严峻。

新中国成立以来我国政府投入大量人力、物力，加强防洪工程建设，到2006年底，整修加固堤防28.08万km，修建水库85 849多座，开辟蓄滞洪区97处，疏浚整治河道，基本建成了七大江河的防洪工程体系，大大增强了我国抗御水旱灾害的能力。在非工程防洪措施建设方面，首先是确立了行政首长负责制的防汛抗旱组织体系，中央设立国家防汛抗旱总指挥部；七个流域机构设立防汛办公室（其中黄委、长委设立黄河、长江防总办公室），负责流域内防洪管理和关键工程调度；各省、市、县均设立防汛抗旱指挥部，建立了报汛站网，还在重点地区建立了防汛专用通信网和洪水预报、警报系统，在历年防汛、抗旱工作中发挥了重要作用。

经过长期的努力，我国控制洪水的工程能力有了很大的提高，水灾发生的频率有所遏制；但与此同时，洪水灾害的损失却呈现增长的趋势（见表5-1），尤其是近30年以来这种现象更为明显。这种现象并不限于我国,美国、日本、印度、孟加拉国等洪水严重国家也存在同样的问题。其主要原因,一方面随着社会经济的发展,单位面积上的财产值增加,同样的洪水必将产生更大的灾害,从而造成更大的损失;另一方面,随着时间的推移,防洪工程的防洪能力逐渐下降。因此,对流域防洪能力必须进行及时、有效、科学的评估,寻求调整社会发展以适应洪水的办法,寻求改造与适应相结合的综合防洪减灾措施,以实现人、水和谐。就当前实际情况而言,采取工程措施如加高堤防以提高防洪标准,不仅难度大、周期长、投资多,而且加高堤防也有一定限度,现实可行的途径是在努力提高江河防洪标准的同时,加强防灾减灾的非工程措施建设,重点是建设一个高效可靠的防汛指挥系统。当发生洪水时,必须迅速地采集和传输水雨情、工情、灾情信息,并对其发展趋势做出预测和预报,经过分析计算后制定出防洪调度方案,指挥抢险救灾,这对夺取抗洪斗争胜利具有十分重要的意义。

表 5-1　全国历年洪涝灾害损失统计(1990~2000 年)

年份	农田受灾面积(万 km^2)	农田成灾面积(万 km^2)	成灾率(%)	死亡人数(人)	倒塌房屋(万间)	水灾经济损失(亿元)	GDP(亿元)	水灾损失占 GDP(%)
1990	11.8	5.6	47.5	3 535	118.8	239	18 547.9	1.29
1991	24.66	14.61	59.3	5 113	497.9	779.4	21 617.8	3.61
1992	9.4	4.47	47.6	3 012	99	412.4	26 638.1	1.55
1993	16.38	8.61	52.5	3 499	148.9	641.7	34 634.4	1.85
1994	18.85	11.49	60.9	5 340	349	1 796.5	46 759.4	3.84
1995	14.36	80	55.7	3 852	245.6	1 653.3	58 478.1	2.83
1996	20.38	11.82	58	5 840	547.7	2 208.4	67 884.6	3.25
1997	13.13	6.51	49.6	2 799	101.1	930.1	74 462.6	1.25
1998	22.29	13.78	61.8	4 150	685	2 550.9	78 345.2	3.26
1999	9.6	5.38	56.1	1 869	160.5	930.2	81 910.9	1.14
2000	9.04	5.39	59.7	1 942	112.6	711.6	89 404.3	0.8
平均	15.45	8.7	55.3	3 725	278.7	1 168.5	54 425.8	2.24

资料来源:水利部水利水电规划设计总院。全国防洪规划,2001 年 9 月。

二、防洪工作的指导原则

防汛工作实行“安全第一,常备不懈,以防为主,全力抢险”的方针,遵循团结协作和局部利益服从全局利益的原则。在非常情况下,为保护国家确定的重点地区和大局安全,必须做出局部牺牲时,在报经有管辖权的上级人民政府防汛指挥部批准后,当地人民政府防汛指挥部可以采取非常紧急措施。实施上述措施时,任何单位和个人不得阻拦,如遇到阻拦和拖延时,有管辖权的人民政府有权组织强制实施。

防汛工作实行各级人民政府行政首长负责制,实行统一指挥,分级分部门负责。各有关部门实行防汛岗位责任制。在紧急防汛期,地方人民政府防汛指挥部必须由人民政府负责人主持工作,组织动员本地区各有关单位和个人投入抗洪抢险。所有单位和个人必须听从指挥,承担人民政府防汛指挥部分配的抗洪抢险任务。任何单位和个人都有参加防汛抗洪的义务。有防汛任务的地方人民政府应当组织以民兵为骨干的群众性防汛队伍,并责成有关部门将防汛队伍组成人员登记造册,明确各自的任务和责任。河道管理机构和其他防洪工程管理单位可以结合平时的管理任务,组织本单位的防汛抢险队伍,作为紧急抢险的骨干力量。中国人民解放军和武装警察部队是防汛抗洪的重要力量。在紧急防汛期,公安部门应当按照人民政府防汛指挥部的要求,加强治安管理和安全保卫工作。必要时须由有关部门依法实行陆地和水面交通管制。在紧急防汛期,为了防汛抢险需要,防汛指挥部有权在其管辖范围内,调用物资、设备、交通运输工具和人力,事后应当及时归还或者给予适当补偿。因抢险需要取土占地、砍伐林木、清除阻水障碍物的,任何单位和个人不得阻拦。

(一)防洪减灾指导思想

防洪减灾的指导思想是:从无序、无节制地与水争地转变为有序、可持续地与洪水协调相处。建设成以防洪工程体系为基础的,包括防洪保障体系在内的完整的防洪减灾体系。

我国是洪涝灾害十分频繁的国家,特别是最近十年,洪涝灾害损失呈明显上升趋势。1998年长江及松花江大水所造成的经济损失超过2 500亿元,1999年损失也超过2 000亿元。事实证明,要完全消除洪水灾害是不可能的,要避免竞相加高堤防以致不断抬高江河洪水位的恶性循环。对常遇洪水要通过一定的工程措施来控制,以便开发利用江河的冲积平原,但这种开发利用必须适度,不能无限制地与水争地。在发生大洪水或特大洪水时,要让出一定数量的土地来调蓄洪水,以免发生影响全局的毁灭性的灾害。无数次的抗洪救灾事实也有力地证明,面对日益加重的自然灾害,完全靠防洪工程系统、完全依靠专业队伍及解放军是不够的。面对洪水的严峻挑战,必须动员全社会的力量,由全社会共同应对洪水灾害,建立全社会的防洪减灾保障体系,这也是21世纪世界各国所面临的共同课题。

(二)防洪减灾治理方针

我国防洪减灾治理的总方针是建立和完善包含防洪工程体系和防洪保障体系的综合防洪体系。

一是防洪减灾工程是国民经济发展的基础设施,防洪减灾应与国民经济和社会发展水平相适应。要处理好防洪减灾与水资源开发利用、生态环境保护等方面的关系。

二是要贯彻"全面规划,统筹兼顾,标本兼治,综合治理"的方针。从我国的国情出发,坚持"蓄泄兼筹"。

三是要抓住重点,照顾全面。大江大河中下游广大平原和重要湖区是我国经济发达地区,是防洪的重点。大中城市是国家和地方政治、经济、文化的中心,人口稠密,固定资产集中,要加速城市防洪建设。对5万多条中小河流的治理和山洪、泥石流等山地灾害,平原地区的排涝及沿海地区台风暴潮灾害,也要给予足够的重视。

四是要继续抓紧干支流河道治理工程建设,同时重点兴建一批控制性水利枢纽工程。

目前,重点加高加固江河湖海堤防,加大堤防和病险水库除险加固力度,建立蓄滞洪区的安全设施,有计划、有步骤地平垸行洪、退田还湖。搞好江河、湖泊清淤疏浚,增强排涝能力,进一步构筑七大江河完整的防洪工程体系,有重点地提高防洪排涝标准。

五是加强防洪管理,划定防洪管理区,如蓄滞洪区、超标准洪水处理范围、不同防洪标准的管理范围、防洪保护区等,绘制防洪风险图。进一步完善防洪减灾法规体系,依法开展防洪减灾管理,提高执法水平,加大执法力度,建立相应的防洪减灾配套政策。加快国家防汛指挥系统及水文基础设施建设。加强抗洪管理,从组织上、人力、物力和其他方面保证抗洪的需要。

(三)我国防洪减灾治理总目标

在江河发生常遇洪水和较大洪水时,国家的经济活动和社会生活不受影响,可以正常运作;在江河遭遇大洪水和特大洪水时,即遇超标准洪水时,应有序地实施预定方案,国家的经济活动和社会生活不致发生动荡,不致影响国家长期计划的完成或造成严重的环境灾害。

各条江河防洪减灾的目标为:长江再遇 1998 年洪水时确保主要堤防安全,大大减轻灾害损失及防汛抢险的负担;再遇类似 1954 年和 1870 年洪水时,在充分运用三峡等干支流水库和分蓄洪工程的条件下,保证重要堤防、沿江大城市和重点围垸的安全。黄河保证防御花园口安全通过 22 000 m^3/s 的洪水,稳定现行的流路,保证黄河不改道。淮河干流上游达到 20 年一遇以上,中游 100 年一遇,下游 300 年一遇,重要支流达到 20 年一遇以上;沂沭泗水系中下游达到 50 年一遇以上的防洪标准。海河南系下游地区能防御 1963 年型洪水,北系中下游地区能防御 1939 年型洪水,滦河能防御 1962 年型洪水。珠江流域的南宁、柳州、梧州等城市达到 100 年一遇以上,主要堤防达到 50 年一遇的防洪标准,再遇类似 1915 年特大洪水,保证广州市、西江干支流城市和珠江三角洲重点堤围的安全。松花江干流和重要支流达到 20 年一遇到 50 年一遇,重要城市达到 100 年一遇以上的防洪标准。太湖流域防御各种不利降雨时空分布的 50 年一遇的洪水,使流域防洪能力向抗御 100 年一遇洪水的标准过渡。

(四)防洪减灾治理对策

为了有效地防治洪水灾害,保证国民经济持续、快速、健康发展,中国政府认真总结了中国防治洪水灾害的历史经验和教训,对防洪减灾的思路和策略进行了战略调整。我们认识到,解决洪涝灾害,关键在于正确处理人与洪水的关系,要给洪水以出路,不仅要体现在抗洪期间,而且要把它作为整个防洪工作的指导思想,在经济社会建设中给予高度重视。具体措施如下:

(1)建设综合防洪体系,使防洪能力与经济社会发展要求相适应。目前,中国大江大河干流防洪工程体系基本建立,但多数重要支流和中小河流尚未得到有效治理,蓄滞洪区建设滞后,需要进一步加强防洪工程建设。同时,必须进一步加强预报、监测、指挥调度等非工程措施建设,配合工程措施,提高综合防洪能力。

(2)规范人类自身活动,使经济社会发展模式与有效规避洪涝灾害的要求相适应。在经济建设和社会发展中,要调整工农业生产布局,防止侵占行洪通道,尽量保护河湖水系、滩涂湿地。对水土资源过度开发利用的地区,要根据防洪需要,实施退耕还林,治理水土流失；退田还湖，增加洪水的蓄泄空间。

（3）实施洪水风险管理，使洪水带来的风险能够与经济社会的承受能力相适应。解决人多地少、水土资源需求压力过大的问题，必须承受适度的风险。中国政府开始将风险管理的理念引入防洪工作中，力求通过建立健全洪水风险控制与补偿、防洪保险与社会保障救助等制度，借以分担、承受和化解洪水风险，将洪水风险控制在经济社会发展可承受的限度以内。

（4）科学利用洪水资源，使洪水的资源化能够与中国短缺的水资源形势相适应。洪水资源的利用对于解决我国水资源的紧缺问题至关重要。我们正在积极探索既保防洪安全、又能最大限度地利用洪水资源的方法和途径。

（5）优化防洪措施，使防治洪涝灾害与保护江河生态的要求相适应。要科学规划江河治理方案，合理建设防洪工程，优化洪水调度，有效配置水资源的时空分布，促进生态和环境的改善或修复。

（6）鼓励公众广泛参与，使防洪减灾管理模式与洪涝灾害的社会化特点相适应。防洪减灾需要全社会的广泛参与，共同承担防洪责任和风险。要通过加强宣传，提高公众防灾减灾意识和抗灾避险能力，鼓励社会各方面积极参与防洪减灾管理。

三、防洪规划

（一）防洪规划的任务和作用

防洪规划是指为防治某一流域、河段或者区域的洪涝灾害而制定的总体部署，包括国家确定的重要江河、湖泊的流域防洪规划，其他江河、河段、湖泊的防洪规划以及区域防洪规划。防洪规划应当服从所在流域、区域的综合规划；区域防洪规划应当服从所在流域的流域防洪规划。防洪规划是江河、湖泊治理和防洪工程设施建设的基本依据。

我国江河防洪规划研究中，一般以整个流域为规划单元确定规划研究范围，分析研究江河流域的洪水灾害成因、特性和规律，调查掌握主要河道（段）及现有防洪工程的状况和防洪、泄洪能力。根据洪水灾害严重程度，不同地区的地理条件、社会经济发展的重要性，确定不同的防护对象及相应的防洪标准，并且根据流域上中下游的具体条件，统筹研究可能采取的蓄、滞、泄各种措施；结合水资源的综合开发，选定江河防洪整体规划方案，特别是要拟定起控制性作用的骨干工程的重大部署。对重要防护地区（河段）还应制定防御超标准洪水的对策措施。进而综合评价规划方案实施后可能的影响，包括对经济、社会、环境等有利与不利的方面；研究主要措施的实施程序；根据需要与可能，分别轻重缓急，提出分期实施建议；最后提出不同实施阶段的工程管理、防洪调度和应采取的非工程措施的意见。

我国流域规划工作也有了一个很大的发展。水利部按照国务院的要求，在1998年长江、松花江、嫩江发生大洪水之后，就启动了七大流域防洪规划的制定工作。具体规划工作由水利部规划院负责，多位院士、专家，国务院有关部门和地方政府的代表对各个流域的防洪规划进行了审查。至2005年7月，海河、淮河、黄河、长江、松辽等流域的防洪规划相继通过了专家审查，到《太湖流域防洪规划》最终通过，标志着历时7年的中国七大流域防洪规划全面成形。此次规划，确定了10年、20年之内中国防洪工作的蓝图，防洪规划对七大流域各自的防洪形势进行了科学的分析和评价，第一次将中国的国土划分为防洪区和非防洪区，其中，防洪区又按照《中华人民共和国防洪法》划分为洪泛区、蓄洪区、滞洪区、保护区四个区。本次七大流域的规划，一个最大的特点就是体现了人与资源和谐发展的思想，注重调整人和水之间的关系，对于各个不同的区域，能做什么、不能做什么有了一个明确的规定。并且，本次规划使中国第一次拥有了流域层面的洪水灾害风险图，它可以明确各个区域的洪水风险大小以及有无回避、减轻灾害的办法，对于流域内的国土开发、城镇规划都有很强的指导意义。

（二）防洪规划的编制原则

（1）编制防洪规划，应当遵循确保重点、兼顾一般，以及防汛和抗旱相结合、工程措施和非工程措施相结合的原则，充分考虑洪涝规律和上下游、左右岸的关系以及国民经济对防洪的要求，并与国土规划和土地利用总体规划相协调。

（2）防洪规划应当确定防护对象、治理目标和任务、防洪措施和实施方案，划定洪泛区、蓄滞洪区和防洪保护区的范围，规定蓄滞洪区的使用原则。

（三）防洪规划的批复程序

《中华人民共和国防洪法》规定："国家确定的重要江河、湖泊的防洪规划，由国务院水行政主管部门依据该江河、湖泊的流域综合规划，会同有关部门和有关省、自治区、直辖市人民政府编制，报国务院批准。

其他江河、河段、湖泊的防洪规划或者区域防洪规划，由县级以上地方人民政府水行政主管部门分别依据流域综合规划、区域综合规划，会同有关部门和有关地区编制，报本级人民政府批准，并报上一级人民政府水行政主管部门备案；跨省、自治区、直辖市的江河、河段、湖泊的防洪规划由有关流域管理机构会同江河、河段、湖泊所在地的省、自治区、直辖市人民政府水行政主管部门、有关主管部门拟定，分别经有关省、自治区、直辖市人民政府审查提出意见后，报国务院水行政主管部门批准。

城市防洪规划，由城市人民政府组织水行政主管部门、建设行政主管部门和其他有关部门依据流域防洪规划、上一级人民政府区域防洪规划编制，按照国务院规定的审批程序批准后纳入城市总体规划。

修改防洪规划，应当报经原批准机关批准。"

国家确定的重要江河的流域综合规划的批准权在国务院，因此上述流域综合规划必须报国务院批准。比如黄河流域综合规划，就应由水利部会同国务院有关行政主管部门和黄河流域的省级人民政府编制并报国务院批准。

跨省、自治区、直辖市的其他江河、湖泊的流域综合规划和区域综合规划，按照流域管理机构的分工管辖范围，由有管辖权的流域管理机构会同江河、湖泊所在地的省、自治区、直辖市人民政府水行政主管部门和有关部门编制，分别经有关省、自治区、直辖市人民政府审查提出意见后，报国务院水行政主管部门审核；由国务院水行政主管部门征求国务院其他有关部门意见后，报国务院或者国务院授权的部门批准。比如黑河流域综合规划就是由黄河水利委员会会同甘肃省和内蒙古自治区的水行政主管部门及有关部门编制，并分别经两省、区人民政府审查后报水利部审核，水利部征求国务院有关部门意见后报国务院批准。上述规定是在总结原《水法》施行 14 年以来的实践经验后形成的，这样规定既可以防止无序开发又可以避免区域之间的利害冲突,同时还可以按照分级管理的原则,保证流域范围内的区域规划服从流域规划。

国家确定的重要江河以外的江河、湖泊的流域综合规划和区域综合规划,由县级以上地方人民政府水行政主管部门会同同级有关部门和有关地方人民政府编制,原则上应由流域所在行政区域的地方水行政主管部门会同同级有关部门和该流域范围内的地方人民政府编制。如闽江流域基本在福建省内,就应由福建省水利厅会同省有关部门和在该流域内的福州、南平、三明、建阳等城市人民政府编制。本款规定流域综合规划的批准权在本级人民政府或政府授权的部门,并报上一级水行政主管部门备案。如闽江流域综合规划就应由福建省人民政府或省政府授权的部门批准,并报水利部备案。

(四)针对不同灾害性质及情况,采取不同的规划措施

受风暴潮威胁的沿海地区的县级以上地方人民政府,应当把防御风暴潮纳入本地区的防洪规划,加强海堤(海塘)、挡潮闸和沿海防护林等防御风暴潮工程体系建设,监督建筑物、构筑物的设计和施工符合防御风暴潮的需要。

山洪可能诱发山体滑坡、崩塌和泥石流的地区以及其他山洪多发地区的县级以上地方人民政府,应当组织负责地质矿产管理工作的部门、水行政主管部门和其他有关部门对山体滑坡、崩塌和泥石流隐患进行全面调查,划定重点防治区,采取防治措施。城市、村镇和其他居民点以及工厂、矿山、铁路和公路干线的布局,应当避开山洪威胁;已经建在受山洪威胁的地方的,应当采取防御措施。

平原、洼地、水网圩区、山谷、盆地等易涝地区的有关人民政府,应当制定除涝治涝规划,组织有关部门、单位采取相应的治理措施,完善排水系统,发展耐涝农作物种类和品种,开展洪涝、干旱、盐碱综合治理。城市人民政府应当加强对城区排涝管网、泵站的建设和管理。

(五)防洪规划与国土资源

防洪规划确定的河道整治计划用地和规划建设的堤防用地范围内的土地,经土地管理部门和水行政主管部门会同有关地区核定,报经县级以上人民政府按照国务院规定的权限批准后,可以划定为规划保留区;该规划保留区范围内的土地涉及其他项目用地的,有关土地管理部门和水行政主管部门核定时,应当征求有关部门的意见。

(六)防洪规划与水利工程建设

在江河、湖泊上建设防洪工程和其他水工程、水电站等,应当符合防洪规划的要求;水库应当按照防洪规划的要求留足防洪库容。

建设水工程是指在江河、湖泊和地下水源上建设开发利用水资源的各类工程。为了加强对水资源的宏观管理,确保按规划从事各类兴利除害的水事活动,《水法》规定"建设水工程,必须符合流域综合规划"。建设水工程的审批程序和批准权限分为两个层次:第一个层次是在国家规定的重要江河、湖泊上建设水工程,要由对该流域有管辖权的流域管理机构审查该水工程建设是否符合流域综合规划,并对是否同意该水工程签署意见。第二个层次是在其他江河、湖泊上建设水工程,由县级以上地方人民政府水行政主管部门按照管理权限审查该水工程建设是否符合流域综合规划,并对是否同意建设该水工程签署意见书。

(七)实际制定防洪规划时应注意的问题

1. 根据实际情况,制定适应的防洪标准

防洪标准是衡量被保护区防洪能力或承受洪水风险的重要指标,拟定江河、城市防洪标准,要依据社会经济发展水平和河湖的自然条件。它涉及防洪经济效益,关系着上下游、左右岸及有关经济部门的利益和要求,同时要考虑工程上下游生态环境可能引起的变化等因素。一般而论,防洪效益随投入的增加而增加,但不一定是呈线性递增的,这就有一个经济上最合理的选择问题。在受堤防保护的大范围内,可考虑将大、中城市,重要工矿企业和一般农业区的防洪标准加以区别。

2. 建立有效的防洪减灾保障体系

我国防洪减灾保障体系主要存在4个方面的问题:一是防洪管理措施不力。对跨省、自治区、直辖市的江河水系缺乏全流域的统一管理,防洪工程的日常维护管理经费不足,对防洪保护区的管理不力等。二是防洪保险措施尚未建立。三是水文站网密度不够,测报设施落后。全国的防洪指挥系统还没有建成。四是基础工作薄弱。

针对以上问题,在今后的防洪减灾工作中应该加强以下两方面的工作:①普及洪涝灾害风险教育,灾害情报向全社会公开;②各级政府要认真抓好洪泛区域的管理。通过加强这两方面工作的力度,可以大大减少社会对防洪工程的依赖和压力。

第二节　治理与防护

一、防汛责任与组织机构

(一)防汛组织机构

洪水灾害是世界上许多国家都会发生的严重自然灾害之一,也是中华民族的心腹之患。为了有效地防治洪水,减少洪水造成的危害,必须有一个强有力的政府来加强指导工作。

防汛抗洪工作实行各级人民政府行政首长负责制,统一指挥、分级分部门负责。

国务院设立国家防汛总指挥部,负责组织领导全国的防汛抗洪工作,其办事机构设在国务院水行政主管部门,结构详见图5-1。长江和黄河,可以设立由有关省、自治区、直辖市人民政府和该江河的流域管理机构(以下简称流域机构)负责人等组成的防汛指挥机构,负责指挥所辖范围的防汛抗洪工作,其办事机构设在流域机构。长江和黄河的重大防汛抗洪事项须经国家防汛总指挥部批准后执行。国务院水行政主管部门所属的淮河、海河、珠江、松花江、辽河、太湖等流域机构,设立防汛办事机构,负责协调本流域的防汛日常工作。有防汛任务的县级以上地方人民政府设立防汛指挥部,由有关部门、当地驻军、人民武装部负责人组成,由各级人民政府首长担任指挥。各级人民政府防汛指挥部在上级人民政府防汛指挥部和同级人民政府的领导下,执行上级防汛指令,制定各项防汛抗洪措施,统一指挥本地区的防汛抗洪工作。各级人民政府防汛指挥部办事机构设在同级水行政主管部门;城市市区的防汛指挥部办事机构也可以设在城建主管部门,负责管理所辖范围的防汛日常工作。

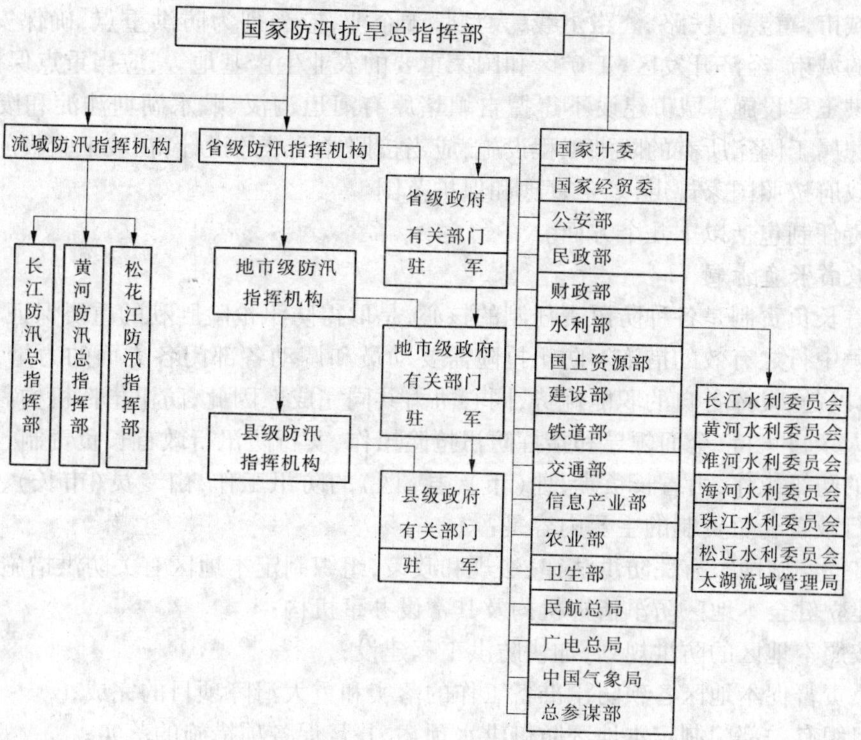

图 5-1　国家防汛抗旱总指挥部机构设置图

石油、电力、邮电、铁路、公路、航运、工矿以及商业、物资等有防汛任务的部门和单位,汛期应当设立防汛机构,在有管辖权的人民政府防汛指挥部统一领导下,负责做好本行业和本单位的防汛工作。河道管理机构、水利水电工程管理单位和江河沿岸在建工程的建设单位,必须加强对所辖水工程设施的管理维护,保证其安全正常运行,组织和参加防汛抗洪工作。

(二)防汛责任

防汛工作实行"安全第一,常备不懈,以防为主,全力抢险"的方针,并遵循团结协作和局部利益服从全局利益的原则。

《中华人民共和国防洪法》明确规定:各级人民政府应当组织有关部门加强对水库大坝的定期检查和监督管理。对未达到设计洪水标准、抗震设防要求或者有严重质量缺陷的险坝,大坝主管部门应当组织有关单位采取除险加固措施,限期消除危险或者重建,有关人民政府应当优先安排所需资金。

地方各级人民政府应当加强对防洪区安全建设工作的领导,组织有关部门、单位对防洪区内的单位和居民进行防洪教育,普及防洪知识,提高水患意识;按照防洪规划和防御洪水方案建立并完善防洪体系和水文、气象、通信、预警以及洪涝灾害监测系统,提高防御洪水能力;组织防洪。在洪泛区、蓄滞洪区内建设非防洪建设项目,应当就洪水对建设项目可能产生的影响和建设项目对防洪可能产生的影响作出评价,编制洪水影响评价报告,提出防御措施。建设项目可行性研究报告按照国家规定的基本建设程序报请批准时,应当附具有关水行政主管部门审查批准的洪水影响评价报告。

大中城市,重要的铁路、公路干线,大型骨干企业,应当列为防洪重点,确保安全。受洪水威胁的城市、经济开发区、工矿区和国家重要的农业生产基地等,应当重点保护,建设必要的防洪工程设施。城市建设不得擅自填堵原有河道沟汊、贮水湖塘洼淀和废除原有防洪围堤。属于国家所有的防洪工程设施,应当按照经批准的设计,在竣工验收前由县级以上人民政府按照国家规定,划定管理和保护范围。

防汛责任制包括以下几个方面。

1. 行政首长负责制

行政首长负责制是各种防汛责任制的核心,是取得防汛抢险胜利的重要保证,也是历来防汛斗争中行之有效的措施。防汛抢险需要动员和调动各部门各方面的力量,党、政、军、民全力以赴,发挥各自的职能优势,同心协力共同完成。因此,防汛指挥机构需要政府主要负责人亲自主持,全面领导和指挥防汛抢险工作,实行防汛行政首长负责制。

全省的防汛工作,由省长负责,地(市)、县(区)的防汛工作,由专员(市长)、县(区)长负责。行政首长负责制的主要内容是:

(1)贯彻实施国家有关防洪法律、法规和政策,组织制定本地区有关防洪措施;

(2)建立健全本地区防汛指挥机构及其常设办事机构;

(3)按照本地区的防洪规划,加快防洪工程建设;

(4)负责督促本地区各项防汛准备工作的落实和重大清障项目的完成;

(5)组织有关部门制定本地区防御洪水预案,并督促各项措施的落实;

(6)贯彻执行上级防洪调度命令,做好防汛宣传和思想动员工作,组织抗洪抢险,及时安全转移受灾人员和国家重要财产;

(7)组织筹集防汛抗洪经费和物资;

(8)组织开展灾后救助,恢复生产,水毁工程修复,保持社会稳定。

2. 分级责任制

根据防洪工程所处地区、工程等级和重要程度等,确定分级管理运用、指挥调度的权限责任。在统一领导下,对防洪工程实行分级管理、分级调度、分级负责。

3. 分包责任制

为确保重点地区和主要防洪工程的度汛安全,各级政府行政负责人和防汛指挥部领导成员实行分包工程责任制,将水库、堤段的防守任务具体落实到人,责任到人,有利于防汛抢险工作的开展。

4. 岗位责任制

工程管理单位的业务处室和管理人员,以及护堤员、防汛人员、抢险队员等要制定岗位责任制,明确任务和要求,定岗定责,落实到人。对岗位责任制的范围、项目、安全程度、责任时间等,要作出明确规定。

5. 技术责任制

在防汛抢险工作中,为充分发挥技术人员的专长,实现科学抢险、优化调度以及提高防汛指挥的准确性和可能性,凡是评价工程抗洪能力、确定预报数字、制定调度方案、采取的抢险措施等有关技术问题,均应由专业技术人员负责、建立技术责任制。关系重大的技术决策,要组织相当技术级别的人员进行咨询,以防失误。

6. 值班责任制

为了随时掌握汛情，防汛指挥机构应建立防汛值班制度，以便及时加强上下联系，多方协调，充分发挥水利工程的作用。汛期值班的主要责任是：

（1）及时掌握汛情。汛情一般包括水情、工情和灾情。水情：按时了解雨情、水情实况和水文、气象预报；工情：当雨情、水情达到某一数值时，要了解水库和河道等防洪工程的运用和防守情况；灾情：主动了解受灾地区的范围和人员伤亡情况以及抢救的措施。

（2）按时请示报告。对于重大汛情及灾情要及时向上级汇报。对需要采取的防洪措施要及时请示批准执行；对授权传达的指挥调度命令及意见，要及时准确传达。

（3）及时掌握各地水库发生的险情及处理情况。

（4）对发生的重大汛情要整理好值班记录，以备查阅，并归档保存。

（5）熟悉所辖地区的防汛基本情况。对所发生的各种类型洪水要根据有关资料进行分析研究。

（6）严格执行交接班制度，认真履行交接班手续。

（7）做好保密工作，严守国家机密。

二、防汛方案

《中华人民共和国防洪法》第四十条规定："有防汛任务的县级以上地方人民政府根据流域综合规划、防洪工程实际状况和国家规定的防洪标准，制定防洪预案（包括对特大洪水的处置措施）。""各级防汛指挥机构和承担防汛抗洪任务的部门和单位，必须根据防洪预案，做好防汛抗洪准备工作"。防洪法明确了防洪预案的编制单位和原则要求。

《中华人民共和国防汛条例》中也明确指出：

（1）有防汛任务的地方，应当根据经批准的防御洪水方案制定洪水调度方案。长江、黄河、淮河、海河（海河流域的永定河、大清河、漳卫南运河和北三河）、松花江、辽河、珠江和太湖流域的洪水调度方案，由有关流域机构会同有关省、自治区、直辖市人民政府制定，报国家防汛总指挥部批准；跨省、自治区、直辖市的其他江河的洪水调度方案，由有关流域机构会同有关省、自治区、直辖市人民政府制定，报流域防汛指挥机构批准；没有设立流域防汛指挥机构的，报国家防汛总指挥部批准；其他江河的洪水调度方案，由有管辖权的水行政主管部门会同有关地方人民政府制定，报有管辖权的防汛指挥机构批准。洪水调度方案经批准后，有关地方人民政府必须执行。修改洪水调度方案，应当报经原批准机关批准。

（2）有防汛抗洪任务的企业应当根据所在流域或者地区经批准的防御洪水方案和洪水调度方案，规定本企业的防汛抗洪措施，在征得其所在地县级人民政府水行政主管部门同意后，由有管辖权的防汛指挥机构监督实施。

（3）水库、水电站、拦河闸坝等工程的管理部门，应当根据工程规划设计、经批准的防御洪水方案和洪水调度方案以及工程实际状况，在兴利服从防洪、保证安全的前提下，制定汛期调度运用计划，经上级主管部门审查批准后，报有管辖权的人民政府防汛指挥部备案，并接受其监督。经国家防汛总指挥部认定的对防汛抗洪关系重大的水电站，其防洪库容的汛期调度运用计划经上级主管部门审查同意后，须经有管辖权的人民政府防汛指挥部批准。汛期调度运用计划经批准后,由水库、水电站、拦河闸坝等工程的管理部门负责执行。有防凌任务的江河,其上游水库在凌汛期间的下泄水量,必须征得有管辖权的人民政府防汛指挥部的同意,并接受其监督。

防洪预案通常包括7部分内容:

(1)基本情况:①河道情况,主要是河道基本情况和各河段的排洪能力;②防洪工程,主要是堤防、险工、控导(护滩)、蓄滞洪工程情况及抗洪能力;③滩区基本情况,主要是滩区面积、耕地、村庄、人口、财产、避洪设施、预警反馈系统情况,以及大水时需要转移的人口、安置地点等;④下游决口影响范围。

(2)防洪存在的主要问题:①河道存在的问题;②防洪工程存在的主要问题;③非工程防洪措施存在的主要问题;包括天气预报、水情测报、通信、滩区(蓄滞洪区)群众迁移安置、防汛队伍、料物等方面存在的问题。

(3)防洪任务和防洪重点:①洪水来源;②防洪任务;③防洪重点。

(4)防汛组织指挥与蓄滞洪区运用批准权限:①防汛组织指挥系统;②蓄滞洪工程运用批准权限与组织实施。

(5)防汛队伍的组成、使用及防汛抢险料物的储备与使用:①防汛队伍的组成和使用;②料物的储备与使用。

(6)各级洪水防御措施(防洪预案的中心内容):①各级洪水处理原则与方案,包括洪水处理原则;各级洪水处理方案;各级洪水防御措施。每级洪水的防御措施主要有水情预测、工情险情预测、防御措施、组织领导。②防守力量部署。③加强河势、工情观测,搞好工程抢险加固。④做好水情测报和汛情传递工作。⑤做好滩区、蓄滞洪区群众搬迁救护工作。⑥做好抢险料物供应等后勤保障工作。⑦加强防汛抗洪督察等。

(7)防洪预案的附件:通常包括洪水测报方案,滩区、蓄滞洪区群众迁安救护方案、防汛物资保障方案、防汛通信保障方案、黄河防汛抢险夜间照明方案、分洪运用方案及实施意见等。每个附件的结构与主预案大体相同,都有情况、有分析、有对策,内容都较为详尽,是主预案的重要补充。

三、汛期的防险与救灾

防汛工作是一项涉及技术、社会的紧急的政府行为,由各级政府行政首长统一指挥进行。《中华人民共和国防汛条例》第二十三条规定:“省级人民政府防汛指挥部,可以根据当地的洪水规律,规定汛期起止日期。”

该条明确了各地汛期的起止日期必须由省级人民政府防汛指挥部来进行确定,但是针对以下特殊情况,即当江河、湖泊、水库的水情接近保证水位或者安全流量时,或者防洪工程设施发生重大险情、情况紧急时,县级以上地方人民政府可以宣布进入紧急防汛期,但必须报告上级人民政府防汛指挥部。

防汛工作是个不间断的日常工作,需要各级防汛指挥部的精密统筹,各部门的大力配合,才能最大限度地减少灾害的损失。条例中对各级防汛指挥部以及各相关部门在防汛时期各个阶段的权利和义务作了清晰的介绍。

（一）防汛指挥部的职责

《中华人民共和国防汛条例》第二十四条明确规定："防汛期内，各级防汛指挥部必须有负责人主持工作。"这是对各级防汛指挥部门的要求，并且要求有关责任人员必须坚守岗位，及时掌握汛情，并按照防御洪水方案和汛期调度运用计划进行调度。而到了紧急防汛期间，地方人民政府防汛指挥部必须由人民政府负责人主持工作，组织动员本地区各有关单位和个人投入抗洪抢险。

紧急防汛期间，各级防汛指挥部的权力如下：

（1）在紧急防汛期，为了防汛抢险需要，防汛指挥部有权在其管辖范围内，调用物资、设备、交通运输工具和人力，事后应当及时归还或者给予适当补偿。因抢险需要取土占地、砍伐林木、清除阻水障碍物的，任何单位和个人不得阻拦。但针对取土占地、砍伐林木的事件，事后防汛指挥部门应当依法向有关部门补办手续。

（2）当河道水位或者流量达到规定的分洪、滞洪标准时，有管辖权的人民政府防汛指挥部有权根据经批准的分洪、滞洪方案，采取分洪、滞洪措施。

（3）在非常情况下，为保护国家确定的重点地区和大局安全，必须局部牺牲时，在报经有管辖权的上级人民政府防汛指挥部批准后，当地人民政府防汛指挥部可以采取非常紧急措施。在实施上述措施时，任何单位和个人不得阻拦，如遇到阻拦和拖延时，有管辖权的人民政府有权组织强制实施。

（4）当洪水威胁群众安全时，当地人民政府应当及时组织群众撤离至安全地带，并做好生活安排。

另外，为了保证汛期行洪的安全，条例中明确规定：按照水的天然流势或者防洪、排涝工程的设计标准，或者经批准的运行方案下泄的洪水，下游地区不得设障阻水或者缩小河道的过水能力；上游地区不得擅自增大下泄流量。并且未经有管辖权的人民政府或其授权的部门批准，任何单位和个人不得改变江河河势的自然控制点。

（二）防汛各有关部门的职责

防汛是涉及社会的一项重大任务，所以有关各部门在防汛期间也必须承担其相应的义务。《中华人民共和国防汛条例》中规定：

在汛期，河道、水库、水电站、闸坝等水工程管理单位必须按照规定对水工程进行巡查，发现险情，必须立即采取抢护措施，并及时向防汛指挥部和上级主管部门报告。其他任何单位和个人发现水工程设施出现险情，应当立即向防汛指挥部和水工程管理单位报告。

在汛期，公路、铁路、航运、民航等部门应当及时运送防汛抢险人员和物资；电力部门应当保证防汛用电。

在汛期，电力调度通信设施必须服从防汛工作需要；邮电部门必须保证汛情和防汛指令的及时、准确传递，电视、广播、公路、铁路、航运、民航、公安、林业、石油等部门应当运用本部门的通信工具优先为防汛抗洪服务。

电视、广播、新闻单位应当根据人民政府防汛指挥部提供的汛情，及时向公众发布防汛信息。

在紧急防汛期，公安部门应当按照人民政府防汛指挥部的要求，加强治安管理和安全保卫工作。必要时须由有关部门依法实行陆地和水面交通管制。

第三节　防洪区与防洪设施的管理

一、防洪区的管理

防洪区是指洪水泛滥可能淹及的地区，分为洪泛区、蓄滞洪区和防洪保护区。

洪泛区是指尚无工程设施保护的洪水泛滥所及的地区，如河堤内的行洪区、泛区、滩区以及没有堤防保护的滩区和一些平原洼地等。

蓄滞洪区是指包括分洪口在内的河堤背水面以外临时贮存洪水的低洼地区及湖泊等。蓄滞洪区的修建既有利于发展农业生产，又有利于削减洪峰，蓄纳超额洪水，对保证防洪保护区，尤其是重点地区的防洪安全具有重要作用，是减少洪灾损失的有效措施。

防洪保护区是指在防洪标准内受防洪工程设施保护的地区。《2006 年全国水利发展统计公报》数据显示到 2006 年底我国的主要堤防有 28.08 万 km，保护耕地 4 500 万 hm^2，保护人口 5.5 亿。

《中华人民共和国防洪法》中规定：洪泛区、蓄滞洪区和防洪保护区的范围，必须在防洪规划或者防御洪水方案中划定，并报请省级以上人民政府按照国务院规定的权限批准后予以公告。我国四大流域国家蓄滞洪区名录如表 5-2 所示。

表 5-2　国家蓄滞洪区名录

流域名称	蓄滞洪区名称	小计
长江流域	围堤湖、六角山、九垸、西官垸、安澧垸、澧南垸、安昌垸、安化垸、南顶垸、和康垸、南汉垸、民主垸、共双茶、城西垸、屈原农场、义和垸、北湖垸、集成安合、钱粮湖、建设垸、建新农场、君山农场、大通湖东、江南陆城、荆江分洪区、宛市扩建区、虎西备蓄区、人民大垸、洪湖分洪区、杜家台、西凉湖、东西湖、武湖、张渡湖、白潭湖、康山圩、珠湖圩、黄湖圩、方洲斜塘、华阳河	40
黄河流域	北金堤、东平湖、北展宽区、南展宽区、大功	5
海河流域	永定河泛区、小清河分洪区、东淀、文安洼、贾口洼、兰沟洼、宁晋泊、大陆泽、良相坡、长虹渠、白寺坡、大名泛区、恩县洼、盛庄洼、青甸洼、黄庄洼、大黄铺洼、三角淀、白洋淀、小摊坡、任固坡、共渠西、广润坡、团泊洼、永年洼、献县泛区	26
淮河流域	蒙洼、城西湖、城东湖、瓦埠湖、老汪湖、泥河洼、老王坡、蛟停湖、黄墩湖、南润段、邱家湖、姜家湖、唐垛湖、寿西湖、董峰湖、上六坊堤、下六坊堤、石姚湾、洛河洼、汤渔湖、荆山湖、方邱湖、临北段、花园湖、香浮段、潘村洼	26
共计		97

注：取自《蓄滞洪区运用补偿暂行办法》。

加强对防洪区特别是对洪泛区和蓄滞洪区的管理，这对减少该区域内的洪灾损失作用很大，这也是一项很重要的防洪非工程措施。

加强管理主要是搞好政策法规、技术指导和防洪保险三个体系建设。

（一）制定法律、条例，依法管理

防洪区的特殊性决定了各级人民政府在防洪区的管理中应当给予更多的关心。

首先，各级人民政府应当按照防洪规划对防洪区内的土地利用实行分区管理。《中华人民共和国防汛条例》第十七条也作了如下规定："各级地方人民政府必须对所管辖的蓄滞洪区的通信、预报警报、避洪、撤退道路等安全设施，以及紧急撤离和救生的准备工作进行汛前检查，发现影响安全的问题，及时处理。"

其次，地方各级人民政府应当加强对防洪区安全建设工作的领导，组织有关部门、单位对防洪区内的单位和居民进行防洪教育，普及防洪知识，提高水患意识；按照防洪规划和防御洪水方案建立并完善防洪体系和水文、气象、通信、预警以及洪涝灾害监测系统，提高防御洪水能力；组织防洪区内的单位和居民积极参加防洪工作，因地制宜地采取防洪避洪措施。

再次，洪泛区、蓄滞洪区所在地的省、自治区、直辖市人民政府应当组织有关地区和部门，按照防洪规划的要求，制定洪泛区、蓄滞洪区安全建设计划，控制蓄滞洪区人口增长，对居住在经常使用的蓄滞洪区的居民，有计划地组织外迁，并采取其他必要的安全保护措施。

（二）加强技术指导，科学管理

防洪法中对加强技术指导方面作了详尽的解释。《中华人民共和国防洪法》中规定：在洪泛区、蓄滞洪区内建设非防洪建设项目，应当就洪水对建设项目可能产生的影响和建设项目对防洪可能产生的影响作出评价，编制洪水影响评价报告，提出防御措施。建设项目可行性研究报告按照国家规定的基本建设程序报请批准时，应当附具有关水行政主管部门审查批准的洪水影响评价报告。

在蓄滞洪区建设的油田、铁路、公路、矿山、电厂、电信设施和管道，其洪水影响评价报告应当包括建设单位自行安排的防洪避洪方案。建设项目投入生产或者使用时，其防洪工程设施应当经水行政主管部门验收。在蓄滞洪区内建造房屋应当采用平顶式结构。

大中城市，重要的铁路、公路干线，大型骨干企业，应当列为防洪重点，确保安全。

受洪水威胁的城市、经济开发区、工矿区和国家重要的农业生产基地等，应当重点保护，建设必要的防洪工程设施。

城市建设不得擅自填堵原有河道沟汊、贮水湖塘洼淀和废除原有防洪围堤；确需填堵或者废除的，应当经水行政主管部门审查同意，并报城市人民政府批准。

（三）洪水保险

《中华人民共和国防洪法》第四十七条中明确指出："国家鼓励、扶持开展洪水保险。"

洪水保险是按契约方式集合相同风险的多数单位，用合理的计算方式聚资，建立保险基金，以备对可能发生的事故损失实行互助的一种经济补偿制度。

洪水保险是洪泛区洪水风险管理的重要手段，通过运用防洪保险作为经济杠杆，来调整和控制洪泛区的经济发展，实施有关洪泛区的管理法规，另外，广大居民和单位通过参加保险，缴纳保险费用，可以增加防洪意识、树立经常性的防灾观念。将洪水保险与洪泛区管理结合在一起，可以有效地控制洪泛区内经济的盲目发展和降低洪灾损失。

洪水保险可分两种方式：一是法定保险，又称强制保险，国家以法律、法令的行政手段来实施的；二是自愿保险，由保险双方当事人在自愿的基础上协商、订立保险合同而成立的。

根据我国的实际情况，现阶段宜采用法定和自愿保险相结合的方式。在洪水保险机制方面可考虑采用以下三种模式：

(1)单保。单保即由保险公司独立承担全部风险办理洪水保险业务，由水利、防汛部门提供洪水风险范围和受损机遇等资料。

(2)代办。代办即由保险公司代为办理保险业务，所有风险由当地洪水保险基金管理部门负担，保险公司只收取一部分手续费。

(3)共保。共保即水利、防汛部门和保险公司合作，风险共担，或由防汛主管部门成立全国洪水再保险公司。

我国的洪水保险业务还刚刚开始，需要广泛地开展宣传，提高社会各阶层对洪水保险的认识并结合我国的实际情况，进一步研究、完善各种合乎国情的洪水保险制度和机制，使其在中国的防洪事业中发挥更大的作用。

二、防洪工程设施的管理

《中华人民共和国防洪法》中规定："属于国家所有的防洪工程设施，应当按照经批准的设计，在竣工验收前由县级以上人民政府按照国家规定，划定管理和保护范围。"

这一条规定了防洪工程设施的归属权，避免因权属的模糊造成责任分工不明确，导致重大灾害事故的发生。

防洪法中同样也对防洪工程设施的管理提出了具体的要求。

例如：《中华人民共和国防洪法》第三十五条规定："在防洪工程设施保护范围内，禁止进行爆破、打井采石、取土等危害防洪工程设施安全的活动。"同样，防洪法中也对加强防洪工程设施的监督管理作了详细的规定。第三十六条规定："各级人民政府应当组织有关部门加强对水库大坝的定期检查和监督管理。"

《中华人民共和国防洪法》中要求：各级人民政府和有关主管部门应当加强对尾矿坝的监督管理，采取措施，避免因洪水导致垮坝。任何单位和个人不得破坏、侵占、毁损水库大坝、堤防、水闸、护岸、抽水站、排水渠系等防洪工程和水文、通信设施以及防汛备用的器材、物资。防洪法在第七章中针对防洪过程当中的一些破坏行为也制定了相应的法律惩罚措施，对违反相应条例的都制定了对应的处罚办法。

防洪措施分工程措施和非工程措施两大类。其中，工程措施是防洪减灾的基础，通过工程建筑来改变不利于防洪的自然条件，以减免洪泛的机会和灾害损失。防洪法中对防洪工程的建设也提出了指导性的要求。

《中华人民共和国防洪法》第三十四条规定："大中城市，重要的铁路、公路干线，大型骨干企业，应当列为防洪重点，确保安全。"

该条明确了受洪水威胁的城市、经济开发区、工矿区和国家重要的农业生产基地等，应当重点保护，建设必要的防洪工程设施。在具体的实施过程当中，城市建设不得擅自填堵原有河道沟汊、贮水湖塘洼淀和废除原有防洪围堤；确需填堵或者废除的，应当经水行政主管部门审查同意，并报城市人民政府批准。

案例

案情

1996年8月上旬，河北省中南部地区遭受了1963年以来最大最严重的洪涝灾害。H水库开闸泄洪过程中，由于洪水过大、流速过猛，一些离溢洪道较近的网箱被卷走，给某些养鱼户带来了较大的经济损失。2003年6月9日，L县N乡东王角村村民孙某等9户养鱼户，以H水库管理处违约致使其渔业受损为由诉至S市中级人民法院。2003年9月23日，S市中级人民法院向省水利厅发出应诉通知书，要求省水利厅作为第三人应诉。

S市中级人民法院经过审理认为，原、被告之间无合同约定，故原被告之间纠纷系损害赔偿纠纷，属于人民法院受理的民事案范围。被告在"96·8"抗洪救灾中的放水泄洪行为，听命于省防汛抗旱指挥部，是履行职务行为，也是一种紧急避险行为。被告并无过错，故不应对原告损失承担责任。第三人省水利厅同原告受损未发生任何事实和法律上的联系，原告向省水利厅主张权利没有任何依据。2004年3月30日S市中级人民法院作出一审判决，驳回原告的诉讼请求，并由原告承担案件受理费。

原告不服一审判决，上诉至M省高级人民法院。2004年10月26日，省高级人民法院开庭审理此案。高院经审理认为，孙某等人主张其和H水库管理处之间存在事实上的合同关系，没有事实依据。而且民事侵权责任需以侵权人的过错行为为前提条件，但H水库管理处的泄洪行为完全听从于省防汛抗旱指挥部的指示，属于履行职务行为，没有过错。孙某等人的起诉，不属于人民法院管辖。一审判决认定孙某等人的损失属于平等主体之间的民事侵权赔偿，属于适用法律错误。2004年12月4日，省高院作出终审裁定，撤销S市中级人民法院一审判决，驳回孙某等人的起诉。至此，H水库管理处及省水利厅在这场历时一年半的民事诉讼案件中终审胜诉。

点评

《中华人民共和国防洪法》规定：在紧急防汛期，防汛指挥机构根据防汛抗洪的需要，有权在其管辖范围内调用物资、设备、交通运输工具和人力，决定采取取土占地、砍伐林木、清除阻水障碍物和其他必要的紧急措施。《中华人民共和国防汛条例》第二十六条规定：在汛期，河道、水库、闸坝、水运设施等水工程管理单位及其主管部门在执行汛期调度运用计划时，必须服从有管辖权的人民政府防汛指挥部的统一调度指挥或者监督。在汛期，以发电为主的水库，其汛限水位以上的防洪库容以及洪水调度运用必须服从有管辖权的人民政府防汛指挥部的统一调度指挥。《中华人民共和国防汛条例》第三十三条规定：当河道水位或者流量达到规定的分洪、滞洪标准时，有管辖权的人民政府防汛指挥部有权根据经批准的分洪、滞洪方案，采取分洪、滞洪措施。采取上述措施对毗邻地区有危害的，须经有管辖权的上级防汛指挥机构批准，并事先通知有关地区。在非常情况下，为保护国家确定的重点地区和大局安全，必须作出局部牺牲时，在报经有管辖权的上级人民政府防汛指挥部批准后，当地人民政府防汛指挥部可以采取非常紧急措施。

所以，水库的泄洪行为的依据是省防汛抗旱指挥部的指示，属于履行抗洪抢险的职务行为。"96·8"抗洪抢险是国家和政府的一种抗灾行为，为此造成相对人人身和财产损失，应当通过国家抗灾救济途径得到补偿。

第六章　水土保持

第一节　水土保持概述

19世纪以来,全世界土壤资源受到严重破坏。水土流失,土壤盐渍化、沙化、贫瘠化、渍涝化以及由自然生态失衡而引起的水旱灾害等,使耕地逐日退化而丧失生产能力,而仅由于水土流失与土壤退化,全球每年损失500万～700万hm^2。因此,水土流失问题已引起了世界各国的普遍关注,联合国也将水土流失列为全球三大环境问题之一。

我国是世界上水土流失最为严重的国家之一。每年因土壤退化损失耕地46.6万～53.3万hm^2,因自然灾害丧失耕地约10万hm^2。由于水土流失与土壤退化日趋严重,生物的生存空间日益缩小,已经带给我们极大的危害,对经济社会的可持续发展构成了极大的威胁。

一、水土保持的概念

"水土保持"一词提出至今已经60多年了。新中国成立初期,老一辈国家领导人就对我国的水保工作给予了高度的重视。1955年毛泽东主席在《中国农村社会主义高潮》一书中,对《看,大泉山变了样子!》一文就有如此按语:有了这样一个典型例子,整个华北、西北以及一切有水土流失问题的地方,都可以照样去解决自己的问题了。要全面规划,要加强领导。我们要求每个县委书记都学阳高县委书记那样,用心寻找当地群众中的先进经验,加以总结,使之推广。

随着水土保持研究工作的不断深入和发展,水土保持的含义也发生了重大的变化。从最初的水土保护、土壤保持或土壤侵蚀控制,已经逐渐拓展为现在的水土资源的保护、改良和合理利用,农业生产条件的改善和良好生态与环境的建立。中国大百科全书－农业卷《水土保持学》中,水土保持定义如下:水土保持(water and soil conservation)指防治水土流失,保护、改良与合理利用山丘区、丘陵区和风沙区水土资源,维护和提高土地生产力,以利于充分发挥水土资源的经济与社会效益,建立良好的生态环境的综合性科学技术。

为预防和治理水土流失,保护和合理利用水土资源,减轻水、旱、风沙灾害,改善生态环境,发展生产,第七届全国人民代表大会常务委员会第20次会议于1991年6月29日通过了《中华人民共和国水土保持法》(以下简称《水土保持法》)。在该法第二条规定"本法所称水土保持,是指对自然因素和人为活动造成水土流失所采取的预防和治理措施。"

水土保持是江河治理的根本,是水资源利用和保护的源头和基础,是与水资源管理互为促进、紧密结合的有机整体。水土保持是国土整治的根本。保护珍贵的土地资源免受外力侵蚀,既是水土保持的基本内涵,也是土地资源利用和保护的主要内容。从保护土地资源、减轻土壤退化的角度上讲,水土保持对土地资源的利用和保护有着积极的促进作用。

二、我国水土流失现状及治理成效

我国是世界上水土流失最为严重的国家之一,其水土流失的基本特点是:分布广、类型多、强度高、危害深、治理难度大。

《2006 年水土保持公报》的数据表明,各流域土壤侵蚀量:长江、黄河、海河、淮河、珠江、辽河、黑河均低于多年平均侵蚀量,松花江、钱塘江、闽江、塔里木河与常年接近;与2005 年相比,长江、黄河、淮河、松花江、辽河有所下降,海河、珠江、黑河有所上升,钱塘江、闽江、塔里木河变化不大。

表 6-1 是我国《2006 年水土保持公报》公布的各大江河流域水土流失的基本情况。

表 6-1 2006 年全国主要江河流域土壤侵蚀量

流域名称	计算面积(万 km^2)	多年平均		2005 年		2006 年	
		径流量(亿 m^3)	侵蚀总量(亿 t)	径流量(亿 m^3)	侵蚀总量(亿 t)	径流量(亿 m^3)	侵蚀总量(亿 t)
长江	138.14	7 659.10	23.87	7 576.19	11.64	5 422.05	5.28
黄河	49.15	364.70	16.00	230.80	4.00	233.40	2.94
海河	18.20	16.90	2.01	4.85	0.02	4.62	0.10
淮河	20.10	285.44	1.58	481.63	0.46	245.53	0.08
珠江	41.52	2 866.10	2.20	2 501.80	1.02	2 889.10	1.26
松花江	52.83	613.00	0.19	596.50	0.38	425.50	0.16
辽河	22.00	35.02	1.53	33.80	0.77	11.50	0.22
钱塘江	5.56	202.70	0.11	201.21	0.09	177.65	0.10
闽江	5.85	577.10	0.12	683.70	0.13	715.10	0.13
塔里木河	11.73	148.95	1.30	172.18	1.31	173.52	1.25
黑河	4.39	15.64	0.16	18.18	0.008	18.14	0.02

注:表中数据摘自《2006 年水土保持公报》。

由表 6-1 中可以看出,多年来我国的长江平均每年带走 23.87 亿 t、黄河平均带走 16 亿 t 泥沙,给我国的国土资源造成极大的破坏。

面对着严峻的形势,我国从新中国成立后开展了大量的、卓有成效的水土整治工作。

(1)在基础性研究方面,国家针对不同地区水土流失的形成机制、发生过程、发展趋势以及对区域生态环境的影响作用,集结了国内许多著名的水保专家,开展了近百项专题研究。特别是通过微观与宏观、机理与形态、室内模拟与野外观测、自然因素与人为活动综合研究,初步摸清了我国不同类型区水土流失的方式、类型、面积及发生发展规律,在对水土流失影响因子综合分析的基础上,初步建立了不同地区的坡面与小流域侵蚀产沙预报模型。

(2)在应用研究方面,开展了小流域综合治理、水土保持措施及其优化配置、水土保持效益分析等多项研究,试验推广了以改变小地形和高效利用水土资源为主的各种耕作措施;以恢复植被、增加地面覆盖为中心的造林种草技术;以减少径流、拦蓄泥沙为重点的各种水保工程措施。一些小流域在基本控制水土流失的前提下,结合地方优势开展了不同种类的开发性研究与建设项目,随着这些项目的不断深入,必将加快水土保持产业化的步伐,推动全国水土保持工作的深入发展。

在水土流失整治的50多年间,我国水土保持生态环境建设取得了巨大成就。

表6-2是《2006年水土保持公报》发布的我国水土综合治理当年和历年累计治理的基本统计资料。

表6-2 2006年全国水土流失综合治理面积

省(自治区、直辖市)	累计治理面积(km^2)	当年新增治理面积(km^2)	重点小流域累计治理面积(km^2)	实施小流域数(条)	
				当年竣工	正在实施
全国合计	974 928.5	39 689.1	379 152.8	2 541	4 779
北京	3 913.0	200.0	3 913.0	13	25
天津	414.3	25.0	225.3	2	2
河北	60 761.8	1 647.6	30 478.4	270	336
山西	54 243.1	3 830.5	9 781.4	73	273
内蒙古	95 575.4	4 323.3	31 468.3	197	243
辽宁	59 043.3	1 492.1	29 226.0	328	525
吉林	34 051.8	710.2	4 922.1	43	48
黑龙江	42 593.4	1 585.6	13 457.9	137	187
江苏	9 022.8	387.2	3 163.9	80	256
浙江	22 809.7	562.5	6 333.5	76	98
安徽	19 836.3	340.5	8 102.5	27	58
福建	12 446.2	1 146.8	6 974.8	45	82
江西	38 101.7	1 816.7	8 984.4	52	136
山东	38 923.4	1 221.7	15 328.7	184	302
河南	41 910.8	1 308.0	24 142.7	134	217
湖北	41 645.7	635.2	15 043.6	61	67
湖南	27 171.0	532.2	8 433.8	34	52
广东	13 135.9	225.3	5 342.0	7	9
广西	16 278.1	1 459.0	2 129.9	21	31
海南	309.9	13.7	4.2	1	1
重庆	19 440.2	627.3	17 064.6	30	71
四川	55 060.7	2 355.8	35 780.2	77	120
贵州	26 605.4	991.8	23 723.6	40	66
云南	44 548.1	2 457.5	25 234.6	88	113
西藏	169.2	11.9	66.5	1	2
陕西	89 880.5	5 581.1	27 541.6	93	123
甘肃	79 102.1	2 024.3	15 818.4	397	1 280
青海	7 676.2	258.8	2 592.8	14	17
宁夏	17 137.8	1 022.8	2 610.9	11	30
新疆	3 120.7	894.5	1 263.4	5	9

三、水土保持工作的意义

生态系统的平衡往往是大自然经过了很长时间才建立起来的动态平衡。一旦受到破坏,有些平衡就无法重建,带来的恶果可能是人的努力无法弥补的。因此,人类要尊重生态平衡,维护生态平衡,而绝不可轻易地去破坏它。

古今中外大量事实表明,人类不合理的开发建设活动必然导致严重的水土流失,导致生态环境恶化,最终引发人类生存与发展危机。随着经济社会的发展和人类开发建设活动规模的不断扩大,人为破坏生态所造成的水土流失问题越来越严重,对生态环境的影响也越来越大。因此,必须坚持"预防为主"的方针,始终把预防监督放在水土保持工作的首位;在此基础上,综合治理自然水土流失,不断改善生产条件和生态环境。只有这样,才能从源头上控制住人为水土流失,才能抓住水土保持的根本,才能使水土保持生态环境建设既经济又有效,达到事半功倍的效果。

(一)水土保持与水资源的利用和保护

水土保持是江河治理的根本,是水资源利用和保护的源头与基础,是与水资源管理互为促进、紧密结合的有机整体。水土保持措施:一是坡面渗蓄、工程拦蓄天上水,使地表淡水向土体深层转化,并保持在地下。因高差形成的势能,在无雨时节,上游山丘区的地下水转换为下游平原区的地表水,维持河流用水量,保持河道常年不断流,以补给地下水,增加水资源的可利用量,发挥以淡压咸的作用。二是减少水库、江河淤积,使水利工程延长寿命,增加效益,减轻防洪负担。三是避免点源和非点源(面源)污染通过径流汇入受纳水体,减轻水体富营养化及其他形式的污染。这一切都有利于水资源的开发利用和水环境的保护,都是建设景观水利、营造亲水空间的基础。同样,搞好水资源管理可以进一步增强水土保持措施的渗蓄、拦沙效益。

(二)水土保持与土地资源的利用和保护

土地资源是人类生产活动最基本的自然资源和劳动对象。水土流失通过雨滴击溅、雨水冲刷土壤,把坡面切割得支离破碎、沟壑纵横。长久下去,会使细土变少,砂砾变多,土壤沙化,肥力降低,质地变粗,土层变薄,土壤面积减少,裸岩面积增加,最终导致弃耕,成为"荒山荒坡"。同时,在内陆干旱、半干旱地区或滨海地区,由于水土流失,地下水得不到及时补给,在气候干旱、降水稀少、地表蒸发强烈时,土壤深层含有盐分(钾、钠、钙、镁的氯化物、硫酸盐、重碳酸盐等)的地下水就会由土壤毛管孔隙上升,在表层土壤积累时,逐步形成盐渍土(盐碱土),危害作物生长。

从水土流失对土地资源的危害中可以看出,水土保持与土地资源利用和保护关系密切。利用和保护好人类赖以生存的土地资源,创造有利于土壤微生物、土壤动物和地表植被生长、发育和繁殖的土壤环境,提高土地利用率和生产力,是水土保持和土地资源管理共同的课题。

(三)水土保持与人类社会

水土流失使土地对水的涵养能力降低,洪灾频发,严重威胁人民生命财产的安全,给国家和社会造成巨大的损坏。1998 年,长江、嫩江、松花江流域暴发特大洪水灾害,使 1.8 亿人受灾,因水死亡 4 150 人,直接经济损失 2 550.9 亿元;近年来北方地区连续遭受沙尘暴袭击,追根溯源,都与水土流失相关,都是水土流失的恶果。更为重要的是,水土流失流走的是沃土,流下的是贫瘠。在水土流失严重地区,地力衰退,农作物产量下降,直接给人类的生存形成威胁。近年来发生在世界某些地区的粮荒,给我们敲响了警钟。

(四)水土保持与生态环境

水土保持不仅是生态环境建设的主体,而且是生态环境建设的基础,处在生态环境建设的前沿。生态系统的稳定性在很大程度上取决于自然界中的水土资源条件;经济社会发展引起生态环境的变化,主要取决于对水土资源的利用。正基于此,水土流失才成为我国的头号环境问题,水土保持才被作为我国必须长期坚持的一项基本国策。如果离开水土保持生态建设,那么水生态建设、林业生态建设、农业生态建设、海洋生态建设、城市生态建设等都难以落到实处。实行水土保持方案报告审批制度,从源头上遏制水土流失,是预防水土流失、防止生态环境恶化的积极、有效的措施,是贯彻“预防为主”的水土保持工作方针的最具体体现。只有搞好水土保持,才能减轻水、旱、风、沙灾害,保障生物群落所依赖的水资源和土地资源的永续利用,保证生态环境用水并保持适度、均衡的入海水量,促进陆域和海域生物的生长、发育和繁殖。

第二节　水土保持法律制度

预防和治理水土流失是水土保持的基本内涵,是水土保持工作的精髓。预防水土流失就是通过法律的、行政的、经济的、教育的手段,使人们在生产活动、开发建设中,尽量避免造成水土流失,更不能加剧水土流失。其主要措施可归纳为三:一是坚决禁止严重破坏水土资源的行为,如禁止毁林开荒等;二是严格控制可能造成水土流失的行为,并要求达到法定的条件,如实行水土保持方案报告审批制度等;三是积极采取各种水土保持措施,如植树造林等,防止新的水土流失的产生。

一、水土保持工作的管理体制与方针

(一)水土保持工作管理体制

水土保持是一项综合性的工作,涉及土地、水资源、环境及其他社会经济部门的工作,同时和社会经济组织以及公民又是密不可分的。统一协调他们的行为,对做好水土保持工作是非常必要的。

《水土保持法》第六条规定:“国务院水行政主管部门主管全国的水土保持工作。县级以上地方人民政府水行政主管部门,主管本辖区的水土保持工作。”

由此规定可知,各级水行政主管部门是全国水土保持工作的主管机关。水利部是全国最高水行政主管机关,它承担以下职责:①拟定节约用水政策、编制节约用水规划,制定有关标准,组织、指导和监督节约用水工作。②按照国家资源与环境保护的有关法律法规和标准,拟定水资源保护规划;组织水功能区的划分和向饮水区等水域排污的控制;监测江河湖库的水量、水质,审定水域纳污能力;提出限制排污总量的意见。③组织、指导水利设施、水域及其岸线的管理与保护;组织指导大江、大河、大湖及河口、海岸滩涂的治理和开发;办理国际河流的涉外事务;组织建设和管理具有控制性的或跨省(自治区、直辖市)

的重要水利工程；组织、指导水库、水电站大坝的安全监管。④指导农村水利工作；组织协调农田水利基本建设、农村水电电气化和乡镇供水工作。⑤组织全国水土保持工作。研究制定水土保持的工程措施规划，组织水土流失的监测和综合防治。⑥承担国家防汛抗旱总指挥部的日常工作，组织、协调、监督、指导全国防洪工作，对大江大河和重要水利工程实施防汛抗旱调度。

设在地方政府的水主管机关，是该政府的组成机构，代表政府主管该行政区域内水资源的开发、利用、节约、保护和治害活动。同样，它也负责本行政区域内的水土保持工作。它在业务方面接受上级水行政主管部门的指导和监督。

应当注意的是，水行政主管机关是水土保持的主管机关，但是全社会对此项工作都负有义务。《水土保持法》第五条规定：国务院和地方人民政府应当将水土保持工作列为重要职责，采取措施做好水土流失防治工作。该法第三条规定：一切单位和个人都有保护水土资源、防治水土流失的义务，并有权对破坏土地资源、造成水土流失的单位和个人进行检举。

（二）水土保持工作的方针

《水土保持法》第四条规定："国家对水土保持工作实行预防为主，全面规划，综合防治，因地制宜，加强管理，注重效益的方针。"

这既是指导水土保持工作的指导方针，也是贯穿于水土保持法律体系的基本原则，是总结多年来正反两方面实践经验的结果。

水土保持工作的基本方针中，预防为主是该原则最为核心的内容，另外，预防为主的原则在有关法律制度和法律规定中都有明确体现。水土保持之所以要以预防为主，是因为现有的水土流失是历史上人类不合理的经济活动与不利的自然条件相结合而产生的，要治理好现有的水土流失，需经过数十年时间甚至几代人的努力。随着国民经济的蓬勃发展，今后开矿、修路、水利建设等各类经济活动必将日益增多，破坏地表、植被等现象将不可避免地发生，如不采取预防措施，一边治理，一边破坏，甚至破坏大于治理，水土流失将是一个"无底洞"，水土流失的危害永远没有尽头，势必将影响到国民经济的健康发展。所以，必须以预防为主，使各类经济活动不再产生新的水土流失，以确保国民经济的可持续发展。

全面规划是指统筹考虑经济社会发展需求和水土资源保护利用现状，全面而合理地安排水土流失预防、治理和监督保护措施，以实现水土资源的永续利用和经济社会的可持续发展。综合防治是指合理配置技术（工程、植物、农业蓄水保土耕作等）、经济、法律、行政等多种措施，形成综合防治体系，实现山、水、田、林、草、路综合治理，有效控制不合理的人为活动，全面预防和治理水土流失。因地制宜是指在水土流失治理工作中，要根据当地的经济社会发展需求和水土资源条件，适宜地安排工程措施、植物措施和农业蓄水保土耕作措施。加强管理是指各级人民政府及其水行政主管部门应当加强对水土流失防治工作的组织领导，建立健全各项规章制度和技术规范，认真贯彻执行有关法律法规，并提供必要的服务和指导。注重效益是指水土保持工作要实现社会效益、经济效益和生态效益的统一。

水土保持工作之所以要坚持综合治理，是因为：不同地区、不同地段水土流失的形式不同,需要采取不同的治理措施,包括增加地表覆盖的造林、种草措施,切断地表径流的坡面工程措施(梯田、反坡梯田等),拦截洪水的沟道治理工程措施,减少农地侵蚀的保土耕作措施等。这些措施,从坡面到沟道、从上游到下游统一配置,互相补充,层层拦截雨水,才能形成有效的防护体系。

《水土保持法》当中也明确规定:各级人民政府应当加强水土保持的宣传教育工作,普及水土保持科学知识;国家应当鼓励开展水土保持科学技术研究,提高水土保持科学技术水平,推广水土保持的先进技术,有计划地培养水土保持的科学技术人才。这也说明了水土保持工作应当坚持预防为主方针的重要性。

二、水土保持工作应坚持预防为主方针

《水土保持法》中明确规定了水土保持工作应当坚持以"预防为主"的方针,国务院和地方人民政府应当将水土保持工作列为重要职责,采取措施做好水土流失防治工作。

(一)加强管理,制定相应的法律法规确保水保工作的顺利开展

1991年全国人大制定《水土保持法》,1993年国务院颁布了《水土保持法实施条例》,各省、市、自治区也相继制定了各自的法律法规。另外,水利部、各大流域机构也相应制定了水土保持的规章制度,使得开展水土保持工作有了依据,确保了水保工作的顺利开展。

(二)鼓励群众植树造林,鼓励种草,禁止乱开乱砍行为

《水土保持法》第十二条:"各级人民政府应当组织全民植树造林,鼓励种草,扩大森林覆盖面积,增加植被。"

《水土保持法》中规定,各级地方人民政府应当根据当地情况,组织农业集体经济组织和国营农、林、牧场,种植薪炭林和饲草、绿肥植物,有计划地进行封山育林育草、轮封轮牧,防风固沙,保护植被。禁止毁林开荒、烧山开荒和在陡坡地、干旱地区铲草皮、挖树蔸。

禁止在25度以上陡坡地开垦种植农作物。省、自治区、直辖市人民政府可以根据本辖区的实际情况,规定小于25度的禁止开垦坡度。禁止开垦的陡坡地的具体范围由当地县级人民政府划定并公告。《水土保持法》施行前已在禁止开垦的陡坡地上开垦种植农作物的,应当在建设基本农田的基础上,根据实际情况,逐步退耕,植树种草,恢复植被,或者修建梯田。

开垦禁止开垦坡度以下、5度以上的荒坡地,必须经县级人民政府水行政主管部门批准;开垦国有荒坡地,经县级人民政府水行政主管部门批准后,方可向县级以上人民政府申请办理土地开垦手续。

采伐林木必须因地制宜地采用合理采伐方式,严格控制皆伐,对采伐区和集材道采取防止水土流失的措施,并在采伐后及时完成更新造林任务。对水源涵养林、水土保持林、防风固沙林等防护林只准进行抚育和更新性质的采伐。在林区采伐林木的,采伐方案中必须有按照前款规定制定的采伐区水土保持措施。采伐方案经林业行政主管部门批准后,采伐区水土保持措施由水行政主管部门和林业行政主管部门监督实施。

在5度以上坡地上整地造林,抚育幼林,垦复油茶、油桐等经济林木,必须采取水土保持措施,防止水土流失。

水土保持法行使后,在增加社会效益的同时,为了不影响当地人民群众的经济效益,

政府部门应当全面规划、因地制宜地开展水土保持工作。山区、丘陵区、风沙区的地方人民政府，对从事挖药材、养柞蚕、烧木炭、烧砖瓦等副业生产的单位和个人，必须根据水土保持的要求，加强管理，采取水土保持措施，防止水土流失和生态环境恶化。在水土流失严重、草场少的地区，地方人民政府及其有关主管部门应当采取措施，推行舍饲，改变野外放牧习惯。为了减少树木的砍伐，地方人民政府及其有关主管部门应当因地制宜，组织营造薪炭林，发展小水电、风力发电，发展沼气，利用太阳能，推广节能灶。

(三)加强工程建设中水土保持工作的管理，增加技术的监督指导

为进一步落实水土保持工作的开展，水利部相继出台了《开发建设项目水土保持方案管理办法》、《关于进一步加强水土保持重点工程建设管理的意见》等文件，为在工程建设中健全水土保持工作管理和加强技术指导提供了很好的依据。

(1)修建铁路、公路和水利工程，应当尽量减少破坏植被；废弃的砂、石、土必须运至规定的专门存放地堆放，不得向江河、湖泊、水库和专门存放地以外的沟渠倾倒；在铁路、公路两侧地界以内的山坡地，必须修建护坡或者采取其他土地整治措施；工程竣工后，取土场、开挖面和废弃的砂、石、土存放地的裸露土地，必须植树种草，防止水土流失。开办矿山企业、电力企业和其他大中型工业企业，排弃的剥离表土、矸石、尾矿、废渣等必须堆放在规定的专门存放地，不得向江河、湖泊、水库和专门存放地以外的沟渠倾倒；因采矿和建设使植被受到破坏的，必须采取措施恢复表土层和植被，防止水土流失。

(2)在山区、丘陵区、风沙区修建铁路、公路、水工程，开办矿山企业、电力企业和其他大中型工业企业，在建设项目环境影响报告书中，必须有水行政主管部门同意的水土保持方案。

(3)在山区、丘陵区、风沙区依照矿产资源法的规定开办乡镇集体矿山企业和个体申请采矿，必须持有县级以上地方人民政府水行政主管部门同意的水土保持方案，方可申请办理采矿批准手续。并且，各级地方人民政府应当采取措施，加强对采矿、取土、挖砂、采石等生产活动的管理，防止水土流失。在崩塌滑坡危险区和泥石流易发区禁止取土、挖砂、采石。崩塌滑坡危险区和泥石流易发区的范围，由县级以上地方人民政府划定并公告。

需要说明的是，建设项目中的水土保持设施，必须与主体工程同时设计、同时施工、同时投产使用。建设工程竣工验收时，应当同时验收水土保持设施，并有水行政主管部门参加。

此外，《水土保持法实施条例》中也明确规定了在工程建设中开展水土保持工作的程序。条例第十四条规定：在山区、丘陵区、风沙区修建铁路、公路、水工程，开办矿山企业、电力企业和其他大中型工业企业，其环境影响报告书中的水土保持方案，必须先经水行政主管部门审查同意。在山区、丘陵区、风沙区依法开办乡镇集体矿山企业和个体申请采矿，必须填写“水土保持方案报告表”，经县级以上地方人民政府水行政主管部门批准后，方可申请办理采矿批准手续。建设工程中的水土保持设施竣工验收，应当有水行政主管部门参加并签署意见。水土保持设施经验收不合格的，建设工程不得投产使用。水土保持方案的具体报批办法，由国务院水行政主管部门会同国务院有关主管部门制定。

三、水土流失的治理

我国是水土流失最为严重的国家之一。面对严峻的事实，我国制定了相应的法律法规政策，加强水土流失的治理。从《2006 年水土保持公报》可以看出，我国的水土保持工作已经取得了喜人的成绩（见表 6-2）。但是，由于历史的原因以及我国建设初期的忽略，在取得成绩的同时我们还应该看到，我国的水土保持工作任务还很繁重，还需要我们更进一步地加强治理。

水土保持工作的方针中明确指出，水土保持工作应当做到全面规划、综合治理。

《水土保持法》第六条规定：国务院水行政主管部门是全国的水土保持工作的主管部门。县级以上地方人民政府水行政主管部门，主管本辖区的水土保持工作。这里所指的地方人民政府水行政主管部门是地方人民政府根据当地实际情况设立的水土保持机构，它可以行使《水土保持法》和《水土保持法实施条例》规定的水行政主管部门对水土保持工作的职权。在水土流失的治理过程当中，各级人民政府应当做到以下几点。

（一）认真组织编制水土保持规划，切实落实有关资金来源

国务院和县级以上地方人民政府的水行政主管部门，应当在调查评价水土资源的基础上，总结过去的历史经验和教训，会同有关部门，认真编制水土保持规划。以县为基本单位，以小流域为治理单元，工程措施和非工程措施相结合，切实做好相关的水土保持工作。县级以上人民政府应当将水土保持规划确定的任务，纳入国民经济和社会发展计划，安排专项资金并组织实施，同时可以按照有关规定，安排水土流失地区的部分扶贫资金、以工代赈资金和农业发展基金等资金，用于水土保持。

在规划编制初期，县级以上人民政府应当依据水土流失的具体情况，划定水土流失重点防治区，进行重点防治。水土流失重点防治区按国家、省、县三级划分，具体范围由县级以上人民政府水行政主管部门提出，报同级人民政府批准并公告。水土流失重点防治区可以分为重点预防保护区、重点监督区和重点治理区。

编制过程中，水土保持规划须经同级人民政府批准。县级以上地方人民政府批准的水土保持规划，须报上一级人民政府水行政主管部门备案。水土保持规划的修改，须经原批准机关批准。

（二）根据已编制的水土保持规划，组织有关行政主管部门和单位有计划地对水土流失进行治理

《水土保持法》第二十三条规定：国家鼓励水土流失地区的农业集体经济组织和农民对水土流失进行治理，并在资金、能源、粮食、税收等方面实行扶持政策。此举旨在增加组织和个人对水土保持工作的关注程度，增强他们参加水土保持工作的积极性。

《水土保持法实施条例》也规定：县级以上地方人民政府应当组织国有农场、林场、牧场和农业集体经济组织及农民，在禁止开垦坡度以下的坡耕地，按照水土保持规划，修筑水平梯田和蓄水保土工程，整治排水系统，治理水土流失。对于水土流失地区集体所有的土地承包给个人使用的，应当将治理水土流失的责任列入承包合同。当地乡、民族乡、镇的人民政府和农业集体经济组织应当监督承包合同的履行。

荒山、荒沟、荒丘、荒滩可以由农业集体经济组织、农民个人或者联户承包水土流失的

治理。对荒山、荒沟、荒丘、荒滩水土流失的治理实行承包的，应当按照谁承包治理谁受益的原则，签订水土保持承包治理合同。承包治理所种植的林木及其果实，归承包者所有；因承包治理而新增加的土地，由承包者使用。国家保护承包治理合同当事人的合法权益。在承包治理合同有效期内，承包人死亡时，继承人可以依照承包治理合同的约定继续承包。

（三）因地制宜，综合防治

《水土保持法》总结了水土流失地区的特点，提出针对不同情况采取不同工程措施的指导性意见。第二十二条规定："在水力侵蚀地区，应当以天然沟壑及其两侧山坡地形成的小流域为单元，实行全面规划，综合治理，建立水土流失综合防治体系。

在风力侵蚀地区，应当采取开发水源、引水拉沙、植树种草、设置人工沙障和网格林带等措施，建立防风固沙防护体系，控制风沙危害。"

各级人民政府应当以水土保持法中所给的指导性意见，针对各自所管辖范围的特点，采取有效的措施，将科学技术与专业科技力量直接切入生态环境建设，采用工程、生物和耕作措施，增加地面植被覆盖，提高土壤抗蚀力，防止水土流失，保护水土资源，维持和提高土壤生产力的活动。在优先考虑生态的前提下，做到生态经济协调发展。

（四）加强水保工作的日常管理，确保水保工作的持续发展

企业事业单位在建设和生产过程中必须采取水土保持措施，对造成的水土流失负责治理。本单位无力治理的，由水行政主管部门治理，治理费用由造成水土流失的企业事业单位负担。建设过程中发生的水土流失防治费用，从基本建设投资中列支；生产过程中发生的水土流失防治费用，从生产费用中列支。《水土保持法》中同样规定，防治费的收取标准和使用管理办法由省级以上人民政府财政部门、主管物价的部门会同水行政主管部门制定。

对水行政主管部门投资营造的水土保持林、水源涵养林和防风固沙林进行抚育和更新性质的采伐时，所提取的育林基金应当用于营造水土保持林、水源涵养林和防风固沙林。

《水土保持法》中同样规定，从事可能引起水土流失的生产建设活动的单位和个人，必须采取措施保护水土资源，并负责治理因生产建设活动造成的水土流失。

（五）加强水土保持工作的检查、验收工作

在水土流失地区建设的水土保持设施和种植的林草，由县级以上人民政府组织有关部门检查验收。对水土保持设施、试验场地、种植的林草和其他治理成果，应当加强管理和保护。建成的水土保持设施和种植的林草，应当按照国家技术标准进行检查验收；验收合格的，应当建立档案，设立标志，落实管护责任制。任何单位和个人不得破坏或者侵占水土保持设施。企业事业单位在建设和生产过程中损坏水土保持设施的，应当给予补偿。

案例 1

案情

2000 年 9 月 28 日，湖北省某市 X 区水利局水政监察员接到举报，三峡输变电工程

500 kV 孝感变电站在 B 水库山头兴建变电工程过程中，破坏了水土保持设施。接到举报，水利局立即进行调查，认为该工程在建设过程中破坏水土保持设施的行为客观存在。2001 年 3 月 6 日，水利局立案处理。6 月 18 日，市、区两级水行政执法人员再次就破坏水保设施有关问题进行了解，并下达了现场检查通知书，要求检查三峡配套工程 500 kV 孝感变电站工程兴建过程中执行《水土保持法》及落实水土保持措施等情况，并根据检查结果制作了水土保持案件调查报告书，提请局领导按程序依法处理。7 月 18 日，X 区水务局向国家电力公司电网建设分公司武汉工程建设部送达了《水土保持行政处理决定书》。处理决定书中指出了该工程建设中存在的违法行为：其一，该工程未向工程所在地水行政主管部门提供水土保持方案；其二，该工程在建设过程中，共开挖、占压、破坏水土保持设施 83 870 m^2，人为造成水土流失。处理决定书要求业主单位：①向 X 区水行政主管部门提供“500 kV 孝感变电站水土保持方案”；②按水行政主管部门批准的水土保持方案与主体工程同时施工，经水行政主管部门验收合格后方可投产使用；③缴纳水土保持设施补偿费 125 805 元。

点评

编报水土保持方案是开发建设单位的法定义务，审批水土保持方案是水行政主管部门的法定职责。《中华人民共和国行政许可法》颁布实施后，水土保持方案的审批被依法确认为行政许可事项，这是开发建设项目立项审批的法定程序，未经审批擅自动工是违法行为。即使建设单位在施工中采取了水土保持措施，该措施未经水行政主管部门审定认可也是违法的。所以，建设单位在施工过程中采取了水土保持措施不能成为不编报水土保持方案的理由。《水土保持法》第二十七条规定：“企业事业单位在建设和生产过程中必须采取水土保持措施，对造成的水土流失负责治理。本单位无力治理的，由水行政主管部门治理，治理费用由造成水土流失的企业事业单位负担。”水土流失防治费，即指企业事业单位或个人在建设和生产过程中对造成的水土流失采取防治措施所需的费用。水土保持设施补偿费是法定规费，缴纳水土保持设施补偿费是开发建设单位的法定义务。涉及水土保持的开发建设项目在施工过程中必然会造成水土流失。因为原地貌具有水土保持功能，原地貌的恢复不可能与主体工程同步，特别是植被恢复往往滞后于主体工程，即使植被恢复与主体工程同步实施，植被要想达到水土保持功能还需要有一个生长期，补偿费正是对施工过程中和水土保持设施恢复期水土流失的补偿。所以，施工过程中是否采取了水土保持措施不影响水土保持设施补偿费的缴纳。

案例 2

案情

S 市所属的 X 市水利局认为 X 市某砖厂在制砖生产建设过程中取用土资源、堆放产成品及原材料，破坏了水土保持设施及原地貌，于 2003 年 6 月 18 日作出“水土流失补偿费征收决定书”，认定砖厂在 2003 年度的生产过程中，占地面积为 18 000 m^2，决定按每平方米 2 元征收水土流失补偿费 36 000 元。砖厂不服，提起行政诉讼。X 市法院认为，水利局具有征收水土流失补偿费的法定职权，但被诉具体行政行为认定砖厂破坏水土保持设施及损坏原地貌事实不清、证据不足，且水利局在法定期限内未提交征收行为合法的凭证——收费许可证，同时也未提交每年征收水土流失补偿费的相关法律依据。水利局在征收决定中交代复议权限不完整，但并未剥夺其诉讼权利，应视为执法程序上有瑕疵。判决撤销被诉具体行政行为。一审判决后，X 市水利局不服，提出上诉。S 中级人民法院终审判定，水利部门的收费行为违法，撤销被诉的具体行政行为。

点评

根据法律规定，水利局具有征收水土流失补偿费的职权。任何单位和个人不得破坏或者侵占水土保持设施。在建设和生产过程中损坏水土保持工程设施、植物设施和原地貌的，应当按实际损失向水利局交纳水土流失补偿费。

因为相关的文件对取用土资源有明确的收费标准，然而水利局没有按照这个标准确认应交纳的水土流失补偿费金额，属于认定事实与适用依据不相适应，法院因此撤销了补偿费征收决定书。行政部门在执法的时候一定要强调依法行政，不能有半点马虎，否则不受法律保护。

第七章　水污染防治

第一节　水污染防治概述

水污染，是指水体因某种物质的介入，而导致其化学、物理、生物或者放射性等方面特性的改变，从而影响水的有效利用，危害人体健康或者破坏生态环境，造成水质恶化的现象。

防治水污染，是广大群众改善生产、生活环境的强烈愿望。目前，我国水污染比较严重。根据1998年对全国109 700 km河流的评价，符合《地面水环境质量标准》Ⅰ、Ⅱ类标准的只占29.4%（河段统计），符合Ⅲ类标准的占16.99%，属于Ⅳ、Ⅴ类标准的占20.3%，超Ⅴ类标准的占16.9%。每年有近500亿t未经处理的污水直接排向河道、湖泊、水库，90%以上城市水污染严重。地下水污染情况也不容乐观。据有关部门调查的有代表性的118个城市，浅层地下水都受到不同程度的污染。全国131个主要湖泊中，达富营养化程度的湖泊占51%。虽然近年来，国家高度重视水污染防治工作，严格执行新上项目"三同时"制度，拒批了一批污染项目；不断加大执法力度，查处了一批环境违法企业，但随着人口、经济和城市的不断发展，城市生活污水逐年增加（2005年已占污水总量的60%以上），大量生活污水未经处理便被外排；企业治污投入严重不足，有的根本不上治污设施，有的即便上了也开开停停，偷排偷放现象屡禁不止；面源污染日趋严重，农村水环境质量状况令人担忧。受此影响，个别地方发生了一些水污染事件，如有的农民用水灌溉，西瓜等经济作物遭到毁坏；有的鱼塘灌入了污水，成塘的鱼苗出现死亡；有的坑塘、河流灌满了污水，蚊虫滋生，恶臭难闻，饮用水也受到污染，群众生活受到了较大冲击。

防治水污染同时也是企业生存和发展的根本保证。我国水环境容量人均少，且负荷越来越重，如果现有企业不稳定达标排放，将严重影响到企业的生产经营和规模扩张。因此，国家对企业排污标准提出了更加严格的要求，特别是造纸、化工、医药、皮革等企业，如实现不了达标排放，将直接被限产、停产整顿或关停，不少企业正面临着达标即生存、超标就淘汰的艰难选择。

《水法》第五十四条规定：各级人民政府应当积极采取措施，改善城乡居民的饮用水条件。

随着社会经济的发展所伴随的水污染问题的日益突出，特别是近年来水污染对饮用水的影响，许多人提出，清洁、卫生的饮用水是人民生活的必需品，人民政府应当积极采取措施改善城乡居民的饮用水质量。因此，《水法》中特增加了五十四条的规定。这一条规定，含义是各级人民政府都有责任改善城市居民和农村居民生活饮用水的质量和数量以及用水便利条件。

随着我国经济社会的快速发展、城市化进程的加快和人民生活水平的提高，水资源短缺越来越成为一个重要的制约条件。水资源是量和质的高度统一,光有足够量的水资源,没有高质量的水资源不行,反之也一样。进入21世纪,虽然我国加大了环境治理和水污染防治的力度,水质恶化的势头有所控制,但从总体上来看,水污染的趋势很难避免。现在我国农村还有4 300万人饮用水困难,即饮用水量尚不能保证供给。此外,中国有79%的人口正在饮用细菌含量较高的水,1.7亿人正在饮用受到有机物污染的水,1.1亿人正在饮用高矿物质含量的水,5 000万人正在饮用硝酸盐含量高的水。面对这样的饮水状况,我国政府近年来通过发行国债来加大城乡供水、水污染处理的基础设施建设,以改善城乡居民的生活用水条件;水利部组织全国水利部门开展水功能区划工作,依法划定饮用水水源保护区,以从源头上保护饮用水水质。

为了防治水污染,保护和改善环境,保障饮用水安全,促进经济社会全面协调可持续发展,1984年5月11日,第六届全国人民代表大会常务委员会第五次会议通过《中华人民共和国水污染防治法》,中华人民共和国第十届全国人民代表大会常务委员会第三十二次会议又对该法进行了修订。该法适用于中华人民共和国领域内的江河、湖泊、运河、渠道、水库等地表水体以及地下水体的污染防治。

《中华人民共和国水污染防治法》(以下简称《水污染防治法》)首先从原则上规定了我国水污染防治的基本原则和主要目标。

(1)综合治理原则。水污染防治应当坚持预防为主、防治结合、综合治理的原则,优先保护饮用水水源,严格控制工业污染、城镇生活污染,防治农业面源污染,积极推进生态治理工程建设,预防、控制和减少水环境污染和生态破坏。

(2)责任制原则。县级以上人民政府应当将水环境保护工作纳入国民经济和社会发展规划。县级以上地方人民政府应当采取防治水污染的对策和措施,对本行政区域的水环境质量负责。县级以上人民政府环境保护主管部门对水污染防治实施统一监督管理。交通主管部门的海事管理机构对船舶污染水域的防治实施监督管理。县级以上人民政府水行政、国土资源、卫生、建设、农业、渔业等部门以及重要江河、湖泊的流域水资源保护机构,在各自的职责范围内,对有关水污染防治实施监督管理。国家实行水环境保护目标责任制和考核评价制度,将水环境保护目标完成情况作为对地方人民政府及其负责人考核评价的内容。

(3)不得超标排放污染物。排放水污染物,不得超过国家或者地方规定的水污染物排放标准和重点水污染物排放总量控制指标。

(4)生态保护补偿机制国家通过财政转移支付等方式,建立健全对位于饮用水水源保护区区域和江河、湖泊、水库上游地区的水环境生态保护补偿机制。

(5)水污染防治的教育宣传。国家鼓励、支持水污染防治的科学技术研究和先进适用技术的推广应用,加强水环境保护的宣传教育。任何单位和个人都有义务保护水环境,并有权对污染损害水环境的行为进行检举。县级以上人民政府及其有关主管部门对在水污染防治工作中做出显著成绩的单位和个人给予表彰和奖励。

第二节　排污总量控制和水质监测的规定

一、排污总量控制

水污染物，是指直接或者间接向水体排放的、能导致水体污染的物质。污染物排放总量控制，通常是指根据一个地区（区域或流域，以下同）的环境特点和自净能力，依据环境质量标准，将污染物排放总量控制在环境承载能力范围之内。近年来，国家适当提高了主要污染物排放浓度标准，但由于受技术经济条件的限制，单靠控制浓度达标，无法有效遏制环境污染加剧的趋势，必须对污染物排放总量进行控制。

排污总量控制是国家对污染物的排放实施总量控制的法律制度。在此概念中，"总量"一词指的是在一定区域和时间范围内的排污量总和或一定时间范围内某个企业的排污量总和。

长期以来，我国环境管理主要采取污染物排放浓度控制，浓度达标即视为合法。由于对污染物排放重视与监管力度不够，水体污染的排放所造成的江河水质问题日益严重。在中国长江流域、黄河流域、松辽流域、海河流域、淮河流域、珠江流域和太湖流域七大流域11.36万km的评价河长中，37.6%的水质较差，其中以辽、黄、海、淮河水污染最为严重。自1988年起，国家环保总局在全国18个城市和山西、江苏两省进行了总量控制基础上的排污许可证试点和推广工作。实践证明，总量控制和排污许可证制度对控制污染物排放的效果显著。因此，在新修改的《中华人民共和国水污染防治法》中规定了排污总量控制制度。为了实现"到2010年基本改变生态环境恶化的状况，城市环境有较明显的改善"的目标，根据国务院的要求，国家有关部门已确定在"九五"期间，对全国环境质量影响最大的12种主要污染物（烟尘、工业粉尘、二氧化硫、氰化物、石油类、化学需氧量、砷、汞、铅、镉、六价铬、工业固体废物）实行总量控制。《水法》规定：县级以上人民政府的水行政主管部门或者流域管理机构应当按照水功能区划对水质的要求和水体的自然净化能力，核定该水域的纳污能力，向环境保护行政主管部门提出该水域的限制排污总量意见。《河道管理条例》规定：向河道、湖泊排污的排污口的设置和扩大，排污单位在向环境保护部门申报之前，应当征得河道主管机关的同意。在河道管理范围内，禁止堆放、倾倒、掩埋、排放污染水体的物体。禁止在河道内清洗装贮过油类或者有毒污染物的车辆、容器。河道主管机关应当开展河道水质监测工作，协同环境保护部门对水污染防治实施监督管理。

实行向水域排污的排污总量控制，是对水功能区实行有效管理的重要手段之一。污染控制应当建立在水资源的承载能力基础上，实行污染物浓度控制与总量控制相结合。水域都有自净能力，当水域容纳了超过其自身净化能力的污染物质时，就表现出被污染的特征。保护水体，首先要确定其自身的纳污能力。《水污染防治法》关于核定水域的纳污能力、提出水域的限制排污总量意见的规定，对水污染防治工作提出了更高要求，使水污染防治与水资源的综合开发、利用、保护相结合，使防治工作更加科学、合理。在具体实施中，水行政主管部门和环境保护部门应当加强配合与协作，水行政主管部门提出的水域限制排污总量意见，应当作为环境保护部门进行污染物排放总量控制的依据。

二、水质监测

《水法》规定：县级以上地方人民政府水行政主管部门和流域管理机构应当对水功能区水质状况进行监测，发现重点污染物排放总量超过控制指标的，或者水功能区的水质未达到水域使用功能对水质的要求的，应当及时报告有关人民政府采取措施，并向环境保护行政主管部门通报。

这是对水功能区实行有效管理的法律依据。加强对水功能区水质状况的监测和监督管理是保证水功能区水质目标的重要手段之一。监测是管理工作的基础，因此要加强监测，并建立完善的监测、报告和监督管理工作制度，保证水功能区的使用功能和总量控制要求的实现。按照规定，水行政主管部门和流域管理机构应当加强对水功能区的水质状况进行监测；一旦发现重点污染物排放总量超过控制指标的，或者水功能区的水质未达到水域使用功能对水质的要求的，应当及时报告有关人民政府，有关人民政府应当及时采取治理措施；同时，水行政主管部门和流域管理机构还应当及时向环境保护行政主管部门通报。

水利部门水文系统20世纪50年代中期起在水文站网的基础上，开展了天然水化学检测，70年代初增加了水污染监测项目，80年代至今已发展到能对各类型水体、水生生物和底质等水环境要素进行监测，并拥有水量、水质同步监测的优势。目前已建成由部、流域、省级及市四级共计250多个水环境监测中心组成的全国水环境监测体制，各级监测机构都已通过国家级计量认证。全国水质监测网络由2 600多个水质监测站组成，定期监测评价地表水、地下水的水质，直接为水资源管理与保护等服务。依据《水污染防治法》赋予水利部门各流域水资源保护机构的职责，1997年，在全国七大流域主要水系的省界水体共设置了329个监测站点，定期测报省界水体水环境质量状况。目前水利部门已基本系统掌握了七大流域水系、浙闽台河流、内陆河湖和藏南滇西河流地表水、地下水及省界水体水质基本状况。

第三节　水污染防治的规划与管理

一、水污染防治的标准和规划

(一)水环境质量标准的制定与修订

国务院环境保护主管部门制定国家水环境质量标准。省、自治区、直辖市人民政府可以对国家水环境质量标准中未作规定的项目，制定地方标准，并报国务院环境保护主管部门备案。国务院环境保护主管部门会同国务院水行政主管部门和有关省、自治区、直辖市人民政府，可以根据国家确定的重要江河、湖泊流域水体的使用功能以及有关地区的经济、技术条件，确定该重要江河、湖泊流域的省界水体适用的水环境质量标准，报国务院批准后施行。国务院环境保护主管部门根据国家水环境质量标准和国家经济、技术条件，制定国家水污染物排放标准。省、自治区、直辖市人民政府对国家水污染物排放标准中未作规定的项目，可以制定地方水污染物排放标准；对国家水污染物排放标准中已作规定的项目，可以制定严于国家水污染物排放标准的地方水污染物排放标准。地方水污染物排放标准须报国务院环境保护主管部门备案。向已有地方水污染物排放标准的水体排放污染物的，应当执行地方水污染物排放标准。

国务院环境保护主管部门和省、自治区、直辖市人民政府，应当根据水污染防治的要求和国家或者地方的经济、技术条件，适时修订水环境质量标准和水污染物排放标准。

（二）水污染防治规划

防治水污染应当按流域或者区域进行统一规划。国家确定的重要江河、湖泊的流域水污染防治规划，由国务院环境保护主管部门会同国务院经济综合宏观调控、水行政等部门和有关省、自治区、直辖市人民政府编制，报国务院批准。

其他跨省、自治区、直辖市江河、湖泊的流域水污染防治规划，根据国家确定的重要江河、湖泊的流域水污染防治规划和本地实际情况，由有关省、自治区、直辖市人民政府环境保护主管部门会同同级水行政等部门和有关市、县人民政府编制，经有关省、自治区、直辖市人民政府审核，报国务院批准。省、自治区、直辖市内跨县江河、湖泊的流域水污染防治规划，根据国家确定的重要江河、湖泊的流域水污染防治规划和本地实际情况，由省、自治区、直辖市人民政府环境保护主管部门会同同级水行政等部门编制，报省、自治区、直辖市人民政府批准，并报国务院备案。经批准的水污染防治规划是防治水污染的基本依据，规划的修订须经原批准机关批准。

县级以上地方人民政府应当根据依法批准的江河、湖泊的流域水污染防治规划，组织制定本行政区域的水污染防治规划。国务院有关部门和县级以上地方人民政府开发、利用和调节、调度水资源时，应当统筹兼顾，维持江河的合理流量和湖泊、水库以及地下水体的合理水位，维护水体的生态功能。

二、水污染防治的监督管理

（一）环境影响评价与“三同时”制度

环境影响评价制度，是指对规划和建设项目实施后可能造成的环境影响进行分析、预测和评估，提出预防或者减轻不良环境影响的对策和措施，进行跟踪监测的方法与制度。我国从1979年开始实施建设项目环境影响评价制度，经过近30年的实践，已经形成了比较完善的环境影响评价技术和管理体系，评价和审批工作逐步规范化。但是，随着经济活动范围和规模的不断扩大，区域开发、产业发展和自然资源开发利用所造成的环境影响越来越突出，特别是因有关政策和规划所造成的各种环境问题已经成为影响我国可持续发展的重大问题。《中华人民共和国环境影响评价法》规定：国务院有关部门、设区的市级以上地方人民政府及其有关部门，对其组织编制的土地利用的有关规划，区域、流域、海域的建设、开发利用规划，应当在规划编制过程中组织进行环境影响评价，编制规划有关环境影响的篇章或者说明；对其组织编制的工业、农业、畜牧业、林业、能源、水利、交通、城市建设、旅游、自然资源开发的有关专项规划，应当在该专项规划草案上报审批前，组织进行环境影响评价，并向审批该专项规划的机关提出环境影响报告书。这部法律的出台，为我们实现从源头控制污染、预防因政策规划和建设项目实施后对环境造成的不良影响提供了法律保障。

“三同时”制度是指一切新建、改建和扩建的基本建设项目（包括小型建设项目）、技术改造项目、自然开发项目，以及可能对环境造成损害的其他工程项目，其中防治污染和其他公害的设施和其他环境保护设施，必须与主体工程同时设计、同时施工、同时投产，一般简称为“三同时”制度。“三同时”制度是我国首创的，它是总结我国环境管理的实践经验为我国法律所确认的一项重要的控制新污染的法律制度。

中国原有的工业企业一般都没有防治污染的设施，这不仅污染环境、造成经济损失和危害人民健康，而且导致为了消除污染和危害后果需要付出巨大的代价。如果新建企业仍不采取防治措施，那么随着建设事业的发展，环境污染势必加剧。为此，中国在1973年的《关于保护和改善环境的若干规定（试行草案）》中提出了，一切新建、扩建和改建的企业中的防治污染项目必须和主体工程同时设计、同时施工、同时投产的原则。1979年《中华人民共和国环境保护法（试行）》又重申了这一原则。为了使这一原则得到切实有效的执行，国务院有关部门在1981年5月颁发的《基本建设项目环境保护管理办法》中又具体规定：

第一，基本建设项目的确定，必须充分注意布局的合理性，使其对环境的有害影响缩小到最低程度。现有大城市和污染严重地区，一般不新建扩建大型项目，在城镇生活居住区、水源保护区、名胜古迹、风景游览区等需要特殊保护的地区，不准建设污染环境的项目。

第二，建设单位和主管部门对基建项目的环境保护负责。从基建的选址报告、项目设计、施工安排到竣工验收等各个环节，都必须有环境保护内容，并将环境保护的投资、设备、材料等与主体工程同时安排。环境保护设施要与主体工程同时设计、同时施工、同时投产。达不到要求的不准投产，强行投产的要追究责任。这是在总结近几年实践经验基础上，对“三同时”原则的发展。“三同时”原则的推行，对于控制基本建设中产生的新污染源起了重要作用。

《水污染防治法》规定：新建、改建、扩建直接或者间接向水体排放污染物的建设项目和其他水上设施，应当依法进行环境影响评价。建设单位在江河、湖泊新建、改建、扩建排污口的，应当取得水行政主管部门或者流域管理机构同意；涉及通航、渔业水域的，环境保护主管部门在审批环境影响评价文件时，应当征求交通、渔业主管部门的意见。建设项目的水污染防治设施，应当与主体工程同时设计、同时施工、同时投入使用。水污染防治设施应当经过环境保护主管部门验收，验收不合格的，该建设项目不得投入生产或者使用。

（二）国家对重点水污染物排放实施总量控制制度

除《水法》对水污染物排放实施总量控制制度进行了相关规定以外，《水污染防治法》也将该制度作为一项重要的制度制定在其中。实行向水域排污的排污总量控制，是对水功能区实行有效管理的重要手段之一。污染控制应当建立在水资源的承载能力基础上，实行污染物浓度控制与总量控制相结合。水域都有自净能力，当水域容纳了超过其自身净化能力的污染物质时，就表现出被污染的特征。保护水体，首先要确定其自身的纳污能力。核定水域的纳污能力、提出水域的限制排污总量意见的规定，对水污染防治工作提出了更高要求，使水污染防治与水资源的综合开发、利用、保护相结合，使防治工作更加科学、合理。在具体实施中，水行政主管部门和环境保护部门应当加强配合与协作，水行政主管部门提出的水域限制排污总量意见，应当作为环境保护部门进行污染物排放总量控制的依据。

《水污染防治法》规定：省、自治区、直辖市人民政府应当按照国务院的规定削减和控制本行政区域的重点水污染物排放总量，并将重点水污染物排放总量控制指标分解落实到市、县人民政府。市、县人民政府根据本行政区域重点水污染物排放总量控制指标的要求，将重点水污染物排放总量控制指标分解落实到排污单位。具体办法和实施步骤由国务院规定。省、自治区、直辖市人民政府可以根据本行政区域水环境质量状况和水污染防治工作的需要，确定本行政区域实施总量削减和控制的重点水污染物。对超过重点水污染物排放总量控制指标的地区，有关人民政府环境保护主管部门应当暂停审批新增重点水污染物排放总量的建设项目的环境影响评价文件。国务院环境保护主管部门对未按照要求完成重点水污染物排放总量控制指标的省、自治区、直辖市予以公布。省、自治区、直辖市人民政府环境保护主管部门对未按照要求完成重点水污染物排放总量控制指标的市、县予以公布。县级以上人民政府环境保护主管部门对违反本法规定、严重污染水环境的企业予以公布。

（三）国家实行排污许可制度

排污许可制度，是以污染物排放总量控制为基础，由环境保护行政主管部门对企业排污的种类、数量、性质、去向、方式等实行审查许可的制度。排污单位在持有排污许可证的情况下方有权排污，同时必须按照许可证规定的范围和要求排污。实施排污许可证制度有利于落实污染物排放总量控制制度；有利于提高环境管理水平，增强环境执法透明度，推进环境保护的科学化管理；有利于实施排污权交易，为加快污染治理、降低治理成本创造条件。我国现行环保法律法规已对实施排污许可证制度作出规定。目前，纳入排污许可制度管理的污染物主要有化学需氧量、氨氮、氰化物、砷、汞、铅、镉、六价铬等。

《水污染防治法》规定：直接或者间接向水体排放工业废水和医疗污水以及其他按照规定应当取得排污许可证方可排放的废水、污水的企业事业单位，应当取得排污许可证；城镇污水集中处理设施的运营单位，也应当取得排污许可证。排污许可的具体办法和实施步骤由国务院规定。

禁止企业事业单位无排污许可证或者违反排污许可证的规定向水体排放前款规定的废水、污水。直接或者间接向水体排放污染物的企业事业单位和个体工商户，应当按照国务院环境保护主管部门的规定，向县级以上地方人民政府环境保护主管部门申报登记拥有的水污染物排放设施、处理设施和在正常作业条件下排放水污染物的种类、数量和浓度，并提供防治水污染方面的有关技术资料。

企业事业单位和个体工商户排放水污染物的种类、数量和浓度有重大改变的，应当及时申报登记；其水污染物处理设施应当保持正常使用；拆除或者闲置水污染物处理设施的，应当事先报县级以上地方人民政府环境保护主管部门批准。向水体排放污染物的企业事业单位和个体工商户，应当按照法律、行政法规和国务院环境保护主管部门的规定设置排污口；在江河、湖泊设置排污口的，还应当遵守国务院水行政主管部门的规定。禁止私设暗管或者采取其他规避监管的方式排放水污染物。

(四)排污监测与江河水质监测

重点排污单位应当安装水污染物排放自动监测设备,与环境保护主管部门的监控设备联网,并保证监测设备正常运行。排放工业废水的企业,应当对其所排放的工业废水进行监测,并保存原始监测记录。具体办法由国务院环境保护主管部门规定。应当安装水污染物排放自动监测设备的重点排污单位名录,由设区的市级以上地方人民政府环境保护主管部门根据本行政区域的环境容量、重点水污染物排放总量控制指标的要求以及排污单位排放水污染物的种类、数量和浓度等因素,商同级有关部门确定。直接向水体排放污染物的企业事业单位和个体工商户,应当按照排放水污染物的种类、数量和排污费征收标准缴纳排污费。排污费应当用于污染的防治,不得挪作他用。

国务院环境保护主管部门负责制定水环境监测规范,统一发布国家水环境状况信息,会同国务院水行政等部门组织监测网络。国家确定的重要江河、湖泊流域的水资源保护工作机构负责监测其所在流域的省界水体的水环境质量状况,并将监测结果及时报国务院环境保护主管部门和国务院水行政主管部门;有经国务院批准成立的流域水资源保护领导机构的,应当将监测结果及时报告流域水资源保护领导机构。环境保护主管部门和其他依照本法规定行使监督管理权的部门,有权对管辖范围内的排污单位进行现场检查,被检查的单位应当如实反映情况,提供必要的资料。检查机关有义务为被检查的单位保守在检查中获取的商业秘密。

第四节 污染防治措施

一、水污染防治措施一般规定

(一)禁止直接向水体排放污染物

禁止向水体排放油类、酸液、碱液或者剧毒废液。禁止在水体清洗装贮过油类或者有毒污染物的车辆和容器。禁止向水体排放、倾倒放射性固体废物或者含有高放射性和中放射性物质的废水。向水体排放含低放射性物质的废水,应当符合国家有关放射性污染防治的规定和标准。向水体排放含热废水,应当采取措施,保证水体的水温符合水环境质量标准。含病原体的污水应当经过消毒处理;符合国家有关标准后,方可排放。禁止向水体排放、倾倒工业废渣、城镇垃圾和其他废弃物。禁止将含有汞、镉、砷、铬、铅、氰化物、黄磷等的可溶性剧毒废渣向水体排放、倾倒或者直接埋入地下。存放可溶性剧毒废渣的场所,应当采取防水、防渗漏、防流失的措施。

(二)防止间接污染水体

禁止在江河、湖泊、运河、渠道、水库最高水位线以下的滩地和岸坡堆放、存贮固体废弃物和其他污染物。禁止利用渗井、渗坑、裂隙和溶洞排放、倾倒含有毒污染物的废水、含病原体的污水和其他废弃物。禁止利用无防渗漏措施的沟渠、坑塘等输送或者存贮含有毒污染物的废水、含病原体的污水和其他废弃物。多层地下水的含水层水质差异大的,应当分层开采;对已受污染的潜水和承压水,不得混合开采。兴建地下工程设施或者进行地下勘探、采矿等活动,应当采取防护性措施,防止地下水污染。人工回灌补给地下水,不得恶化地下水质。

二、工业水污染防治

国家对工业水污染防治有着强制性的规定：

国务院有关部门和县级以上地方人民政府应当合理规划工业布局，要求造成水污染的企业进行技术改造，采取综合防治措施，提高水的重复利用率，减少废水和污染物排放量。

国家对严重污染水环境的落后工艺和设备实行淘汰制度。国务院经济综合宏观调控部门会同国务院有关部门，公布限期禁止采用的严重污染水环境的工艺名录和限期禁止生产、销售、进口、使用的严重污染水环境的设备名录。国家禁止新建不符合国家产业政策的小型造纸、制革、印染、染料、炼焦、炼硫、炼砷、炼汞、炼油、电镀、农药、石棉、水泥、玻璃、钢铁、火电以及其他严重污染水环境的生产项目。

生产者、销售者、进口者或者使用者应当在规定的期限内停止生产、销售、进口或者使用列入前款规定的设备名录中的设备。工艺的采用者应当在规定的期限内停止采用列入前款规定的工艺名录中的工艺。被淘汰的设备，不得转让给他人使用。企业应当采用原材料利用效率高、污染物排放量少的清洁工艺，并加强管理，减少水污染物的产生。

三、城镇水污染防治

城镇污水应当集中处理。

县级以上地方人民政府应当通过财政预算和其他渠道筹集资金，统筹安排建设城镇污水集中处理设施及配套管网，提高本行政区域城镇污水的收集率和处理率。

国务院建设主管部门应当会同国务院经济综合宏观调控、环境保护主管部门，根据城乡规划和水污染防治规划，组织编制全国城镇污水处理设施建设规划。县级以上地方人民政府组织建设、经济综合宏观调控、环境保护、水行政等部门编制本行政区域的城镇污水处理设施建设规划。县级以上地方人民政府建设主管部门应当按照城镇污水处理设施建设规划，组织建设城镇污水集中处理设施及配套管网，并加强对城镇污水集中处理设施运营的监督管理。

城镇污水集中处理设施的运营单位按照国家规定向排污者提供污水处理的有偿服务，收取污水处理费用，保证污水集中处理设施的正常运行。向城镇污水集中处理设施排放污水、缴纳污水处理费用的，不再缴纳排污费。收取的污水处理费用应当用于城镇污水集中处理设施的建设和运行，不得挪作他用。城镇污水集中处理设施的污水处理收费、管理以及使用的具体办法，由国务院规定。

向城镇污水集中处理设施排放水污染物，应当符合国家或者地方规定的水污染物排放标准。城镇污水集中处理设施的出水水质达到国家或者地方规定的水污染物排放标准的，可以按照国家有关规定免缴排污费。城镇污水集中处理设施的运营单位，应当对城镇污水集中处理设施的出水水质负责。环境保护主管部门应当对城镇污水集中处理设施的出水水质和水量进行监督检查。建设生活垃圾填埋场，应当采取防渗漏等措施，防止造成水污染。

四、农业和农村水污染防治

(一)农药使用与水污染防治

使用农药,应当符合国家有关农药安全使用的规定和标准。运输、存贮农药和处置过期失效农药,应当加强管理,防止造成水污染。县级以上地方人民政府农业主管部门和其他有关部门,应当采取措施,指导农业生产者科学、合理地施用化肥和农药,控制化肥和农药的过量使用,防止造成水污染。

(二)农业养殖与水污染防治

国家支持畜禽养殖场、养殖小区建设畜禽粪便、废水的综合利用或者无害化处理设施。畜禽养殖场、养殖小区应当保证其畜禽粪便、废水的综合利用或者无害化处理设施正常运转,保证污水达标排放,防止污染水环境。从事水产养殖应当保护水域生态环境,科学确定养殖密度,合理投饵和使用药物,防止污染水环境。

(三)农田灌溉与水污染防治

向农田灌溉渠道排放工业废水和城镇污水,应当保证其下游最近的灌溉取水点的水质符合农田灌溉水质标准。利用工业废水和城镇污水进行灌溉,应当防止污染土壤、地下水和农产品。

五、船舶水污染防治

船舶排放含油污水、生活污水,应当符合船舶污染物排放标准。从事海洋航运的船舶进入内河和港口的,应当遵守内河的船舶污染物排放标准。船舶的残油、废油应当回收,禁止排入水体。禁止向水体倾倒船舶垃圾。船舶装载运输油类或者有毒货物,应当采取防止溢流和渗漏的措施,防止货物落水造成水污染。船舶应当按照国家有关规定配置相应的防污设备和器材,并持有合法有效的防止水域环境污染的证书与文书。船舶进行涉及污染物排放的作业,应当严格遵守操作规程,并在相应的记录簿上如实记载。

港口、码头、装卸站和船舶修造厂应当备有足够的船舶污染物、废弃物的接收设施。从事船舶污染物、废弃物接收作业,或者从事装载油类、污染危害性货物船舱清洗作业的单位,应当具备与其运营规模相适应的接收处理能力。

船舶进行下列活动,应当编制作业方案,采取有效的安全和防污染措施,并报作业地海事管理机构批准:

(1)进行残油、含油污水、污染危害性货物残留物的接收作业,或者进行装载油类、污染危害性货物船舱的清洗作业;

(2)进行散装液体污染危害性货物的过驳作业;

(3)进行船舶水上拆解、打捞或者其他水上、水下船舶施工作业。

在渔港水域进行渔业船舶水上拆解活动,应当报作业地渔业主管部门批准。

六、饮用水水源和其他特殊水体保护

饮用水安全是关系民生的重要问题,是一个地区发展水平和生活质量的重要标志,也是实现小康社会的一项重要指标。《水法》要求各地依法严格实施饮用水水源保护区制度,严格禁止污染水环境以及破坏水生态、涵养林和水资源保护设施的行为,因地制宜地进行水污染防治、水源安全防护、生态保护和恢复以及水源涵养等工程建设。

(一)饮用水水源的设立

国家建立饮用水水源保护区制度。饮用水水源保护区分为一级保护区和二级保护区;必要时,可以在饮用水水源保护区外围划定一定的区域作为准保护区。

饮用水水源保护区的划定,由有关市、县人民政府提出划定方案,报省、自治区、直辖市人民政府批准;跨市、县饮用水水源保护区的划定,由有关市、县人民政府协商提出划定方案,报省、自治区、直辖市人民政府批准;协商不成的,由省、自治区、直辖市人民政府环境保护主管部门会同同级水行政、国土资源、卫生、建设等部门提出划定方案,征求同级有关部门的意见后,报省、自治区、直辖市人民政府批准。

跨省、自治区、直辖市的饮用水水源保护区,由有关省、自治区、直辖市人民政府协商有关流域管理机构划定;协商不成的,由国务院环境保护主管部门会同同级水行政、国土资源、卫生、建设等部门提出划定方案,征求国务院有关部门的意见后,报国务院批准。

国务院和省、自治区、直辖市人民政府可以根据保护饮用水水源的实际需要,调整饮用水水源保护区的范围,确保饮用水安全。有关地方人民政府应当在饮用水水源保护区的边界设立明确的地理界标和明显的警示标志。

(二)在饮用水水源保护区内的禁止性规定

在饮用水水源保护区内,禁止设置排污口。禁止在饮用水水源一级保护区内新建、改建、扩建与供水设施和保护水源无关的建设项目;已建成的与供水设施和保护水源无关的建设项目,由县级以上人民政府责令拆除或者关闭。禁止在饮用水水源一级保护区内从事网箱养殖、旅游、游泳、垂钓或者其他可能污染饮用水水体的活动。

禁止在饮用水水源二级保护区内新建、改建、扩建排放污染物的建设项目;已建成的排放污染物的建设项目,由县级以上人民政府责令拆除或者关闭。在饮用水水源二级保护区内从事网箱养殖、旅游等活动的,应当按照规定采取措施,防止污染饮用水水体。禁止在饮用水水源准保护区内新建、扩建对水体污染严重的建设项目;改建建设项目,不得增加排污量。

县级以上地方人民政府应当根据保护饮用水水源的实际需要,在准保护区内采取工程措施或者建造湿地、水源涵养林等生态保护措施,防止水污染物直接排入饮用水水体,确保饮用水安全。饮用水水源受到污染可能威胁供水安全的,环境保护主管部门应当责令有关企业事业单位采取停止或者减少排放水污染物等措施。国务院和省、自治区、直辖市人民政府根据水环境保护的需要,可以规定在饮用水水源保护区内,采取禁止或者限制使用含磷洗涤剂、化肥、农药以及限制种植养殖等措施。

凡饮用水水源水质不符合标准的,应尽快采取水源修复措施,必要时应调整或改进水厂处理工艺,确保供水水质达标。经水厂采取技术措施仍达不到供水水质标准的,饮用水水源应当立即停止使用。各级政府应当严禁饮用水水源保护区内一切污染水质的活动,避免水源污染。各地应当结合本地实际,按照"谁管理、谁负责"的原则,全面落实水源安全管理责任制。建立饮用水水源保护区定期检查制度,对查出的问题要立即进行专项整治。

(三)其他特殊水体的保护

县级以上人民政府可以对风景名胜区水体、重要渔业水体和其他具有特殊经济文化价值的水体划定保护区,并采取措施,保证保护区的水质符合规定用途的水环境质量标准。渔业水体,是指划定的鱼虾类的产卵场、索饵场、越冬场、洄游通道和鱼虾贝藻类的养殖场的水体。在风景名胜区水体、重要渔业水体和其他具有特殊经济文化价值的水体的保护区内,不得新建排污口。在保护区附近新建排污口,应当保证保护区水体不受污染。

七、水污染事故处置

(一)水污染事故的应急准备

各级人民政府及其有关部门,可能发生水污染事故的企业事业单位,应当依照《中华人民共和国突发事件应对法》的规定,做好突发水污染事故的应急准备、应急处置和事后恢复等工作。可能发生水污染事故的企业事业单位,应当制定有关水污染事故的应急方案,做好应急准备,并定期进行演练。生产、储存危险化学品的企业事业单位,应当采取措施,防止在处理安全生产事故过程中产生的可能严重污染水体的消防废水、废液直接排入水体。

(二)水污染事故处置

企业事业单位发生事故或者其他突发性事件,造成或者可能造成水污染事故的,应当立即启动本单位的应急方案,采取应急措施,并向事故发生地的县级以上地方人民政府或者环境保护主管部门报告。环境保护主管部门接到报告后,应当及时向本级人民政府报告,并抄送有关部门。造成渔业污染事故或者渔业船舶造成水污染事故的,应当向事故发生地的渔业主管部门报告,接受调查处理。其他船舶造成水污染事故的,应当向事故发生地的海事管理机构报告,接受调查处理;给渔业造成损害的,海事管理机构应当通知渔业主管部门参与调查处理。

八、法律责任

(一)环境保护主管部门的法律责任

环境保护主管部门或者其他依照《水污染防治法》规定行使监督管理权的部门,不依法作出行政许可或者办理批准文件的,发现违法行为或者接到对违法行为的举报后不予查处的,或者有其他未依照《水污染防治法》规定履行职责的行为的,对直接负责的主管人员和其他直接责任人员依法给予处分。

(二)当事人未遵守水污染防治规定的法律责任

拒绝环境保护主管部门或者其他依照本法规定行使监督管理权的部门的监督检查,或者在接受监督检查时弄虚作假的,由县级以上人民政府环境保护主管部门或者其他依照《水污染防治法》规定行使监督管理权的部门责令改正,处1万元以上10万元以下的罚款。

违反《水污染防治法》规定,建设项目的水污染防治设施未建成、未经验收或者验收不合格,主体工程即投入生产或者使用的,由县级以上人民政府环境保护主管部门责令停止生产或者使用,直至验收合格,处5万元以上50万元以下的罚款。

违反《水污染防治法》规定，有下列行为之一的，由县级以上人民政府环境保护主管部门责令限期改正；逾期不改正的，处1万元以上10万元以下的罚款：①拒报或者谎报国务院环境保护主管部门规定的有关水污染物排放申报登记事项的；②未按照规定安装水污染物排放自动监测设备或者未按照规定与环境保护主管部门的监控设备联网，并保证监测设备正常运行的；③未按照规定对所排放的工业废水进行监测并保存原始监测记录的。

违反《水污染防治法》规定，不正常使用水污染物处理设施，或者未经环境保护主管部门批准拆除、闲置水污染物处理设施的，由县级以上人民政府环境保护主管部门责令限期改正，处应缴纳排污费数额1倍以上3倍以下的罚款。

违反《水污染防治法》规定，排放水污染物超过国家或者地方规定的水污染物排放标准，或者超过重点水污染物排放总量控制指标的，由县级以上人民政府环境保护主管部门按照权限责令限期治理，处应缴纳排污费数额2倍以上5倍以下的罚款。

限期治理期间，由环境保护主管部门责令限制生产、限制排放或者停产整治。限期治理的期限最长不超过1年；逾期未完成治理任务的，报经有批准权的人民政府批准，责令关闭。

在饮用水水源保护区内设置排污口的，由县级以上地方人民政府责令限期拆除，处10万元以上50万元以下的罚款；逾期不拆除的，强制拆除，所需费用由违法者承担，处50万元以上100万元以下的罚款，并可以责令停产整顿。

除上述规定外，违反法律、行政法规和国务院环境保护主管部门的规定设置排污口或者私设暗管的，由县级以上地方人民政府环境保护主管部门责令限期拆除，处2万元以上10万元以下的罚款；逾期不拆除的，强制拆除，所需费用由违法者承担，处10万元以上50万元以下的罚款；私设暗管或者有其他严重情节的，县级以上地方人民政府环境保护主管部门可以提请县级以上地方人民政府责令停产整顿。

未经水行政主管部门或者流域管理机构同意，在江河、湖泊新建、改建、扩建排污口的，由县级以上人民政府水行政主管部门或者流域管理机构依据职权，依照前款规定采取措施、给予处罚。

有下列行为之一的，由县级以上地方人民政府环境保护主管部门责令停止违法行为，限期采取治理措施，消除污染，处以罚款；逾期不采取治理措施的，环境保护主管部门可以指定有治理能力的单位代为治理，所需费用由违法者承担：

（1）向水体排放油类、酸液、碱液的；

（2）向水体排放剧毒废液，或者将含有汞、镉、砷、铬、铅、氰化物、黄磷等的可溶性剧毒废渣向水体排放、倾倒或者直接埋入地下的；

（3）在水体清洗装贮过油类、有毒污染物的车辆或者容器的；

（4）向水体排放、倾倒工业废渣、城镇垃圾或者其他废弃物，或者在江河、湖泊、运河、渠道、水库最高水位线以下的滩地、岸坡堆放、存贮固体废弃物或者其他污染物的；

（5）向水体排放、倾倒放射性固体废物或者含有高放射性、中放射性物质的废水的；

（6）违反国家有关规定或者标准，向水体排放含低放射性物质的废水、热废水或者含病原体的污水的；

(7)利用渗井、渗坑、裂隙或者溶洞排放、倾倒含有毒污染物的废水、含病原体的污水或者其他废弃物的;

(8)利用无防渗漏措施的沟渠、坑塘等输送或者存贮含有毒污染物的废水、含病原体的污水或者其他废弃物的。

违反《水污染防治法》规定,建设不符合国家产业政策的小型造纸、制革、印染、染料、炼焦、炼硫、炼砷、炼汞、炼油、电镀、农药、石棉、水泥、玻璃、钢铁、火电以及其他严重污染水环境的生产项目的,由所在地的市、县人民政府责令关闭。

船舶未配置相应的防污染设备和器材,或者未持有合法有效的防止水域环境污染的证书与文书的,由海事管理机构、渔业主管部门按照职责分工责令限期改正,处2 000元以上2万元以下的罚款;逾期不改正的,责令船舶临时停航。

案例

案情

A市一水库管理局向该市人民法院递交诉状,将某化工有限责任公司推上被告席。诉状称,被告将生产磷胺过程中产生的200万至300万t磷石膏废渣堆放于该企业的磷石膏尾矿库内。该矿库距A市的重要饮用水源B湖上游的羊昌河直线距离800 m左右,属B湖饮用水源保护区范围内。堆放在这里的磷石膏废渣由于没有采取必要的防水、防渗及相应的废水处理措施,渣场渗滤液均通过地表、地下排入羊昌河。省环境监测中心站对该地的渣场渗滤液进行监测,结果渗滤液的pH值、总磷(TP)浓度、氟化物浓度均超过了《地表水环境质量标准》的Ⅲ类水质标准。原告当庭提交了大量的污染现场照片和有关检测数据,提请法院依据《中华人民共和国环境保护法》、《中华人民共和国民法通则》及《中华人民共和国民事诉讼法》之相关规定,依法判令被告立即停止对A市B湖及其上游河流羊昌河环境的侵害,并排除妨碍,消除影响。被告对污染事实无异议,辩称:磷石膏尾矿污染问题,其形成有其深刻的历史背景,且他们在各个时期都是遵守有关政策和环保法律法规的,企业的生产是依法进行的。被告认为,他们在环境治理上是积极的、认真的、负责的,并取得了一定成绩,获得了广泛的社会认可,应给予企业一个生存的机会。被告表示,将力争完成各项治理工作,竭尽全力治理好环境污染,为保障A市人民饮水安全作出应有的贡献。12月27日上午,A市法院环境保护法庭公开开庭,作为环境公益诉讼的原告A市水库管理局和被告化工有限责任公司在庭上进行了质证和辩论。在认真审理原、被告双方的证据,听取双方陈述和辩论后,主审法官当庭进行了宣判,确定被告败诉,承担相应的法律责任。法院认为,原告提供的证据,足以认定被告对B湖的上游羊昌河造成重大污染,进而直接影响到A市的主要饮用B湖的水质,是B湖水质总磷超标的一个重要原因,威胁到人民群众的健康安全。被告在未修建足够环保设施的磷石膏尾矿渣场堆放磷石膏废渣的行为侵害了羊昌河流域附近以及将B湖作为重要饮用水源的广大人民群众的利益,其行为构成了侵权。据此,法院依法判令被告立即停止该磷石膏尾矿库废渣场的使用,并在2008年3月31日前采取相应措施,排除该废渣场对环境的妨碍、消除对环境的危害。被告表示,他们将立即停止新增磷石膏的排放,并立即治理原已存在的磷石膏尾矿库,在规定时间内完成治理工作,停止侵害、消除妨碍。原告表示,还将进一步加大执法、监测力度,对该公司污染治理情况长期跟踪,直至该企业彻底解决污染问题。

点评

环境是人类社会持续协调发展的必要前提,水资源保护则是环境保护中一项重要的环节,为维护民众利益,原告有权提起环境公益诉讼。我国的水污染防治法确立了"谁污染谁治理"的原则,对造成污染的后果,污染者要承担治理的责任,将污染所造成的损失消除。一般来讲,环境污染的侵权案件的构成要件包括:①有环境污染造成的损害事实;②污染环境的行为违反了国家保护环境防治污染的相关法规;③环境污染行为与损害事实之间有因果联系。符合上述条件的就应当承担相应的赔偿责任。

第八章 水事纠纷的调处及水事法律责任

第一节 水事纠纷及其调处

一、水事纠纷概述

防治水害和开发水利，是人类社会改造自然的伟大斗争。随着社会的发展，人类对水资源开发利用程度会越来越高，同时对防治水害、兴修水利的要求也越来越高。由于水利牵涉到上下游、左右岸，地区之间和防洪、治涝、灌溉、排水、供水、水运等各项事业之间不同的利益和需要，存在着错综复杂的水事关系。这种水事利害关系处理不当，就会引起水事纠纷。

随着人口的增长和经济社会的快速发展，我国的水资源状况发生了重大变化。水资源短缺的矛盾已经充分暴露出来，在某些地区已经成为严重阻碍经济发展的主要问题。同时，日趋严重的水污染不仅破坏了生态环境，而且进一步加剧了本来就十分严重的水资源短缺矛盾，引发水事纠纷的因素发生了新的变化：20 世纪 80 年代以前，主要是平原地区排涝纠纷，其影响主要是农业生产；20 世纪 80 年代以后，随着经济的发展和人口的增长，由排水矛盾造成的水事纠纷呈下降趋势，而由于争水、争地、水污染、水资源开发利用等矛盾造成的水事纠纷逐年上升，其影响已经扩展到社会生活的各个方面。

二、水事纠纷处理原则

水事纠纷发生后，纠纷各方应本着互谅互让、团结协作、协商处理的精神，在处理水事纠纷中遵循并贯彻以下重要原则。

（一）局部利益服从全局利益的原则

一切水事活动必须从全局出发，树立大局观念。在不损害大局的前提下，人民政府和其授权的部门有责任保护地区、单位和个人的合法权益。对于为顾全大局而牺牲局部利益的一方，国家或受益一方，应当给予适当补偿。

（二）统筹兼顾、协调发展的原则

由于水资源是有机整体，同时又是可再生的动态资源，地表水与地下水互相转化，上下游、左右岸、干支流之间，水资源的开发利用互相影响，加之水的多功能性特点，必须统一规划，兼顾各行业、各地区的要求，协调发展。

（三）尊重历史、面对现实的原则

尊重历史，是指在调处水事纠纷时，对水事纠纷的历史情况进行调查，对历史上处理过的协议给予充分考虑；面对现实是指调处纠纷要从实际出发，在尊重历史的基础上，可根据社会、经济、人口及自然条件的变化，依法作出调整，以维护纠纷双方的合法权益。

(四)维持现状的原则

《水法》第五十六条、第五十七条规定,在水事纠纷解决前,未经各方达成协议或者协商不成,当事各方不得单方面改变现状。这是禁止性规定,是为了防止纠纷激化、扩大事态,也是为了解决水事纠纷赢得时间和营造良好的社会环境。

(五)组织原则

处理不同行政区域之间的水事纠纷,应当强调组织原则。首先,在水事纠纷发生以后,当事双方的人民政府和有关主管部门不得互相推诿,必须及时采取措施,做好干部群众的思想工作,防止矛盾激化,事态扩大。对借机抢夺公私财物,危害公共安全和非法阻碍、干扰执行公务的相对人应依法追究法律责任,不得庇护。对参与调解纠纷的双方代表,要站在全局的立场,树立法制观念,摆事实,讲科学;要发扬团结治水的精神,力争协商一致,在协商不成时,依法提请上级主管机关处理。一经处理,双方必须服从,不能以种种理由久拖不决或讨价还价。

三、水事纠纷的类型及处理程序

《水法》第五十六、五十七条规定了不同类型的水事纠纷,分别适用不同的处理程序。

(一)不同行政区域之间的水事纠纷

《水法》第五十六规定:不同行政区域之间发生水事纠纷的,应当协商处理;协商不成的,由上一级人民政府裁决,有关各方必须遵照执行。在水事纠纷解决前,未经各方达成协议或者共同的上一级人民政府批准,在行政区域交界线两侧一定范围内,任何一方不得修建排水、阻水、取水和截(蓄)水工程,不得单方面改变水的现状。

不同行政区域之间的水事纠纷,涉及不同行政区域之间的水事权益,它不是一般的民事纠纷,而是一种行政争议。因此,不同行政区域之间的水事纠纷发生后,应当按照行政管理的组织原则,首先由当事双方本着团结协作、互谅互让的精神进行协商,协商不成的,由当事双方共同的上一级人民政府处理。

(二)单位之间、个人之间、单位与个人之间发生的水事纠纷

《水法》第五十七条规定:单位之间、个人之间、单位与个人之间发生的水事纠纷,应当协商解决;当事人不愿协商或者协商不成的,可以申请县级以上地方人民政府或者其授权的部门调解,也可以直接向人民法院提起民事诉讼。县级以上地方人民政府或者其授权的部门调解不成的,当事人可以向人民法院提起民事诉讼。在水事纠纷解决前,当事人不得单方面改变现状。

单位之间、个人之间、单位与个人之间发生的水事纠纷,是属于民事性质的纠纷。这类纠纷既受水法调整,也受民法调整。按照处理民事关系的法律规范,首先由当事人双方协商,也可以由当事人双方提请当地人民政府或其授权的主管部门调解。协商或调解不成的,当事人既可以提请政府和有关部门调解,也可以直接向人民法院起诉。

第二节　水事法律责任概述

法律责任指公民、法人、企事业单位、国家机关及其工作人员实施了违法行为而应承担的法律后果。承担法律责任的结果是接受法律制裁。违法行为是产生法律责任的前提,法律制裁是承担法律责任的必然结果。

水事法律、法规的法律责任是指公民、法人、企事业单位、国家机关及其工作人员,不履行水事法律、法规规定的义务,或者实施了水事法律、法规禁止的行为,并具备了违法行为的构成条件,应当承担由此引起的法律后果,受到国家法律制裁。违反水法的行为,依其侵犯的客体、违法性质及危害程度不同,分为民事违法、行政违法和刑事违法,应承担的法律责任相应为民事责任、行政责任和刑事责任,国家给予的制裁相应为民事法律制裁、行政法律制裁和刑事法律制裁。

一、水事违法行为

(一)水事违法行为的概念及构成要件

人们在水事活动中的行为可以分为合法行为和违法行为。合法行为是指符合水事法律、法规规定的,对社会有益或至少无害的,受到水事法律、法规保护的行为。在很多情况下,合法行为是一种有意识的自觉行为,其自觉的性质、程度和动机,构成合法行为的主观方面。当水事活动的参加者按照水事法律、法规的要求做出合乎法律要求的行为时,就可以认为水事法律、法规在水事活动中建立了法律秩序。

与之相对的水事违法行为,也称水事违法,是指在水事活动中发生的、有社会危害性的、有过错的不合法行为。不履行法定义务,违反水事法律、法规的禁止性规定,滥用权利等,都可以构成水事违法。任何水事违法行为都应当受到法律的制裁。

对违法一般有广义和狭义两种理解。广义的违法是指一切违法,包括一般违法和严重违法(即犯罪)。狭义的违法是指一般违法,不包括犯罪。

不论是一般违法还是严重违法,作为一种社会现象,都是由特定的要件构成的。违法构成是引起法律后果所必须具备的法律事实系统,是一种特殊的事实构成。只有具备这一事实的全部事实(要件),才能构成违法。水事违法行为的构成要件有:

(1)违法侵犯的客体。任何水事违法都有被侵犯的客体,即水事违法必须是在不同程度上侵犯了水事法律、法规所保护的社会水事关系。

(2)违法的客观方面。水事违法必须是行为人在水事活动中违反水事法律、法规和其他法律法规规定的行为,既可以是积极的作为,也可以是消极的不作为。被视为水事违法的作为和不作为,必须具备两个特点:一是它必须表现为人的外在活动,单纯的思想意识活动是不能构成违法的;二是它必须表现为对水事法律、法规规定的违反,即做了水事法律、法规所禁止的行为,或者没有做水事法律、法规所要求的行为。

(3)违法的主体。水事违法者必须是具有法定责任能力的主体。水事违法必须是违反水法规定的、有社会危害性的、有过错的行为,但并不是任何人的这种行为都会构成水事违法。根据我国法律规定,能够成为违法主体的自然人必须是达到法定年龄并具有责任能力的人,能够成为违法主体的组织必须是能够独立承担法律责任的法人。如果行为者没有法定责任能力,就不能成为水事违法主体。

(4)违法的主观方面。水事违法必须是行为者出于故意或过失,即行为者在主观方面有过错。这种过错包括故意和过失两种心理状态。明知自己的行为会发生危害社会的结果,却希望或者放任这种结果发生,因而构成水事违法的,是故意违法。应当预见自己的行为可能发生危害社会的结果,因为疏忽大意而没有预见,或者已经预见而轻信能够避免,以致发生这种结果而构成违法的,是过失违法。如果某种行为在客观上虽然造成了危害社会的后果,但是行为人不是出于故意或者过失,而是由于不可抗力或者不能预见的原因所引起的则不能认为是水事违法。

上述构成水事违法的4个要素,是相互联系、相互制约、缺一不可的。缺少哪一个要素,都不能构成水事违法。

(二)水事违法行为的分类

根据水事违法的性质和危害程度,一般可将其分为水事行政违法、民事违法、刑事违法和违宪。

(1)水事行政违法是指违反了水事行政法律规范而应当承担水事行政责任的行为。水事行政违法属于一般违法。水事行政违法的行为主要由水行政机关认定,涉及违反《治安管理处罚法》或其他行政法律规范的行为,由公安机关或其他行政机关确定。对其中某些违法行为的认定,如果行为人不服,可提请法院解决。另一部分水事行政违法是指水行政机关、法律法规授权的机关或组织、受委托的组织及其执法人员违反纪律,但尚不构成犯罪的行为,这种违法的责任由行政法律规范加以规定。

(2)水事民事违法是指在水事活动中,违反民事法律应当承担民事责任的行为。民事违法亦属于一般违法。水事活动涉及的民事违法,主要是指不法侵犯他人的财产权。

(3)水事刑事违法也称犯罪,是指在水事活动中,危害社会的、违反《中华人民共和国刑法》并且应当受到刑罚处罚的行为。犯罪在所有的水事违法活动中,对社会的危害性最大,是严重违法。

(4)违宪。《中华人民共和国宪法》是我国的根本大法,上述行政违法、民事违法和刑事违法行为无疑都是违反宪法的行为,但是它们并不是这里所讲的特定意义上的违宪行为。水事领域的违宪行为是一种特殊的违法行为,它主要是指下列两种行为:一是指国家机关制定的水事方面的法律、法规、规章、决定、命令和决议等,与宪法的原则和内容相抵触;二是指重要的国家机关领导在水事领域行使职权的过程中的行为与宪法的原则和内容相抵触。违宪行为通常危害全局,后果严重。

违法行为是产生法律责任的前提。任何水事违法行为都应当承担相应的法律责任,受到法律的追究,这是依法行政、依法治水的本质要求。

二、水事法律责任的概念及特点

水事法律责任,是指水事违法者对自己实施的水事违法行为依法所必须承担的法律后果。这种法律责任是同水事违法行为密切联系在一起的,是一种追溯性的责任。水事法律责任具有如下特点:

(1)水事法律责任与水事违法行为相联系,只有对水事违法者才能追究其法律责任,违法是承担法律责任的根据。不构成违法,不承担惩罚性的责任。

(2)水事法律责任是一定的国家机关代表国家对水事违法实行法律制裁的根据,在法律上有明确具体的规定。对不同的水事违法行为,法律规定有不同的法律责任,违法者只对其违法行为承担法律规定的相应责任。

(3)水事法律责任体现了水事违法者与国家机关之间的关系。水事法律责任意味着一定的国家机关要代表国家查清水事违法行为的性质、特点、情节,水事法律责任具有国家强制性,是由国家强制力予以保障的,因此,只能由国家司法机关、水行政机关、公安机关或其他行政机关来追究水事法律责任,其他任何组织和个人都无此项权力。

水事法律责任具有国家强制力,但这并不等于说一切水事法律责任的实现均由国家强制力直接介入,比如民事责任可以由当事人自行协商解决。只有在当事人没有或无法自行协商解决时,才出现国家强制保证实施法律责任的追究和执行,即进行法律制裁。

(4)水事法律责任还意味着国家对水事违法行为的否定性反应和谴责。根据水事违法的性质和危害不同,水事违法者所承担的水事法律责任不同。行政违法承担行政法律责任,民事违法承担民事法律责任,刑事违法承担刑事法律责任,违宪承担违宪法律责任。

水事领域的违宪法律责任,简称违宪责任,是指违反宪法规定所应承担的法律责任。违宪责任的基本形式有:撤销同宪法相抵触的法律、法规、规章、决定、命令、决议等,罢免国家机关的领导人员等。违宪责任的确认,通常由特定的宪法监督机构来进行。在我国,监督宪法实施的权力属于全国人民代表大会及其常务委员会。

三、水事法律制裁的概念及分类

水事法律制裁是指水行政机关、司法机关和其他专门机关对水事违法者依其所应当承担的水事法律责任而采取的强制性措施。水事法律制裁与水事法律责任一样,也是基于水事违法行为才产生的。没有水事违法,就不能追究水事法律责任,也谈不上实施水事法律制裁。水事法律责任是一般的法律规定,水事法律制裁是针对个案的实际处置。水事法律制裁是水事法律责任在现实中的实施。在追究水事违法者的水事法律责任时,可视其违法情节、危害程度、主观方面等具体情况,依法减免或从重、加重制裁。

水事法律制裁包括恢复权利性措施和对构成水事违法、犯罪者实施的惩罚性措施。恢复权利性的制裁旨在消除非法行为造成的损害,恢复被侵犯的合法权利,保证已有义务的履行。惩罚性的制裁旨在使违法者承担受惩罚的责任,即追加承受不利后果的新的义务。这两者有时单独存在,有时同时并存。

根据水事违法者所应当承担的水事法律责任的性质和实施法律制裁的主体的不同,可以将水事法律制裁分为水事行政制裁、民事制裁和刑事制裁。这三种水事法律制裁的具体方式对应相应的水事法律责任中的具体方式。

第三节 水事行政法律责任

一、水事行政法律责任的概念及其特征

水事行政法律责任,简称水事行政责任,是指水行政主体在行使水行政管理职权的过程中,以及公民、法人或其他组织在水事活动中,违反水事行政法律规范而应承担的一种法律后果,具有以下特征:

（1）承担水事行政责任的主体是水事法律关系主体，主要有水行政机关（包括流域机构、法律法规授权的机关和组织。下同）、公民、法人和其他组织。

（2）水事行政责任是水事法律关系主体在水事活动中，违反了水事行政法律规范产生的。水事行政责任不仅仅是水事法律关系主体不履行水事专门法律规范，如《水法》、《防洪法》所规定的义务应承担的法律后果，还包括在水事活动中，违反其他行政法律规范所规定的义务而应承担的法律后果，如治安管理处罚。

（3）水事行政责任是一种独立的法律责任。水事行政责任作为一种法律责任，具有强制性，由行政机关，即水行政机关或公安机关等其他行政机关来追究。水事行政责任以水事行政法律规范所规定的职权、义务为基础，在水事活动中，水事行政法律规范所确定的责任、义务以及方式与内容是追究水事行政责任的依据。因此，水事行政责任不同于水事民事责任与刑事责任，彼此之间也不能相互替代。

二、水事行政违法的种类

水事行政违法可按不同标准，从不同角度作不同的分类。如按违法主体的不同，分为水行政主体违法和水行政相对人违法；按行为方式的不同，分为作为违法和不作为违法；按行政内容、形式的不同，分为实体违法和程序违法；按行政的范围，分为内部违法和外部违法等。

（一）水行政机关的行政违法行为

（1）水行政失职，又称放弃职权。这是一种不作为违法行为，是指水行政机关在行使行政权、进行行政管理活动中有义务作出某种管理行为，以履行法定职责，却拒不履行，因而使相对人或国家的利益遭到损害。

（2）水行政越权。与水行政失职相反，这是一种作为的违法行为。它是指水行政机关超越法定的权限范围或者被法律、法规授权的组织超越法律、法规授权的范围作出行政管理行为，进行行政管理活动。

（3）滥用职权行为。滥用职权行为是指水行政机关有这项职权，但是水行政执法人员在行使该项权力时，违反该项法律的立法原则和宗旨，以致损害了相对人的合法权益或国家的利益。如水行政机关有权对破坏水工程及堤防、护岸等有关设施，毁坏防汛设施、水文监测设施以及导航、助航设施的公民进行询问调查和依法处罚，但是如果水行政执法人员在讯问中采取了刑讯逼供的手段，就违反了《行政处罚法》的有关规定和立法目的、宗旨，属于滥用职权。

（4）适用法律、法规错误。适用法律、法规错误指水行政机关适用了不应使用的法律条文。如适用了已失效的法律法规，或者本应适用此法却适用了彼法等。

（5）违反法定程序。违反法定程序指水行政机关行使行政权不按法定的手段、方式和程序办事。程序违法往往会影响法定主体权利义务关系的实现，不能有效地保护水行政相对人的合法权益和国家与公众的利益。

（6）主要证据不足。主要证据不足指水行政机关作出行政行为，用来定案的证据不充分，或者认定案件事实不清。

（二）水行政执法人员的行政违法行为

（1）执行职务上的违法。如玩忽职守、滥用职权、执法犯法、贻误工作、对抗上级、压制批评、打击报复、弄虚作假、侵犯群众利益、泄露国家机密等。

（2）财产方面的违法。如贪污、受贿、以权谋私、挥霍公款、浪费国家资财等。

（三）水行政相对人的行政违法行为

（1）违反了水事专门法律规范的行为。新中国成立50多年来，已颁布《水法》等四部水法律，以及水行政法规192项、部规章80多项，各省（自治区、直辖市）制定地方性水法律法规和省级规范性文件近800件，初步建立了水管理和水法规框架体系。这些法律规范对水事行政违法行为均作出了具体的界定。一般而言，水事行政违法行为包括危害或损害水资源、水域、水工程、水土保持生态环境、防汛抗旱、水文监测设施等违法行为。

（2）违反了《治安管理处罚法》的行为，主要包括以下几个方面：①侵占、毁坏水工程及堤防、护岸等有关设施，毁坏防汛、水文监测、水文地质监测设施的行为。②在水工程保护范围内，从事爆破、打井、采石、取土等影响水工程运行和危害水工程安全的活动。③在水事纠纷发生及其处理过程中煽动闹事、结伙斗殴、抢夺或者损坏公私财物、非法限制他人人身自由的。④拒绝、阻碍国家工作人员依法执行公务，未使用暴力、威胁方法的。

（3）违反了其他相关行政法律规范的行为。

三、水行政执法责任

水行政执法责任是指水行政机关在水行政执法过程中，由于违法或不当执法行为给公民、法人或其他组织的合法权益造成损害所应承担的责任。水行政执法责任分为水行政机关执法责任和水行政执法人员执法责任。水行政机关的违法或不当执法行为，由水行政机关自身承担水行政执法责任；被委托的组织的违法或不当执法行为，由委托的水行政机关承担水行政执法责任，再由委托的水行政机关依据委托关系追究该组织的相关责任；水行政执法人员的违法或不当执法行为，由所属的水行政机关承担赔偿责任，再由该水行政机关对有故意或重大过失的执法人员行使追偿权。执法人员属于被委托组织的，按水行政机关—被委托组织—执法人员的顺序承担执法责任。

（一）水行政机关承担行政执法责任

水行政执法机关承担行政执法责任的方式很多，主要有下列几种：

（1）撤销或部分撤销原水行政执法行为。此种方式的前提是原水行政执法行为完全违法或部分违法。

（2）变更原水行政执法行为或重新作出水行政执法行为。这一方式主要针对原水行政执法行为程序违法或实体上有不当之处的水行政执法行为。重新作出水行政执法行为时，要对原来的不当或遗漏之处加以补正。

（3）停止侵害。水行政执法机关的具体水行政行为在被认定之前已经执行的，在认定违法后，应立即停止执行；如不停止执行，相对人可申请有关国家机关强制停止执行。

（4）返还财产。即由水行政机关负责将非法获得的罚款、非法收取的费用、非法没收的财物归还给相对人；非法冻结的账号应予解冻，非法查封的财产予以启封以及归还非法没收的证照等。

(5)恢复原状。恢复原状包括工作的恢复,住房的恢复,被损坏的、遗失的财产的重作、修理与重换等。

(6)恢复名誉。因违法的具体水行政行为而使公民、法人或其他组织的名誉权遭受损害的,水行政机关应予恢复。

(7)赔礼道歉。即由水行政机关承担道义上的补救责任,向被侵害的当事人认错,取得对方的谅解。这种方式可与恢复名誉同时使用,也可以单独使用。

(8)赔偿损失。即水行政机关对其给相对人造成的损失作金钱上的赔偿。

上述几种方式可以单独使用,也可以将其中的某些项合并使用,应根据具体情况而定。

(二)水行政执法人员承担行政执法责任

水行政执法人员承担行政执法责任的方式主要有以下几种:

(1)行政处分。这是行政机关对行政执法人员违法行为所广泛实施的一种制裁措施。行政处分有警告、记过、记大过、降级、撤职和开除等几种。

(2)剥夺执法资格。如吊扣或收缴水行政执法证件,调离执法岗位等。

(3)经济赔偿。水行政机关在向行政相对人履行赔偿责任之后,对有过错的水行政执法人员可以进行追偿。水行政执法机关根据执法人员个人应负责任的大小,责令执法人员承担赔偿费用的全部或部分。

四、水行政相对人承担的行政责任

水行政相对人承担的水事行政责任主要以下几种。

(一)水行政处罚

水行政处罚是相对人承担水事违法行政责任的一种重要方式。根据《水行政处罚实施办法》,其具体内容包括警告、罚款、吊销许可证、没收非法所得等类别。

(二)治安管理处罚

《水法》第七十二条、《防洪法》第六十一条和六十二条均作出规定,对违反水事法律、法规的规定同时违反《治安管理处罚法》的行为,应当由公安机关依照《治安管理处罚法》的规定给予治安处罚,其具体内容包括警告、罚款、拘留和劳动教养等类别。

(三)履行法定义务

相对人因为怠于履行水事法律、法规所规定的法定义务而构成水事行政违法行为的,水行政主体可以责令其履行该项义务。如果相对人在法定时间期限内仍然不履行的,水行政主体可以依法采取强制措施。

(四)恢复原状

相对人的水事行政违法行为改变水资源的所有权、使用权等权属状态的,或者以此取得一定财产的,水行政主体可以责令其恢复原状并返还财产。

(五)赔偿损失

相对人的水事行政违法行为给国家造成损失的,应当依法承担赔偿责任。水行政主体在对相对人适用上述水事行政责任类别与方式时,既可以单独适用一种,也可以同时适用多种。

第四节　水事民事法律责任

一、水事民事法律责任的概念及其特征

《民法通则》规定："公民从出生时起到死亡时，具有民事权利能力，依法享有民事权利，承担民事义务。"民事权利是公民的基本权利。水事活动中涉及的民事权利主要是财产权。财产权主要包括物权和债权。物权是民事主体依法对特定的物进行管理支配并享受物之利益的排他性财产权利。物权的核心部分是所有权，即所有人依法对所有物享有占有、使用、收益和处分 4 项权能。民事中的债，是指按照合同的约定或法律的规定在特定的当事人之间产生的权利与义务关系。享有权利的人是债权人，负有义务的人是债务人。债权人享有请求债务人为一定行为或不为一定行为的权利即债权。

水事民事法律责任是指水事法律关系主体在水事活动中，侵犯了他人的合法民事权利而依法应当承担的法律责任。水事民事责任的法律特征如下：

(1)水事民事责任主要是补偿性的，行为人承担民事责任的方式主要是财产性的经济补偿，而以非财产性的排除措施为辅。

(2)水事民事责任一般都采用损失填补和恢复原状为原则，经济赔偿的数额一般只能等于而不能高于受害人所受到的损失。

(3)水事民事责任的经济赔偿是为补偿受害人所受到的损失，赔偿一般都归属受害人。

(4)除了法律规定外，允许当事人自由处分其权利，当事人可以自行协商，国家一般不加干涉。

二、水事民事违法行为

(一)公民、法人和其他组织的水事民事违法行为

《水法》、《防洪法》、《水土保持法》等水事法律、法规规定了公民、法人或其他组织在水资源开发利用与保护、防治水害、防治水土流失过程中，侵犯他人的合法民事权益而应承担的民事责任的情形。概括起来主要有以下内容。

1. 侵犯了他人的合法权益

体现在以下方面：

(1)引水、截(蓄)水、排水，损害公共利益或者他人的合法权益的。

(2)侵占、毁坏水工程及堤防、护岸等有关设施，毁坏防汛、水文监测、水文地质监测设施，或在水工程保护范围内，从事影响水工程运行和危害水工程安全的爆破、打井、采石、取土等活动，对他人造成损失的。

(3)开采矿藏或者建设地下工程，因疏干排水导致地下水水位下降、水源枯竭或者地面塌陷，对他人生活和生产造成损失的。

(4)造成水土流失，直接损害单位和个人的合法利益的。

2. 侵犯了水行政主体和水利工程管理单位的合法权益

公民、法人或其他组织破坏、损毁水利设施，如堤防、水闸、护岸、抽水站、排水沟系等防洪工程和水文、通信设施以及防汛备用的器材、物料，侵犯了水行政主体和水利工程管理单位对水利设施的所有权和使用权的。

3. 侵犯了水事法律关系参与者的合法权益

《水法》规定："使用水工程供应的水，应当按照国家规定向供水单位缴纳水费。"该规定是典型的以工程拦蓄的水为对象的民事法律关系。供水单位和用水户之间的关系依照法律的规定，采用合同或其他形式而确定的供用水法律关系。在这个法律关系中，供水单位和用水者之间的关系除了受水事法律规范的约束，还受民事法律规范的约束。供水单位和用水者各自享有不同的民事权利，履行不同的民事义务，供水单位享有向用水者收取水费的权利，但是必须依约向用水者供水；用水者享有依约取用水的权利，但是必须依约向供水单位按时足额缴纳水费，否则，就属于不承担义务的违约行为。《防洪法》、《水土保持法》等水事法律、法规也有类似的规定。

4. 侵犯了水利投资者的合法权益

为了搞好水利建设，国家允许公民、法人或其他组织，从事水利项目的投资。法律规范应当保护投资者合法的投资收益权。这些规定是我国《民法通则》规定财产收益权原则在水事活动中的具体运用与体现，是党和国家为调动全社会共同兴办水利的集中体现。

(二)水行政机关的水事民事违法行为

1. 侵犯水利工程移民的合法权益

水工程淹没使公民、法人或其他组织为兴建水工程作出了牺牲，其合法权益应当受到法律的保护。这一规定体现了法律公平、公正原则，也体现了平等保护合法权益的民法精神。

2. 行政侵权

行政侵权是水行政主体及其工作人员在行使水事管理职权过程中造成他人损害所应当承担的责任。当然，当事人可以在提起水行政复议或水行政诉讼时提出行政赔偿，也可以按照《民法通则》的规定通过民事途径予以解决。

三、水事民事法律责任类型

根据水事法律规范和民事法律规定，水事民事责任有以下类型。

(一)制止性的民事责任

(1)停止侵害。此种方式适用于侵害行为还在继续进行的情况，其目的是制止侵害行为的继续和防止损害的进一步扩大。

(2)排除妨碍。此种方式适用于权利人因受到非法妨碍而无法正常行使权利的情况。

(3)消除危险。这是一项预防措施，适用于虽然未造成实质性的损害，但是将来可能甚至必然造成侵害的情况。

(二)补救性的民事责任

(1)返还财产。此种方式适用侵权行为人因其侵权行为而从受害人处实际取得财产的,如盗窃水文测验设施的,侵权行为人应当返还所取得的财产。

(2)恢复原状。这适用于侵权行为人侵害权利人的水利设施及水工程等财物而且有可能也有必要恢复的情况。

(3)赔偿损失。这是一项适用比较广泛的承担责任方式。凡是侵权行为人造成权利人经济上受到损失的,用别的责任方式无法弥补的都可以采取这种责任方式。

(三)其他的民事责任

(1)支付违约金。此种方式主要适用于在水事合同法律关系中的责任,当然,水事法律、法规和民事法律规范有特殊规定以及当事人双方有特别约定的也可以适用。

(2)消除影响、恢复名誉、赔礼道歉。这几种责任方式在水事相邻关系中较普遍,当然,在适用时大都按照民事法律规范的规定执行。

第五节 水事刑事法律责任

一、水事刑事法律责任的概念及特征

水事刑事法律责任简称水事刑事责任,是指在水事活动中,行为人实施了刑事法律规范所禁止的行为而应承担的一种法律后果,具有以下法律特征:

(1)刑事责任是一种由犯罪行为所引起的法律效应,是一种强制犯罪人向国家承担的法律责任;

(2)刑事责任是一种性质最为严重、制裁后果最为严厉的法律责任;

(3)行为人是否承担刑事责任,只能由司法机关按照刑事诉讼程序依照法律的规定加以决定;

(4)承担刑事责任的一般要给予刑事处罚。

二、水事刑事犯罪的类型

(一)公民、法人或其他组织水事刑事犯罪类型

在目前所颁布的水事法律规范中,《水法》、《水污染防治法》、《水土保持法》和《防洪法》等规定了行为人承担刑事责任的情况,归纳起来主要有以下典型类型。

1. 违反水环境保护方面的规定,构成犯罪的

水不仅仅是一种自然资源,而且也是一种重要的环境要素,《刑法》对环境保护作了规定,有助于环境的保护,尤其是水环境的保护。在司法实践中,因为违反此规定而受到刑事制裁、承担刑事责任的典型案例将会逐渐增多。

2. 违反河道保护方面的规定,构成犯罪的

这主要是指在河道管理范围内堆放阻碍行洪物体,修建围堤、阻水渠道、阻水道路,未经批准在河道管理范围从事影响河势稳定及堤防安全的采砂等活动,围垦湖泊、河流,擅自砍伐护堤林木等,造成严重后果的。

3. 违反防汛救灾方面的规定,构成犯罪的

主要犯罪行为有:

(1)不按照天然流势或者防御洪水方案、蓄滞洪方案与措施等防汛调度方案泄洪、排涝、蓄滞洪而造成严重后果的。

(2)盗窃或抢夺防汛物料、水工程器材,贪污、挪用国家救灾、抢险、防汛、移民安置款物,情节严重的。

4. 违反水工程与设施的保护规定,构成犯罪的

主要犯罪行为有:

(1)侵占、毁坏水工程及堤防、护岸相关设施,毁坏防汛、水文监测、水文地质监测、导(助)航设施的,已经或可能造成严重社会后果的。

(2)在水工程保护范围内从事爆破、打井、采石、取土等对水工程有严重威胁或已经造成严重后果的。

5. 违反水事纠纷调处的规定,构成犯罪的

在水事纠纷发生及其处理过程中煽动闹事、结伙斗殴、抢夺或者损坏公共财物、非法限制他人人身自由,情节严重的。

6. 违反移民安置的规定,构成犯罪的

在征地补偿和移民安置过程中,扰乱公共秩序,致使工作、生产不能正常进行,情节严重的。

7. 暴力抗法,构成犯罪的

这主要是指以暴力、威胁方法阻碍水行政执法人员依法执行职务的,或阻碍、威胁水行政执法人员依法执行职务、情节严重的。

(二)水行政机关工作人员水事刑事犯罪类型

通常是指水行政机关工作人员、水工程与设施管理人员以及其他国家工作人员玩忽职守、滥用职权、徇私舞弊,对公共财产、国家和人民利益造成重大损失的。

三、水事刑事责任的类型

根据《刑法》规定,刑罚分主刑和附加刑两大类。主刑的种类有:管制、拘役、有期徒刑、无期徒刑、死刑。附加刑的种类有:罚金、剥夺政治权利、没收财产。

下　编

第九章　水行政管理概述

第一节　水行政法律关系

一、法律关系

法律关系是指法律规范在调整人们行为的过程中所形成的一种法律上的权利和义务关系。在社会生活中,存在着以生产关系为基础的各种各样社会关系,有政治的、经济的、伦理的、婚姻家庭的关系等,统称为社会关系。但是,并非所有的社会关系都是法律关系,如恋爱关系、朋友关系都不构成法律关系。恋爱关系只有经登记结为夫妻以后,才构成婚姻法律关系,他们间的关系就受《中华人民共和国婚姻法》的调整,按法律规定享受权利和承担义务。法律关系由主体、客体和内容三个基本要素构成。

二、水事法律关系

《水法》是调整水事关系的法律。从根本性质上讲,《水法》具有很强的行政管理特性;在本质上则表现为经济关系,即《水法》就是调整水事活动中各种社会经济关系的法律。因为,水资源作为自然资源,本质上是一种经济资源,任何针对水资源的水事活动,归根到底都是源于经济关系和经济利益。

水事法律关系是指水事法律规范在调整水事活动中形成的一种法律的权利和义务关系,同样包括主体、客体和内容三个基本要素。大多数的水事关系,如取水的许可、流域综合规划的同意等,只要为《水法》所调整就上升为水事法律关系。

水事法律关系具有水事法律上的权利和义务内容。但这种权利和义务关系主要是由水行政职权、水行政管理而引起的,具有非对等性,即水行政主体和水行政相对人之间的关系是管理与被管理、命令与服从的关系。

不同的社会关系经过不同的法律规范调整,从而形成不同的法律关系,如民事法律关系、刑事法律关系、诉讼法律关系等。水事法律关系是由水事法律规范调整而形成的,有别于其他法律部门调整的其他社会关系。当然,如在水事活动中触犯了《刑法》,那就得追究刑事责任,由刑事法律规范调整形成刑事法律关系。

三、水行政法律关系和水民事法律关系

因为水事活动中的各种社会经济关系错综复杂,或者是存在于国家与法人、公民之间,政府与社会成员之间,上级政府与下级政府之间,或者是存在于公民与公民之间、同级政府之间等。所以,水事法律关系由两类法律关系所组成,即水行政法律关系和水民事法律关系。

（一）水行政法律关系

水行政法律关系是指依《水法》对水行政主管部门行使行政职权过程中所产生的各种社会关系进行调整，所形成的法律上的权利和义务关系。它是水事法律关系中占主导地位的法律关系。水行政法律关系又可分为水行政监督法律关系和水行政管理法律关系。

（1）水行政监督法律关系，是指作为被监督对象的水行政主管部门及其国家工作人员因行使水行政职权而接受法律监督，与作为监督者的国家权力机关、司法机关、行政机关、纪律检查部门、公民和社会组织等所形成的关系。

（2）水行政管理法律关系，是指水行政主管部门行使职权进行水行政管理活动，与被管理者的公民、法人和其他组织之间所形成的关系。其主体分别是水行政主管部门（即水行政主体）和水行政相对人。

调整这种关系的立足点是水资源属于国家所有，即全民所有。调整这种关系的指导原则是全面规划、统筹兼顾、标本兼治、综合利用、讲求效益，发挥水资源的多种功能，协调好生活、生产经营和生态环境用水。调整这种关系在法律上都体现为水管理方面的基本制度和基本法律规范。在调整这种关系时，水行政主体处于领导者和指挥者的地位，并以自己的意志规定水行政相对人的行为。

（二）水民事法律关系

水民事法律关系是指在法律上的平等主体之间的水事权益关系。调整这种关系适用于《民法》的原则，即遵循自愿、公平、等价有偿和诚实信用的原则。公民之间、公民与法人之间以及法人之间，因水事活动产生的水事纠纷属于民事纠纷，应通过民事协商调解或民事诉讼的方式解决。

在水事法律关系中，水行政法律关系是主要的，水民事法律关系则是从属。

四、水行政法律关系的要素

水行政法律关系是由水行政法律关系主体、客体和内容三要素所构成的。

（一）水行政法律关系的主体

水行政法律关系主体，也称水行政法律关系当事人，是指水事法律关系中权利的享有者和义务的承担者，可以是公民、法人或其他组织，包括水行政主体和水行政相对人。水行政主体是代表国家享有并行使水管理职权的组织，包括各级人民政府中的水行政主管部门、国家设立的流域管理机构以及法律法规授权的其他组织，是水行政法律关系中最重要的主体，往往起着主导作用。

水行政相对人同样是水事法律规范中权利的享有者和义务的承担者，是水行政法律关系中不可缺少的另一方当事人。无论是其他国家机关，还是公民、法人或其他组织，都可以成为水行政法律关系的相对人。

如两个县发生水事纠纷，这两个县的政府及其水行政主管部门就成为纠纷当事人，是这项水行政法律关系的主体。又如发电与航运发生纠纷，水电主管部门与交通主管部门就成为这项水行政法律关系的主体。

(二)水行政法律关系的客体

水行政法律关系的客体是指水行政法律关系当事人权利和义务所指向的对象,一般有物、行为和精神财富。

(1)物。即水、水域和水工程等,必须能够为人类支配、利用和影响。

(2)行为。如防汛抢险、河道清障、征收和缴纳水资源费、计划用水与节约用水等,包括作为和不作为。

(3)精神财富。主要指表现为一定形式的智力成果,如科研成果、水文地质资料等。

水作为水行政法律关系的客体,具有局限性。只有在人们能够加以控制和利用的那部分水资源,才能形成法律关系,所以水作为水行政法律关系的客体仅是其中一部分。洪水不能作为法律关系的客体,只有防洪排涝抢险的行为才能作为水行政法律关系的客体。

(三)水行政法律关系的内容

水行政法律关系的内容,是指水行政法律关系主体在水事法律关系中所享有的权利和应当履行的义务。这种权利和义务是由水事法律规范所确认并加以保护的,而且大都是与水事管理职权紧密联系的,离开了水事管理职权,当然也就无所谓水行政法律上的权利和义务。

水行政法律关系主体的权利是指由水行政法律规范所赋予的,要求水行政法律关系主体在具体的水行政法律关系中为一定行为的权利或者要求相对人为一定行为或不为一定行为的权利。如《防洪法》中所确立的规划同意书制度,该制度赋予了水行政主体审查相对人的行为是否符合防洪规划要求并作出是否同意的权利,同样赋予了相对人请求水行政主体审查批准申请报告的权利。

水行政法律关系主体的义务是指由水事法律规范所规定的,要求水行政法律关系主体在具体的水行政法律关系中必须为一定的行为或不为一定的行为。如前述的规划书同意制度,在该制度中,水行政主体必须审查相对人提交的申请报告是否符合防洪规划内容,是一项法定的义务,而相对人同样必须按照《防洪法》规定向水行政主体报送其申请报告,以供水行政主体审查。

由于水行政主体存在着级别差异,因此其享有的水行政法律规范上的权利、应当履行的义务也各异,具体体现在不同的水事行为中。

值得注意的是,在提及水行政法律关系的内容时,不能只强调水行政主体所享有的权利,而忽视其应当履行的义务;也不能只强调相应方所应当履行的水事法律规范上的义务,而忽视或否定其应当享有的权利。应当改变传统观念,即认为"水行政主体与相对人之间是一种权力与服从的关系",实际上,水行政主体与相对人之间是一种权利义务关系。

水行政法律关系的内容是非常复杂的。如建设一个水电站,建设单位就必须与上级主管机关之间、与当地政府之间、与库区移民之间,以及与防洪、灌溉、供水、水运、水产、环境保护部门之间,形成错综复杂的权利与义务关系。

第二节　水行政管理

一、水行政主管部门

(一)水行政主管部门的性质与法律地位

水行政管理是指政府对水事活动实施的行政管理。水利部是我国的国家水行政主管部门,负责我国领土范围内的全部水资源包括地表水和地下水的管理。水利部设立的各流域机构,在所管辖的范围内行使法律、行政法规规定的和水利部授予的水资源管理与监督职责。县以上地方人民政府的水利厅(局)是所辖行政区域内的水行政主管部门,负责所辖行政区域内水资源的统一管理与监督工作。

(二)我国水资源管理体制

1988 年我国第一部《水法》规定:"国家对水资源实行统一管理与分级、分部门管理相结合的体制。"随后,国务院明确规定水利部是国务院的水行政主管部门,各级地方人民政府也先后明确了本地区的各级水行政主管部门及其统一管理本地区水资源的权限和职责。《水法》立法的宗旨就是对全国水资源实行统一管理。1993 年国务院颁布了《取水许可制度实施办法》,明确规定城市和农村对地表水和地下水统一由各级水行政主管部门颁发取水许可证,并进行监督管理。我国水资源统一管理格局初步形成。

但是,水资源是一种动态的、可再生的资源,地表水和地下水可相互转换,江河流域的上下游、干支流、左右岸、水量水质相互关联,相互影响,难以按照地区、部门划分,1988 年《水法》规定的水资源管理体制容易造成分割管理,不利于水资源的统一管理,影响了水资源的合理配置和高效利用。

2002 年修订后的《水法》对水资源管理体制作了重大修改,明确规定:"国家对水资源实行流域管理与行政区域管理相结合的管理体制。"水资源管理体制是国家管理水资源的组织体系和权限划分的基本制度,是合理开发、利用、节约、保护水资源和防治水害,实现水资源可持续利用的组织保障。改革水资源管理体制,加强水资源的统一管理,从水资源分割管理的体制向"一龙管水、多龙治水"的体制转变,是新形势下实现水资源可持续利用的迫切要求,也是修订后的《水法》的重要特点。

水资源统一管理是对地表水、地下水、城市与农村、水量和水质实行整体性的统一管理。水资源管理的核心是水资源的权属管理。水资源权属管理当前主要是做到"六统一",即对水资源实行统一规划、统一配置、统一调度、统一发放许可证、统一实施水资源有偿使用制度、统一管理水量水质。

2002 年《水法》确立的这种流域管理与行政区域管理相结合、统一管理与分级管理相结合的水资源权属管理原则,明确了水行政主管部门的职责和权限。水行政主管部门明确了自己的具体职责,才能管好水资源,实现水资源的可持续利用;水行政主管部门明确了自己的权限,才能依法行政,将自己的行政管理、行政执法行为置于公开的监督之下。

(三)水行政主管部门的职权

水行政主管部门为履行其职责,必须有相应的职权。职权是职责的保证,水行政主管部门的主要职权有以下几项：

(1)水行政立法和规划权。水行政主管部门依法制定的实施性规范、解释性规范、创制性规范与补充性规范，用于调整水行政法律关系，规范水行政相对人的行为。如各种水行政法规、水利部规章、地方性水法规和规范性文件。

(2)水行政命令权。水行政主管部门向水行政相对人发布命令，要求水行政相对人作出某种行为或不作出某种行为的权力。命令的形式有通告、通令、布告、规定、通知、决定、命令等。

(3)水行政处理权。水行政主管部门实施水行政管理，对特定水行政相对人的权利、义务事项作出处理的权力，包括行政许可、行政征收、行政给付、行政合同、行政指导等。

(4)水行政监督权。水行政主管部门对水行政相对人遵守水事法律、法规，履行义务情况进行检查监督的权力。

(5)水行政裁决权。水行政主管部门裁决争议、处理纠纷的权力，也叫准司法权。

(6)水行政强制权。水行政主管部门在实施水行政管理过程中，对不依法履行水行政义务的水行政相对人采取强制措施，迫使其履行相应义务的权力。

(7)水行政处罚权。水行政主管部门在实施水行政管理过程中，对违反水行政法律规范的相对人给予制裁的权力。

(四)水行政主管部门的管理手段

管理手段是水行政主管部门行使职权的表现形式，有以下几种：

(1)制定规范和发布命令；

(2)编制和执行水利计划、规划；

(3)实施水行政许可；

(4)调查统计和发布水资源方面的情报；

(5)处理和裁决水事纠纷、争议；

(6)采取水行政强制措施；

(7)实施水行政制裁；

(8)签订水行政合同；

(9)提供水行政指导。

二、水行政管理与水利行业管理

行业是以社会生产的专业化分工和在此基础上形成的以专业化技术为媒介，形成的同类专业化生产经营单位的集合体。行业管理就是对全行业的企事业单位实行间接、宏观的管理，按照行业规划、产业政策和其他技术经济政策，主要运用经济和法律手段管理行业，解决行业面临的共同问题，通过提供各种服务和制定有关行业的方针、政策、行业规程、技术规则和等级标准等手段对全行业实行统筹、规划、协调、监督和服务，以促进行业经济的发展。行业管理具有两个主要特点：一是行业管理是国家管理经济活动的一种行政管理模式，行业主管部门运用经济杠杆、法制和行政手段对行业的发展进行宏观调控和分类具体指导；二是行业管理是全方位、宏观、间接的管理，不受部门、地区隶属关系的限制，即无论其经济性质和行政隶属关系如何，只要从事同类性质的社会经济活动，都在行业管理范围以内。

1998 年国务院批准的水利部“三定”方案中明确规定：“水利部统一管理水资源（含空中水、地表水、地下水）”，“原地质矿产部承担的地下水行政管理职能交给水利部承担”，“原由建设部承担的指导城市防洪职能、城市规划区地下水资源的管理保护职能，交给水利部承担”。新《水法》规定，国务院水行政主管部门负责全国水资源的统一管理和监督工作。水利部既是水行政主管部门，又是水利行业主管部门。水利行业管理的内容，按照水利部 1994 年“三定”方案的规定，主要有水文行业管理、水工程建设行业管理、水利工程行业管理、水利综合经营和水库移民行业管理等主要内容。现阶段我国的水利行业管理还是实行水行政管理的单一模式。但随着我国经济体制改革的进一步深化，社会主义市场经济体制的建立，政府的行业管理方式和手段正处在变革时期。水利行业管理模式与其他自然资源相比，有其特殊性，所以水行政管理也有其特有的表现。

（1）水资源是循环再生的动态资源，从总体上看是相对稳定的，但从具体的时间空间来看，又是极不稳定的，具有强烈的周期波动性和随机性。因此，水行政管理工作必须要在大量的、全面的、扎实的、长期的水文测验工作基础上，进行复杂的水文计算、水资源评价，才能大体上掌握客观的水文规律。即使这样，人们也只能相对地推算洪水频率和枯水保证率，不可能掌握精确的绝对值。这种特性决定了水行政管理必须尊重客观规律，做好艰苦细致的工作。

（2）防治水害，开发水利，离不开水利工程。水利工程与其他建筑工程相比，具有特殊的复杂性。首先，它的边界条件复杂，施工难度大，风险大。它需要解决大量的工程技术等问题，如果再扩大到流域治理，就更加复杂，在某一问题上稍有疏忽或处理不当，都会带来严重后果，因而水行政管理中的重大决策，需慎之又慎。

（3）水资源与土地、森林、矿产等自然资源相比较，有一显著特点，即存在有害与有利的双重性，它既是可开发利用的自然资源，又是洪水灾害的灾害源。因此，水行政管理在任何时候都应把抗洪救灾放在首位，在服从防洪总体安排的前提下举办各项兴利事业。如何恰当处理好兴利与除害的关系，是水行政管理比其他专门行政管理更复杂更困难的重要原因。

（4）水是以流域（水系）为自然单元，上下游、干支流、左右岸、地区之间联系密切。水又具有多功能的特点，防洪、治涝、灌溉、供水、水产、发电、航运、水环境保护等各项事业之间相互依存。水资源的流域性和行政管理体制的区域性的矛盾，决定了水资源管理必须实行流域管理与行政区域管理相结合、统一管理与分级管理相结合的制度，这就增加了水行政管理工作的难度。

（5）水事关系通常都会涉及有关地区、部门的利益，水行政主管部门在实施管理时会面临特殊的困难，例如处理水事纠纷的决定，如当事的地方政府持犹豫或保留态度，就难以贯彻执行。

（6）其他物权具有排他性，如一个煤矿归某个矿务局开发，他人没有开发权，而水权不同，因为水是流动的自然资源，突出强调它的公共性、公益性。所以，水资源开发利用排斥垄断，强调水利共享、水害共当，这就使水行政管理工作在协调社会利害关系方面十分艰巨复杂。

(7)在当代社会,水的问题与水环境问题难以分开,水法规与水环境保护法规相互交织,成为现代水法一大特点。因此,水行政管理工作必须体现社会效益、经济效益和环境效益相结合。

(8)水行政主管部门集行政管理、行业管理、产业管理于一身,集管理与建设的功能于一身,这与税收、工商管理等纯行政管理不同,也与其他自然资源的管理部门有区别。其他自然资源的行政管理,主要是对资源的权属管理和对资源开发利用的监督。

第三节　水行政行为

一、水行政行为的概念

水行政行为是指水行政主体在实施水行政管理活动、行使水管理职权过程中所作出的具有水事法律意义的行为,具体应从以下方面正确理解:

(1)水行政行为是水行政主体所作出的行为,这是水行政行为成立的主体要素,否则便是违法行政。至于是水行政主体直接作出,还是由水行政主体的工作人员或者依法委托的其他社会组织或个人作出,均不影响其作为水行政行为的性质。

(2)水行政行为是水行政主体实施水行政管理活动、行使水管理职权的一种行为,这是水行政行为成立的内容要素。为了实现国家对水资源及相关内容的有效管理,水行政主体要根据水资源的不同情况实施不同管理行为,这同时也是代表国家行使水管理职权。但水行政主体如购买办公用品、租赁房屋,则不是水行政行为。

(3)水行政行为是具有水事法律意义的行为,这是水行政行为成为法律概念的法律要素。水行政行为具有水事法律意义并产生相应的法律后果,即水行政主体要对自己所作出的水管理行为承担相应的法律责任。至于水行政行为是否合法,并不影响其存在。

二、水行政行为的特点

水行政行为作为一种行政行为,具有以下法律特点。

(一)服务性

水资源是一种公益性的,属于全民所有的资源。水行政机关代表着公共利益,是服务机关,水行政行为是用于保障国家和个人利益的。因此,水行政主体与水行政相对人关系在状态上是一种利益一致的关系,在行为上是服务与合作的关系,在观念上是一种相互信任的关系。水行政行为是水行政主体和水行政相对人合作下的公共服务行为。要求水行政主体改变高高在上的作风,弱化行政行为的强制性,增强水行政主体的服务意识。

(二)单方意志性

水行政行为是水行政主体代表国家行使水行政管理职权,在实施过程中,只要是在法律法规规定的职权范围内,即可自行决定、实施,无需与水行政相对人协商或取得水行政相对人的同意。这实际上体现了水行政法律关系中水行政主体和水行政相对人之间的不对等关系。任何水行政行为对水行政相对人都有拘束力。

(三)效力先定性

效力先定性是指任何水行政行为一经作出,就事先假定其符合水事法律规范,在没有被国家有权机关宣布为违法无效前,对水行政主体和相对人都具有拘束力,其他任何组织和个人都应当遵守和服从。水行政主体的水行政行为并不一定绝对合法,不可否定,只是只有国家有权机关才能对其合法性予以审查。

(四)强制性

水行政行为是水行政主体代表国家、以国家名义实施的,并以国家强制力作为实施的保障。水行政主体在行使水管理职权的过程中如果遇到障碍,在没有其他有效途径克服障碍的新情况、新问题只能作出原则性、预见性的规定,至于如何处理只能交由水行政主体根据实际情况自由裁量。但是,水行政主体的自由裁量权并不是没有限制的,而应在水事法律法规所规定的范围内,充分发挥主观能动性,准确把握立法目的,制定相关规章和其他规范性文件,积极灵活地适用水事法律规范,实现依法行政的目的。

三、水行政行为的内容

水行政行为的内容是指某一水行政行为对水行政相对人水事权利、义务内容所产生的影响,换句话说,对相对人的权利、义务作出的某种处理、决定。水事法律规范通过赋予水行政主体作出不同内容水行政行为的权力来实现国家对水资源的有效管理。水行政行为的主要内容有以下几项。

(一)赋予权益或科以义务

即水行政主体赋予水行政相对人一定的权益或科以一定的义务,事实上是为相对人设定了新的法律地位,使水行政主体与相对人之间以及相对人与他人之间形成了一种新的法律关系。

赋予权益具体表现为赋予水行政相对人一种水事法律上的权利、利益。科以义务是指水行政主体通过一定的水行政行为要求水行政相对人为一定的行为或不为一定的行为。如取水许可、采砂许可、征收水资源费等。

(二)剥夺权益或免除义务

剥夺权益或免除义务是指人为终止某种法律关系。剥夺权益是通过水行政主体作出的水行政行为使水行政相对人原来享有的水事法律上权利和利益的丧失、不复存在,如吊销水行政相对人的取水许可证或河道采砂许可证,就是剥夺了相对人继续合法取水或采砂的权利。免除义务则是通过水行政主体作出的水行政行为而使水行政相对人原来承担的水事法律上义务的解除,不再要求其履行义务,如免除相对人应当缴纳的全部或部分水资源费。

(三)变更法律地位

变更法律地位是指水行政主体通过水行政行为,使双方原来存在的法律地位不复存在或为新的法律地位所取代。赋予权益或科以义务和剥夺权益或免除义务,一般都会引起双方法律地位的变化。

(四)确认法律事实与法律地位

确认法律事实是指水行政主体对影响某一水事法律关系的事实是否存在而依法加以

确认的行为。如在某河段发生一起用水纠纷，水行政主体即对该纠纷存在的事实予以确认，以便明确双方承担的法律责任。

确认法律地位是指水行政主体对影响某一水事法律关系的事实是否存在及其内容而依法加以确认的行为。如对申请人河道内建设项目的批准，就是确认了在河道内建设项目管理法律关系中申请人处于被管理者的地位，即相对人，其内容就是对河道内建设项目实施管理。

四、水行政行为的分类

根据不同的分类标准，可以将水行政行为分为以下 4 种行为。

（一）内部水行政行为和外部水行政行为

根据水行政行为适用的对象、作用的范围并以此为标准，可以将水行政行为分为内部水行政行为和外部水行政行为。

内部水行政行为是指水行政主体在其内部组织管理过程中所作出的，仅对其内部职能部门、工作人员或上下级之间产生法律效力的水行政行为。如水行政主体对其工作人员的行政处分、上级水行政主体对下级水行政主体所下达的行政命令等。

外部水行政行为是指水行政主体在实施水管理过程中针对公民、法人或其他组织等社会上不特定对象所作出的水事管理行为。如实施取水许可、河道内建设项目许可、水行政处罚等。

（二）抽象水行政行为和具体水行政行为

根据水行政行为是否针对特定的对象并以此为标准，可以将其分为抽象水行政行为和具体水行政行为。

抽象水行政行为是指水行政主体以不特定的人或事作为管理对象，制定具有普遍约束力的规范性文件的行为。如水利部制定并发布《水行政处罚实施办法》就是属于抽象水行政行为。抽象水行政行为的核心在于水行政主体行为对象的不特定性，或者说对象的普遍性。换句话说，行为对象具有抽象性、不确定性，而且能够反复使用。

抽象水行政行为包括：制定、发布水事管理法规、规章和规范性文件的行为；解释水事管理法规和规章的行为；发布水利行业管理标准的行为。

具体水行政行为是指水行政主体在水事管理活动中，以特定的人或事作为管理对象而采取的某种具体的行为，其法律后果直接及于该特定的人或事。具体水行政行为最大的特征在于其行为对象的特定化，即是针对特定的公民、法人或其他组织而实施的水事管理内容。如在取水许可管理活动中，水行政主体是针对申请人的取水活动而实施的管理行为，不是别的人和其他的活动。在水事管理活动中，水行政主体的具体水行政行为居多。

具体水行政行为包括：水行政许可、水行政确认、水行政指导、水行政处罚、水行政征收、水行政合同等。

（三）作为的水行政行为和不作为的水行政行为

以水行政主体的水行政行为是否以作为方式表现出来为划分标准，可以将其划分为作为的水行政行为和不作为的水行政行为。

作为的水行政行为是指水行政主体以积极作为的方式表现出来的水管理行为。如水行政处罚行为、强制行为等。

不作为的水行政行为是指水行政主体以消极不作为的方式表现出来的水管理行为。如在实施取水许可制度中,规定水行政主体收到申请人的取水许可申请应当在60日内作出是否许可的决定,否则视为许可。

(四)水行政立法行为、水行政执法行为和水行政司法行为

以水行政主体行使水管理职权、实施水行政行为所形成的法律关系为标准,可以将水行政行为划分为水行政立法行为、水行政执法行为和水行政司法行为。

水行政立法行为是指水行政主体按照法定职权和程序制定带有普遍约束力的水事管理规范性文件的行为。它所形成的法律关系是以水行政主体为一方,以不确定的水行政相对人为另一方。

水行政执法行为是指水行政主体依法实施的直接涉及相对人权利义务的行为。它所形成的法律关系是以水行政主体为一方,以被采取措施的相对人为另一方。

水行政司法行为是指水行政主体作为争议双方之外的第三人,按照司法程序对特定的水事纠纷进行审理并加以裁决的行为。它所形成的法律关系是以水行政主体为一方,以发生水事争议的双方当事人各为一方的三方法律关系。

五、水行政行为的合法要件

(一)水行政行为主体合法

(1)行为主体应具备行政主体资格。如果实施水行政行为的组织不是依法成立,或虽然依法成立但不具备水行政主体资格,那么其所为的水事管理行为无效。《水法》规定,地方县级以上人民政府水行政主管部门和流域管理机构是水行政主体,而其他水利工程管理单位和乡(镇)水利管理站如无法律法规授权就不能以自己名义直接实施水行政行为。

(2)实施水行政行为的人员有公职人员身份(包括通过授权或委托取得实施水行政执法行为的资格的人员),即必须具有合法的公职人员身份。同时,在水行政执法行为中担任公职。

(二)水行政行为权限合法

水行政行为必须是在水行政主体法定权限内所作出的行为。水行政主体必须在自己的事物管辖权、地域管辖权和级别管辖权的范围内作出水行政行为,被委托或授权的组织必须在委托或授权的范围内作出水行政行为。水行政主体在水行政行为实施时受地域、时间、管理方式和适用条件方面的限制。

(三)水行政行为内容合法

水行政主体作出的水行政执法行为必须有事实依据,内容明确、具体,且符合客观实际。水行政主体应当考虑水行政相对人的承受能力,考虑客观实际情况,不能主观臆断,不能强人所难。要求水行政相对人从事力所不能及的活动的水行政行为,违反了水行政合理性原则,不具有约束力和执行力。同时,水行政执法行为应当符合法律规定,不违背国家、社会公共利益,必须在规定的幅度、范围内作出。水行政主体在行使水行政处罚时,要做到罚与事相当，处罚应与违法行为的情节、后果适度。水行政执法行为必须公正、合理，正确使用合理裁量权。

（四）水行政行为程序合法

任何水行政行为都要按照法律规定的步骤作出，不允许有违反规定而任意作出的水行政执法行为。水利部颁布的《水行政处罚实施办法》规定了水行政处罚的简易程序和一般程序。对一般程序规定了立案、调查取证、告知和听证、执行、结案步骤。

以上是任何水行政行为成为合法行为的全部要件，这些要件必须同时存在，才能生效。

六、水行政行为的生效

水行政行为的生效是指在时间上的生效，有以下几种情况。

（一）即时生效

水行政行为一经作出即具有法律效力，对水行政相对人和水行政主体都有约束力。一般在抽象水行政行为未明确规定生效时间时，视为自公布之时起生效。具体水行政行为则通常在告知后立即生效。

（二）受领生效

水行政主体所作出的行为必须为相对人受领才开始生效。受领，是水行政相对人对水行政行为的接受、知悉和领会。

（三）附条件生效

水行政行为的生效附有一定的时间期限或一定的条件，只有在所附期限届满或条件成熟时，水行政行为才开始生效。

水行政行为可因行为被宣告无效、撤销、废止等而丧失法律效力。水行政行为自生效之时起至失效之时止，具有持续的法律效力。

第十章 水政监察

第一节 水政监察与水利执法

一、水政监察的概述

水政监察是指各级水行政主管部门或法律、法规授权的其他组织,依照水法规对公民、法人或其他组织遵守、执行水法规情况进行监督检查,对违反水法规的行为依法实施行政处罚及其他行政措施等行政执法活动,又称水利执法。

水政监察的目的是为了贯彻执行国家水事法律、法规、规章和规范性文件,调整在开发、利用、保护、管理水资源和防治水害过程中所发生的各种社会经济关系,维护正常的水事秩序,保护水、水域和水工程,为发展社会主义经济建设和提高人民物质文化生活服务。

水政监察的基本内容是对水事活动进行监督检查和对违法行为的处理,即监督检查水法规的贯彻执行情况,及时发现和查处水事违法行为,维护正常的水事秩序。水政监察的范围涉及河湖水域、水资源、水土保持、水利工程设施管理等水利工作的各个方面。

水政监察的意义有以下几点:

(1)贯彻执行水法规的需要;

(2)保护水资源、水域、水工程等的需要;

(3)维护水事秩序的需要;

(4)保障水行政机关履行职能的需要;

(5)加强水行政管理的需要。

二、水政监察的特征

水政监察与其他行政执法相比,有下列特征:

(1)水政监察的主体是县级以上人民政府水行政主管部门和法律、法规授权的其他组织;

(2)水政监察具有专业性,它主要围绕调整社会水事关系而实施水行政管理方面的行政执法;

(3)水政监察具有广泛性和复杂性,执法对象包括社会上一切从事水事活动的公民、法人和其他组织;

(4)水政监察具有相关联性,在执法内容和活动范围上,与环保、林业、土地、城建等行政执法联系密切;

(5)水政监察属于具体行政行为。水政监察的内容是水行政机关依法作出的影响或直接涉及公民、法人和其他组织的权利义务。

三、水政监察实施的主要形式

水政监察实施的主要形式有：

(1)水行政监督检查；

(2)水行政许可；

(3)水行政处罚；

(4)水行政强制执行；

(5)征收水行政规费。

四、水政监察的执法依据

按水政监察的概念，水政监察执法的依据是我国现行有效的所有水法的渊源，即水法规体系。水政监察是行政执法的一个组成部分。因此，行政执法的基本原则和实施程序等其他方面的法理，均适用于水行政执法。

五、水行政处理决定

水政监察执法的主要表现形式是作出水行政处理决定。

水行政处理决定是水行政主体依法针对特定对象所作的具体的，单方面的，能直接产生、改变或消灭水事关系的决定。每一种具体水行政行为，最终都是以水行政处理决定的形式表现出来，并发挥法律效力。

作出水行政处理决定使水行政主体与个人、组织形成法律关系，从而影响个人、组织的权利义务。水行政处理决定是一个通称，它可以是权利性的水行政处理决定，也可以是一个义务性的水行政处理决定。涉及公民、法人和其他组织的权利义务的水行政处理决定，都必须严格依据法律、法规或规章的规定，经过法定程序，并以书面形式作出，一经作出就具有法律效力。

水行政处理决定的表现形式很多，有命令、批准、拒绝、许可、赋予权利、剥夺权利、委托职权、处罚、强制等。

六、水政监察执法的手段

水政监察执法的手段，主要有水行政监督监察、行政处罚、移送公安司法机关、行政强制措施和行政强制执行五种。

七、水政监察执法的分类

水政监察执法，就其内部执法职责分工，可分为水土保持、水资源、河道、水工程及防汛、水文行政执法等五大类。

第二节　水政机构与水政监察队伍

一、概述

水政监察执法的主体是县级以上水行政主管部门和法律、法规授权的其他组织。水政监察执法组织体系，是水行政主管部门内专司水行政执法的专业执法组织——水政机构和水政监察队伍。水利公安是专司水利治安的执法队伍，是水利执法的一支重要力量。水利部在1990年8月公布的《水政监察组织暨工作章程(试行)》中规定，“各级水政机构是水行政执法的综合职能部门”，是水行政主管部门的法制工作机构，综合协调、归口管理水行政法制建设方面的工作。为贯彻水事法律法规，加强水行政执法队伍建设和管理，强化水行政执法，水利部于2002年5月15日发布并实施了《水政监察工作章程》，对水政监察队伍及人员的职责、条件、组织、职权、制度等进行明确规范，为水政监察工作提供了组织方面与有关方面的联系、协商和协调。

在水行政执法方面，代表水行政主管部门查处水事违法案件，实施行政处罚，监督检查各部门各单位和公民的水法规遵守情况，负责与司法、公安部门在执法中的联系，对水政监察组织的执法行为进行督导。

在水行政司法方面，归口管理水事违法案件的行政复议，协同调处水事纠纷，参与水行政诉讼。

在水行政保障方面，综合管理水法规的宣传普及，对下级水政机构工作人员、水政监察员进行培训，进行水行政政策研究等。

水政机构的职责，在不同层级有不同的侧重，但各级水政机构都有“水利法制工作”这一共同属性。需要说明的有以下几点：

(1)水政机构是水行政管理的法制机构，它在接受同级水行政主管部门领导的同时，还要接受同级政府法制机构的业务指导。

(2)水政机构是综合协调、归口管理水行政法制建设的职能机构，但并不包揽所有的水行政管理工作，也不包括其他职能机构的法制工作。如需要制定《××省海塘管理条例》时，先由水利管理机构负责起草，然后再由水政机构负责综合协调，征求各方意见，修改后上报政府法制机构。

由于水政机构是水行政主管部门内设的办事机构，所以其作出的水行政法律行为(如行政处罚、行政处理、行政强制措施、行政复议决定、水事纠纷的调处等)必须以水行政主管部门的名义行使，法律文书一律要加盖水行政主管部门的公章，而不能盖水政科(股、站、办)之类的公章。

二、水政机构与水政监察队伍的关系

水政机构是水行政主管部门内设的行政处(科)室，其履行的职责由各级人民政府批准的“三定”方案赋予，它无须主管部门的委托，即可代表水行政主管部门行使行政职权；而水政监察队伍行使的职权来自于水行政主管部门的委托，有很大的限制性。从两者的职能对比看,水政监察队伍的职能全为水政机构的职能所包含,但水政机构的某些职能,水政监察队伍并不具备。因此,水政监察队伍是水政机构的外延和补充,它可弥补水行政主管部门行政编制少、水政机构力量不足的问题。

三、水政机构与水利部门内其他有关机构的关系

水政机构与水土保持、工程管理、河道管理等水利部门内其他有关机构的关系应该是相互配合、相互协作的关系。水政机构作为水行政主管部门内设的法制综合职能机构,负责归口管理水利法制工作,协调涉及各个机构的行政执法活动,对他们作出的行政管理决定或规定,从法律、法规角度进行审查;同时,由于水行政执法活动有时涉及有关机构的专业,各有关机构可发挥其熟悉专业的优势,对有关的水行政执法活动,从专业角度予以协助、配合、支持。

四、水政监察队伍

(一)水政监察队伍的内部分工

水政监察队伍的自身建设是规范水行政执法、强化执法力度的组织保障。按照水利部提出的水政监察队伍"三位一体"的构想(即将审批、收费、监督集于一体),在实际工作中取得了较好成效:一是强化了执法力度;二是将执法贯穿于工程建设始终,便于对水事活动监督检查,及时处理违法案件;三是提高了行政效率;四是促进了规费的收缴,为队伍自身的建设提供了必要的物质保证。但是,这一模式违背了权利制衡的原理,缺乏相互间的监督,易造成缺失公正、滥用职权等弊病。为了解决这一问题,主要通过健全水政监察队伍内部分工加以克服或避免。如在水政监察队伍内部设立若干小组,每个小组之间的职权相互制衡。即任何一项行政行为都要经过两个小组以上的人员相互审核,再报水政机构审查,由水行政主管部门的领导签发。分组的个数视情况而定,一般在3~5个。可设受理组、审查组、稽征组、监督组、执行组等,使之相互配合、相互监督。

受理组负责受理水行政管理事务(包括取水许可、河道采砂许可、涉河建设项目审批等许可审批事项)、接待来信来访、水事违法案件立案呈批等工作,并按照首问制的要求,负责登记建档及各个环节的督查,以保证良好运作方式。审查组负责对各类行政管理事务和水事违法案件的调查,提出初审处理意见或建议。审查组任务最重,决定着水行政管理的实质性问题,因此要求人员要多、素质要高(最好是复合型人才)。在审查重大、疑难、复杂的问题时,应当开展集体讨论或请其他相关机构提供业务帮助。稽征组主要根据有关法律法规的规定,负责征收各项行政性规费。监督组主要负责对各类行政管理事务、水事违法案件从受理到审结整个过程进行再审(包括程序和实体两个方面),并按规定程序,提出审查及处理意见,告知申请单位。执行组主要负责水事违法案件的执行工作,以及对水行政许可、审批事项的实施进行监督。当水行政相对人未按审批许可要求实施,应及时提出整改意见,或依法责令停止违法行为。当水行政相对人在法定期限内既未申请复议或提起诉讼,又不履行处罚决定时,应申请人民法院强制执行,并协助法院做好执行工作,以该组为主开展日常巡查活动,维护正常水事秩序。除了上面这些组外,还可设置后勤组,负责后勤保障。

(二)水政监察队伍的性质

水政监察是我国行政执法体系的组成部分。1994 年以前,水政监察主要是以水政监察员个人作为水行政主管部门行使执法权的代表的身份来进行的,水政监察队伍只是水政监察员的集合,而非实体组织。随着水利在国民经济中基础地位的确立、水利改革的深化以及社会主义市场经济体制的不断完善,建立一支专职的水政监察队伍势在必行。1995 年 12 月,水利部在总结江苏省建立专职监察队伍经验的基础上,决定在全国水利系统开展加强水政监察规范化建设,组建一支集监督检查、许可审批、依法收费于一体,关系协调、组织严密、纪律严明、运行有力的专职执法队伍,并达到执法队伍专职化、执法管理目标化、执法行为合法化、执法文书标准化、考核培训制度化、执法统计规范化、执法装备系列化、检查监督经常化的"八化"目标,还统一名称,省、地、县三级分别定为水政监察总队、水政监察支队、水政监察大队。截至 2001 年,全国 7 个流域机构、19 个省(自治区、直辖市)、300 多个地(市)和 2 000 多个县(市)分别建立了专职水政监察队伍,在编专职、兼职水政(含水保)监察人员达 6 万多名,加大了水行政执法力度,水政监察规范化建设的任务基本完成。

(三)水政监察队伍的职责

《水政监察工作章程》对水政监察队伍的主要职责规定如下:

(1)宣传贯彻《水法》、《水土保持法》、《防洪法》等水法规。

(2)保护水资源、水域、水工程、水土保持生态环境、防汛抗旱和水文监测等有关设施。

(3)对水事活动进行监督检查,维护正常的水事秩序。对公民、法人或其他组织违反水法规的行为实施行政处罚或者采取其他行政措施。

(4)配合和协助公安和司法部门查处水事治安和刑事案件。

(5)对下级水政监察队伍进行指导和监督。

(6)受水行政执法机关委托,办理行政许可证和征收行政事业性规费等有关事宜。

五、水政监察人员

(一)水政监察人员应具备的条件

水政监察人员是实施水政监察的执法人员。按《水政监察工作章程》要求,水政监察人员上岗前应按规定经过资格培训,并考核合格;水政监察人员由同级水行政执法机关任免,实行任期制(任期 3 年),如任期届满,经考核合格可连任。水政监察人员应具备的具体条件是:

(1)通过水法律、法规、规章和相关的法律知识的考核。

(2)有一定的水利专业知识。

(3)遵纪守法、忠于职守、秉公执法、清正廉洁。

(4)具有高中以上文化水平,其中水政监察队伍负责人必须具有大专以上文化水平。

(二)水政监察人员的职权

水政监察人员在执行公务时,可依法行使下列职权:

(1)进行现场检查、勘测和取证等。

(2)要求被调查的公民、法人或其他组织提供有关情况和材料。

(3)询问当事人和有关证人,做出笔录、录音或录像等。

(4)责令有违反水法规行为的单位或个人停止违反水法规的行为。必要时,可采取防止造成损害的紧急处理措施。

(5)对违反水法规的行为依法实施行政处罚或者采取其他行政措施。

(三)水政监察人员职业道德的基本规范

水政监察人员职业道德的基本规范如下:

(1)忠于职守,热爱本职工作。具体为:①坚守岗位、勤奋工作;②敢于负责、勇挑重担;③努力学习、钻研业务。

(2)文明执法。具体为:①尊重群众、谦虚谨慎;②认真履行办事程序和审批权限;③统一着装、仪表整洁、举止端庄、礼貌待人。

(3)实事求是。具体的要求为:①注重调查研究、尊重客观事实;②敢于坚持真理、修正错误;③正确行使权力、不徇私情。

第三节　水行政监督检查

一、水行政监督检查的概念及特征

水行政监督检查是指水行政主体依法对水行政相对人遵守水事法律、法规、规章和执行水事管理决定、命令等情况所进行的检查、了解、监督的一种具体水行政行为,具体有以下特征:

(1)水行政监督检查的主体是水行政主管部门和水事法律、法规授权的其他组织。

(2)水行政监督检查的对象是作为水行政相对人的公民、法人和其他组织。

(3)水行政监督检查的内容是对水行政相对人遵守水事法律、法规、规章和执行水事管理决定、命令等的具体情况。

(4)水行政监督检查的性质是一种依职权而为的、单方的具体水行政行为,是一种独立的法律行为。其目的是为了防止和及时纠正水行政相对人的水事违法行为,以确保水事法律、规范和水事管理决定、命令等得到贯彻落实。

(5)水行政监督检查是水行政主体的单方强制行为,无须事先征得水行政相对人的同意。在监督检查时,相对人有服从、协助、如实提供有关资料的义务,否则须承担相应法律责任。

(6)水行政监督检查必须有直接的法律依据,否则相对人有权拒绝检查。

(7)水行政监督检查并不直接影响水行政相对人的实体权利和义务。

二、水行政监督检查分类

水行政监督检查根据不同的分类标准可进行如下分类:

(1)以水行政监督检查的对象是否特定为标准,水行政监督检查可分为普通水行政监督检查和特定水行政监督检查。普通水行政监督检查是针对不特定的相对人实施监督检查,具有巡查、普查的性质,如水政监察队伍对水事活动的监督检查。特定水行政监督检查是对特定的相对人进行的监督检查,如水行政主体要求某取水企业报送取水资料。

(2)以实施水行政监督检查的时期为标准,水行政监督检查可分为事前监督检查、事中监督检查和事后监督检查。事前水行政监督检查是指对相对人从事某一种行为之前所作的监督检查,如取水许可证的发放。事中监督检查是指对相对人正在实施的行为进行的监督检查,如取水许可履行情况的检查。事后监督检查是对相对人已实施完的行为所进行的检查,如汛期对阻水建筑物的紧急处置的检查。

(3)以水行政监督检查的内容为标准,水行政监督检查可分为水资源监督检查、水工程监督检查、水土保持监督检查、防汛抗洪监督检查、河道管理监督检查等。

(4)以水行政监督检查机构的任务为标准,水行政监督检查可划分为专门监督检查和业务监督检查。专门监督检查是指由专门从事监督检查的水行政监督检查队伍的监督检查。业务监督检查是指担负管理与监督检查双重任务的水行政机关所进行的监督检查。

三、水行政监督检查的方法

水行政监督检查的方法是指水行政主体为了达到水行政监督检查的目的而采取的具体措施和手段,常用的监督检查方法有以下几种。

(一)检查

检查是最常用的水行政监督检查方法。检查的形式多种多样,大致可分为:专题检查,指对某一个专门领域进行的水行政监督检查;综合检查,指水行政主体对相对人水事活动中各个方面守法情况的检查;抽样检查,指水行政主体对部分相对人进行的检查,从而了解掌握整体情况。

(二)听取汇报

听取汇报是一种现场调查方法。水行政主体通过对相对人自己的说明来了解相对人守法的情况。

(三)调阅审查

调阅审查是一种常见的书面监督检查方式,是指水行政主体在水事管理活动中,为了了解水行政相对人的有关情况,或者已经发现水行政相对人存在着某种水事违法行为或活动时,为查明、证实相关的事实情况,而对水行政相对人的有关证件、文件、记录和资料等进行审查。

(四)登记与审核

登记是指水行政相对人应水行政主体的要求就其某一项具体的水事活动向水行政主体申报说明,并由水行政主体记录在册的行为,如取水登记、排污登记等。登记实质上是一种书面调查方式。审核是指对登记在册的水事行为、活动进行的一种监督检查方式,如对取水申请人取水资料的审核、水利工程项目建设资料的审核等。

(五)统计

统计是指水行政主体以数据统计方式了解水事管理内容的实施情况。通过对统计资料的汇总、分析,掌握情况,发现问题,以便及时采取相应补救措施。

（六）实地调查

实地调查也叫现场调查，是指水行政主体对水行政相对人所实施的某一具体水事行为、活动的场所进行实地查看，以确定相应行为人的责任，如水政监察人员对水事违法行为人破坏水利工程设施的情况进行实地查看。

四、水行政监督检查的内容

水行政监督检查的内容广泛，凡涉及水法规明确规定的事项，都可纳入水行政监督检查的范围，主要有以下内容。

（一）水资源管理方面

重点检查取水许可制度的落实情况，包括取水量、退水水质、计量设施；检查取水单位水资源费的缴纳情况；检查节约用水情况；检查排污情况等。

（二）河道管理方面

重点检查涉河建设项目是否办理审批手续；是否按照审批意见采取补救措施；是否在规定的界线和位置上实施，是否缴纳占用水源水域补偿费；检查河道采砂是否办理许可手续，是否按照规定的作业方式和作业范围采砂，是否按规定存放废弃石渣；检查河道设障等。

（三）水土保持方面

重点检查开发性建设项目水土保持方案的编报和“三同时”（同时设计、同时施工、同时投产使用）实施情况；检查25度以上陡坡地有无开垦种植；检查开垦禁垦坡度以下、5度以上荒坡地，是否经县级以上人民政府水行政主管部门批准；检查水土保持设施补偿费和水土流失防治费的缴纳及使用情况；检查有无毁林开荒、烧山开荒等情况。

（四）防汛方面

重点检查防洪规划保留区内非防洪工程建设情况；检查兴建防洪工程和其他水工程、水电站是否符合防洪规划；检查防洪工程设施保护范围内有无危害防洪工程安全的行为等。

（五）水工程管理方面

重点检查水工程管理范围和保护范围内有无危害水工程安全的活动，如炸鱼、爆破；检查水工程遭破坏情况等。

五、水行政监督检查中双方当事人的权利义务

（一）水行政主体的权利

水行政主体的权利在水行政监督检查的过程中表现为水行政监督检查权，这种权利是水行政职权在水行政监督检查中的体现。水行政监督检查权可分为一般水行政监督检查权和强制水行政监督检查权。一般水行政监督检查权，如听取相对人的汇报、审查相对人的报告等。强制水行政监督检查权是指水行政相对人拒绝向水行政监督检查主体提供需要了解的资料、情况时，水行政监督检查主体有强行了解的权利。

（二）水行政主体的义务

水行政主体的义务是指水行政监督检查主体进行检查时必须遵守的条件和程序，包

括三个方面：一是符合权限，包括职权范围和管辖范围等；二是符合程序，即水行政主体须依照法定程序进行水行政监督检查；三是合适地行使水行政监督检查权，不得滥用检查权利。

（三）水行政相对人的权利

水行政相对人在水行政监督检查中所享有的权利，有以下几方面：一是要求合法检查的权利；二是要求正当检查的权利；三是申请复议或提起诉讼的权利，水行政相对人认为水行政监督检查主体侵犯了其人身权或财产权的，有权申请复议或者提起水行政诉讼；四是批评建议权。

（四）水行政相对人的义务

水行政相对人在水行政监督检查中有下列义务：一是接受并服从水行政监督检查的义务；二是协助的义务。

第十一章　水行政许可

第一节　水行政许可概述

一、水行政许可的概念及种类

（一）水行政许可的概念

水行政许可是水行政主体根据公民、法人或其他组织的申请，经过审查和核准，授予其相应水事活动权利或资格的水行政行为。水行政许可具有以下几个特征：第一，水行政许可作为行政许可的一种，必须遵守行政许可法的规定，在具体实施水行政许可行为的过程中要贯彻行政许可法的原则。第二，水行政许可是根据公民、法人、自然人（行政相对人）的申请作出的具体行政行为，没有水行政许可申请，水行政许可机关不会主动实施该行政行为。另外，接到行政相对人的申请后，水行政许可机关必须严格依据《水法》等法律、法规的相关规定，对申请人的资质、条件进行认真调查核实，对达到法律要求的申请进行审批，并颁发相应的资质证书、许可证书或其他相应的证明材料。第三，在某些特定水事活动中，根据法律的规定，取得水行政许可是公民、法人或其他组织从事这些特定水事活动所必须具备的条件。否则，在没有取得相应的水行政许可的条件下从事上述水事活动则属于非法行为，会受到相应的法律制裁。

（二）水行政许可的种类

从理论上讲，水行政许可可以划分为水事行为许可与水事活动资格许可，前者是指水行政机关通过行政许可使申请人可以从事某类水事行为；后者是指水行政机关通过行政许可使申请人获得从事某种水事行为的资格。根据我国现有的法律、法规，水事行为许可主要有以下几种许可项目。

（1）取水许可。这是根据我国《取水许可和水资源费征收管理条例》实施的一种许可，属于水资源管理的范畴。取水许可是指公民、法人或其他组织，利用取水工程或者设施直接从江河、湖泊或者地下取用水资源，需要到法律授权取水许可授予单位提出申请，经审核、批准和取水项目验收合格后向申请人颁发的许可证明。取水许可是水法中涉及的重要的一种行政许可，在本章第二节中将详细介绍。

（2）河道采砂许可。这是根据《河道管理条例》、《河道采砂收费管理办法》等法规的规定实施的一种许可，属于河道管理的范畴。河道范围内的砂石与河床是一个不可分割的整体，不同的开采区域、开采数量、开采时间与作业方式，可能会影响到河道畅通、河堤安全等一系列问题。所以，河道采砂许可证是水行政管理部门为河道安全、规范采砂秩序对符合采砂条件的单位或个人颁发的在特定的区域内、采用规定的设施与作业方式进行采砂的许可证明。以《长江河道采砂管理条例》为例，从事长江采砂活动的单位和个人，获得采砂许可证需要具备以下条件:①符合长江采砂规划确定的可采区和可采期的要求。②符合年度采砂控制总量要求。③符合规定的作业方式。④符合采砂船只数量的控制要求。⑤采砂船舶、船员证书齐全。⑥有符合要求的采砂设备和采砂技术人员。

(3)河道内建设项目许可。根据我国《水法》等法律规定,河道内建设项目许可是指公民、法人或自然人在河道管理范围内新建、扩建、改建的建设项目在其按照基本建设项目履行审批手续之前,向具有河道管理权限的水行政管理部门提出申请,由水行政管理部门向其颁发的许可。一般而言,河道内建设项目审批申请材料主要包括:①申请书;②建设项目所依据的文件;③建设项目涉及河道与防洪部分的初步方案;④占用河道管理范围内的土地情况及该建设项目防御洪涝的设防标准与措施;⑤建设项目对河势变化、河道行洪、堤防安全、河水水质的影响和水位变化情况以及拟采取的补救措施;⑥防洪工程和其他水工程、水电站的规划同意书。对于重要的建设项目,建设单位还应编制详尽的防洪评价报告等。

(4)堤防林木采伐许可。根据我国《防洪法》的规定,护堤护岸的林木,由河道、湖泊管理机构组织营造和管理。护堤护岸林木,不得任意砍伐。采伐护堤护岸林木的,须经河道、湖泊管理机构同意后,依法办理采伐许可手续,并完成规定的更新补种任务。所以堤防林木采伐需要向专门的河道、湖泊管理机构申请办理堤防林木采伐许可证。申请书内容主要包括采伐对象、采伐时间、采伐范围等。在我国,河道管理单位组织营造和管理的护堤、护岸、护库等水利工程的防护林木的年更新采伐限额,由省人民政府单列下达省河道主管机关。其林木采伐许可证由省河道主管机关负责发放。河道管理单位对护堤、护岸林木进行抚育更新性质的采伐以及用于防汛抢险的采伐,按照国家有关规定免交育林基金。

属于水事活动资格许可的主要有以下两类:

(1)水利工程建设监理工程师资格许可。根据水利部《水利工程建设监理规定》,水利工程建设监理是指具有相应资质的水利工程建设监理单位,受项目法人(建设单位)委托,按照监理合同对水利工程建设项目实施中的质量、进度、资金、安全生产、环境保护等进行的管理活动,包括水利工程施工监理、水土保持工程施工监理、机电及金属结构设备制造监理、水利工程建设环境保护监理。监理单位应当聘用具有相应资格的监理人员从事水利工程建设监理业务。监理人员包括总监理工程师、监理工程师和监理员。监理人员资格应当按照行业自律管理的规定取得。相关部门组织考试并对合格者认定具有水利工程建设监理工程师资格,许可其按照法律的规定从事水利工程建设监理活动。监理工程师应当由其聘用监理单位(注册监理单位)报水利部注册备案,并在其注册监理单位从事监理业务;需要临时到其他监理单位从事监理业务的,应当由该监理单位与注册监理单位签订协议,明确监理责任等有关事宜。

(2)水文、水资源调查评价资格许可。根据水利部《水文、水资源调查评价资格认证管理暂行办法》,凡从事水文、水资源调查评价的单位,必须经过资格认证,取得《水文、水资源调查评价证书》。《水文、水资源调查评价证书》的发证条件是:有按国家规定的权限,经主管部门批准成立水文、水资源调查评价工作机构的文件;有专门从事水文、水资源调查评价工作的固定职工组成的实体;有固定工作场所和一定的仪器设备;具备独立承担和完成水文、水资源调查评价工作的能力，有足够分析计算所需要的水文资料和法人资格。甲级证书由水利部审批和颁发；乙、丙级证书由水利部所属流域机构或省、自治区、直辖市水利（水电）厅（局）审批和颁发，同时需报水利部备案。对各等级证书一般3年进行一次统一复查，由证书审批颁证部门具体组织施行。凡因情况变化达不到证书等级规定或违章的，要降低等级或撤销其资格。凡水平提高、要求提升证书等级的单位，可按本办法审批权限规定重新申请报批。

二、水行政许可的原则

（一）公开、公平、公正

水行政许可实施机关应当公布水行政许可的权限、范围、条件、程序和期限等规定；应当公开水行政许可的实施过程和水行政许可决定的内容。但是，涉及国家秘密、商业秘密或者个人隐私的除外。

水行政许可实施机关应当建立核查、回避、听证、科学决策等制度，保障实施水行政许可的公平和公正。符合法定条件、标准的，申请人有依法取得水行政许可的平等权利，水行政许可实施机关不得歧视。

（二）便民、高效、保障申请者的各项权利

水行政许可实施机关应当精简办事环节，推行便民措施，提高办事效率，提供优质服务。另外，实施水行政许可，应当为公民、法人或者其他组织依法行使陈述权、申辩权、损害赔偿权、申请行政复议权提供便利条件。公民、法人或者其他组织有权就水行政许可的实施情况向有关水行政许可实施机关或者其他机关提出意见、建议、投诉、批评、检举或者控告；水行政许可实施机关应当认真进行审查，发现水行政许可有错的，应当主动改正。

三、水行政许可的规定

在法律、行政法规和国务院决定设定的水行政许可事项范围内，国务院水行政主管部门可以制定规章，对实施该水行政许可的程序、条件、期限、须提交的材料目录等作出具体规定。

水行政许可实施机关可以根据法律、行政法规、国务院决定和有关规章，以规范性文件的形式对水行政许可执行中的具体问题予以明确。规章和规范性文件对实施上位法规定的行政许可作出的具体规定，不得增设水行政许可和增设违反上位法的其他条件。

起草法律草案、法规草案和省、自治区、直辖市人民政府规章草案，拟设定水行政许可的，承担起草任务的水行政主管部门应当采取听证会、论证会等形式听取意见，全面评价设定该水行政许可的必要性、可行性、对经济和社会可能产生的影响，并向制定机关说明评价意见以及听取和采纳意见的情况。

第二节　取水许可的条件与程序

根据行政许可法的规定，行政机关进行行政许可必须在法定的范围之内，行使行政许可权。一些需要通过行政许可才能进行的经营与活动必须严格按照行政法规的规定达到

行政许可的相关要求，获得行政许可。在取水许可方面，主要的法规是国务院制定的、于2006年4月15日实施的《取水许可和水资源费征收管理条例》，申请许可的自然人、法人和其他组织与行政机关在取水许可的申请与审批时必须严格按照该条例的要求执行。

《取水许可和水资源费征收管理条例》（本节中以下简称《条例》）根据水资源保护，节约与合理开发利用的原则，并结合《水法》的相关规定，详细规定了取水许可的范围与例外、取水许可的申请与审批程序和取得取水许可后的各项管理等内容。这些制度的设计贯穿了生活用水优先、协调工农业发展与生态保护、坚持可持续发展与节约用水等原则。明确规定：发展与取水许可应当首先满足城乡居民生活用水，并兼顾农业、工业、生态与环境用水以及航运等需要。实施取水许可应当坚持地表水与地下水统筹考虑，开源与节流相结合、节流优先的原则，实行总量控制与定额管理相结合。

水资源是一种公共资源，除家庭生活等目的少量取水外，作为自然人、法人和其他组织需要直接从江河、湖泊或地下取水的都应当向人民政府申请取水许可证。取得取水许可证之后，按照规定的时间、地点、方式和限额取水，并接受水行政管理部门的管理监督。

一、取水许可的范围

取水许可的范围是指在生产生活中哪些取水行为需要获得许可后才能进行。《条例》规定："本条例所称取水，是指利用取水工程或者设施直接从江河、湖泊或者地下取用水资源。"所谓取水工程或者设施，是指闸、坝、渠道、人工河道、虹吸管、水泵、水井以及水电站等。之所以对利用取水工程或者设施的取水要求在获得取水许可的前提下进行，是因为该种取水的方法属于大量取水，对江河、湖泊或者地下水资源的水量与相关因素影响较大，且目的往往属于生产需要，所以水行政管理部门有必要对其取水行为进行审批与相关的监督与管理。但是基于水资源的归属、生产生活的特殊需要等具体原因，有一些情形不需要申请领取取水许可证，这些情形包括：第一，农村集体经济组织及其成员使用本集体经济组织的水塘、水库中的水的；第二，家庭生活和零星散养、圈养畜禽饮用等少量取水的；第三，为保障矿井等地下工程施工安全和生产安全必须进行临时应急取（排）水的；第四，为消除对公共安全或者公共利益的危害临时应急取水的；第五，为农业抗旱和维护生态与环境必须临时应急取水的。

二、取水许可的主管部门

取水许可的主管部门是指哪些机关有权接受取水申请，进行取水许可的审批与相关的管理。我国现行取水许可管理实行的是一般取水许可管理与重点流域取水许可管理相结合的水行政许可体制。即一般取水许可由当地县级以上水行政主管部门分级进行管理；特殊流域的取水许可由重点流域管理机构在国务院水行政主管部门授权下进行管理。根据《条例》的规定：第一，县级以上人民政府水行政主管部门按照分级管理权限，负责取水许可制度的组织实施和监督管理。第二，国务院水行政主管部门在国家确定的重要江河、湖泊设立的流域管理机构（以下简称流域管理机构），依照本条例规定和国务院水行政主管部门授权，负责所管辖范围内取水许可制度的组织实施和监督管理。只有有权受理取水许可的机关才能对申请人的申请书进行受理。

取水许可机关在审批取水申请之前,要核定本流域内水资源可利用量,统筹规划取水许可的总量,做到流域内批准取水的总耗水量不得超过本流域水资源可利用量。《条例》规定:行政区域内批准取水的总水量,不得超过流域管理机构或者上一级水行政主管部门下达的可供本行政区域取用的水量;其中,批准取用地下水的总水量,不得超过本行政区域地下水可开采量,并应当符合地下水开发利用规划的要求。制定地下水开发利用规划应当征求国土资源主管部门的意见。

三、取水的申请和受理

(一)申请

1.水行政许可的管辖

取水许可必须向有权作出许可审批的机关提交。《条例》规定:申请取水的单位或者个人(简称申请人),应当向具有审批权限的审批机关提出申请。申请利用多种水源,且各种水源的取水许可审批机关不同的,应当向其中最高一级审批机关提出申请。

取水许可权限属于流域管理机构的,应当向取水口所在地的省、自治区、直辖市人民政府水行政主管部门提出申请。省、自治区、直辖市人民政府水行政主管部门,应当自收到申请之日起20个工作日内提出意见,并连同全部申请材料转报流域管理机构。在现阶段,取水由流域管理机构作出审批的主要有:①长江、黄河、淮河、海河、滦河、珠江、松花江、辽河、金沙江、汉江的干流和太湖以及其他跨省、自治区、直辖市河流、湖泊的指定河段限额以上的取水;②国际跨界河流的指定河段和国际边界河流限额以上的取水;③省际边界河流、湖泊限额以上的取水;④跨省、自治区、直辖市行政区域的取水;⑤国务院或者国务院投资主管部门审批、核准的大型建设项目的取水;⑥流域管理机构直接管理的河道(河段)、湖泊内的取水。

2.取水许可需要提交的相关许可材料

许可材料主要包括:

(1)申请书。其中,申请书中应当说明申请人的名称(姓名)、地址,申请理由,取水的起始时间及期限,取水目的、取水量、年内各月的用水量,水源及取水地点,取水方式、计量方式和节水措施,退水地点和退水中所含主要污染物以及污水处理措施等相关内容。申请书是取水许可的审批机关进行审查的基本材料,其中取水量、年内各月的用水量涉及该地区水资源的存量和对取水量的承载能力,水资源保护的重要措施;退水地点和退水中所含主要污染物以及污水处理措施是保证申请人有能力在取水之后,合理、安全地进行排放,是进行水污染预防等环境保护的重要措施。另外,国家鼓励在用水过程中积极采取节水措施,减少水资源的浪费,使水资源得到有效的利用。

(2)与第三者利害关系的相关说明。

(3)属于备案项目的,提供有关备案材料。

(4)建设项目需要取水的,申请人还应当提交由具备建设项目水资源论证资质的单位编制的建设项目水资源论证报告书。论证报告书应当包括取水水源、用水合理性以及对生态与环境的影响等内容。

(5)国务院水行政主管部门规定的其他材料。

取水行为特别是对当地水容量有一定影响的大量取水,以及大量废水的排放往往涉及第三方的利益,这在取水申请中必须予以说明,以便在批准申请时能够协调解决。《条例》规定:取水涉及申请人与他人之间重大利害关系的,审批机关在作出是否批准取水申请的决定前,应当告知申请人、利害关系人。申请人、利害关系人要求听证的,审批机关应当组织听证。

取水许可审查批准之后,有关部门要进行监督管理,诸如取水目的、取水量、取水地点和取水方式、退水地点和退水中所含主要污染物以及污水处理措施等相关内容在取水过程中必须与申请中保持一致。取水许可申请人在取水许可申请时就应当提交相关材料进行备案,以利于水行政管理机关监督检查。建设项目取水往往用水量大,对周边的水资源及相关的生态环境会带来一定的影响,所以要求同时提交建设项目水资源论证报告书,符合要求才能予以批准。《条例》规定:取水申请经审批机关批准,申请人方可兴建取水工程或者设施。需由国家审批、核准的建设项目,未取得取水申请批准文件的,项目主管部门不得审批、核准该建设项目。

(二)受理

县级以上地方人民政府水行政主管部门或者流域管理机构,应当自收到取水申请之日起5个工作日内对申请材料进行审查。根据以下不同情形作出受理或不受理的决定:申请材料齐全、符合法定形式、属于本机关受理范围的,予以受理;提交的材料不完备或者申请书内容填注不明的,通知申请人补正;不属于本机关受理范围的,告知申请人向有受理权限的机关提出申请。

四、取水许可的审查和决定

取水许可的审查和决定是指取水许可的审批机关结合取水许可的申请条件与本地区/流域的实际情况,分析研究作出对取水许可批准或不批准的决定。

(一)取水许可的审查和决定的原则

取水许可的审查与决定是水行政许可机关的重要权力,也是主要义务,取水许可的审查决定要经过科学的考察与分析,统筹流域与行政区域取水许可总量与待批准取水许可的用水量;参照行业用水定额核定的用水量;统筹待批准的取水许可与资源环境的关系,作出合理的决定。

所以,《条例》规定:①批准的水量分配方案或者签订的协议是确定流域与行政区域取水许可总量控制的依据。这就是说,水行政管理机关要对可利用的水资源总量进行合理规划,使批准的取水许可总量不能超过待分配的水资源总量。②按照行业用水定额核定的用水量是取水量审批的主要依据。省、自治区、直辖市人民政府水行政主管部门和质量监督检验管理部门对本行政区域行业用水定额的制定负责指导并组织实施。③审批机关受理取水申请后,应当对取水申请材料进行全面审查,并综合考虑取水可能对水资源的节约保护和经济社会发展带来的影响,决定是否批准取水申请。

(二)审查后不能获得取水许可的情形

《条例》规定:取水许可申请有下列情形的,审批机关不予批准,并在作出不批准的决定时,书面告知申请人不批准的理由和依据:①在地下水禁采区取用地下水的;②在取水许可总量已经达到取水许可控制总量的地区增加取水量的;③可能对水功能区水域使用功能造成重大损害的;④取水、退水布局不合理的;⑤城市公共供水管网能够满足用水需要时,建设项目自备取水设施取用地下水的;⑥可能对第三者或者社会公共利益产生重大损害的;⑦属于备案项目,未报送备案的;⑧法律、行政法规规定的其他情形。

(三)审查批准的时间期限

对取用城市规划区地下水的取水申请,审批机关应当征求城市建设主管部门的意见。城市建设主管部门应当自收到征求意见材料之日起5个工作日内提出意见并转送取水审批机关。

审批机关应当自受理取水申请之日起45个工作日内决定批准或者不批准。决定批准的,应当同时签发取水申请批准文件。

跨省、自治区、直辖市的江河、湖泊,尚未制定水量分配方案或者尚未签订协议的,有关省、自治区、直辖市的取水许可总量控制指标,由流域管理机构根据流域水资源条件,依据水资源综合规划、流域综合规划和水中长期供求规划,结合各省、自治区、直辖市取水现状及供需情况,商有关省、自治区、直辖市人民政府水行政主管部门提出,报国务院水行政主管部门批准;设区的市、县(市)行政区域的取水许可总量控制指标,由省、自治区、直辖市人民政府水行政主管部门依据本省、自治区、直辖市取水许可总量控制指标,结合各地取水现状及供需情况制定,并报流域管理机构备案。

(四)取水许可证的发放

取水许可证是指取水许可申请人的申请经过审查获得批准,其建设的取水设施或工程经验收达到审批所确认的标准,由取水许可审批部门核发的可以在批准所认可的范围内取水的许可证明。取水申请得到批准之后并不必然获得取水许可证,取水许可申请人应当按照批准机关的要求进行取水设施或取水工程建设,待验收符合原取水许可获得批准时所确定的标准时,水行政许可部门方可发放取水许可证。取水申请批准后,在一定时间内没有进行取水工程或者设施建设的,原批准文件失效,不能颁发取水许可证。如果直接利用已有的取水工程或者设施取水的,则无须进行取水工程或者设施建设,但要经审批机关审查合格,发给取水许可证。

《条例》规定:①取水申请经审批机关批准,申请人方可兴建取水工程或者设施。需由国家审批、核准的建设项目,未取得取水申请批准文件的,项目主管部门不得审批、核准该建设项目。②取水申请批准后3年内,取水工程或者设施未开工建设,或者需由国家审批、核准的建设项目未取得国家审批、核准的,取水申请批准文件自行失效。③取水工程或者设施竣工后,申请人应当按照国务院水行政主管部门的规定,向取水审批机关报送取水工程或者设施试运行情况等相关材料;经验收合格的,由审批机关核发取水许可证。④审批机关应当将发放取水许可证的情况及时通知取水口所在地县级人民政府水行政主管部门,并定期对取水许可证的发放情况予以公告。

取水许可证由国务院水行政主管部门统一制作,包括下列内容:①取水单位或者个人的名称(姓名);②取水期限;③取水量和取水用途;④水源类型;⑤取水、退水地点及退水方式、退水量。

取水许可证有效期限一般为5年,最长不超过10年。有效期届满,需要延续的,取水单位或者个人应当在有效期届满45日前向原审批机关提出申请，原审批机关应当在有效期届满前，作出是否延续的决定。取水单位或者个人要求变更取水许可证载明的事项的，应当依照本条例的规定向原审批机关申请，经原审批机关批准，办理有关变更手续。

五、水行政许可的监督检查

水行政许可的监督检查具有非常重要的意义。上级水行政主管部门应当采取执法检查、处理投诉、责任追究或者个案督办等方式加强对下级水行政许可实施机关实施水行政许可的监督检查，及时纠正水行政许可实施中的违法行为。

水行政许可实施机关应当建立健全监督制度，按照管理权限和职责分工，对公民、法人或者其他组织从事水行政许可事项的活动履行监督检查责任。省、自治区、直辖市人民政府水行政主管部门应当依法明确本行政区域内各级水行政主管部门的具体监督检查职责，流域管理机构应当依法明确其下属管理机构的具体监督检查职责。

监督检查一般采用核查反映被许可人从事水行政许可事项活动情况的有关材料的方式进行。可以根据监督检查的需要对被许可人生产经营场所依法进行实地检查。检查时，可以依法查阅或者要求被许可人报送有关材料；被许可人应当如实提供有关情况和材料。水行政许可实施机关依法实施监督检查时，应当将监督检查的情况和处理结果予以记录，由监督检查人员签字后归档，公众有权查阅。

水行政许可实施机关实施监督检查，不得妨碍被许可人正常的生产经营活动，不得索取或者收受被许可人的财物，不得谋取其他利益，并应当保守与此有关的国家秘密、商业秘密和个人隐私。

被许可人在作出水行政许可决定的水行政许可实施机关管辖区域外违法从事水行政许可事项活动的，由违法行为发生地的水行政许可实施机关按照管辖权限依法进行处理，并于5日内将被许可人的违法事实、处理结果抄告作出水行政许可决定的水行政许可实施机关。

任何个人和组织发现违法从事水行政许可事项的活动，有权向水行政许可实施机关举报，水行政许可实施机关应当及时核实、处理。

六、水行政许可的撤销

有下列情形之一的，作出水行政许可决定的水行政许可实施机关，或者其上级水行政主管部门，根据利害关系人的请求或者依据职权，可以撤销水行政许可：①水行政许可实施机关工作人员滥用职权、玩忽职守作出准予水行政许可决定的；②超越法定职权作出准予水行政许可决定的；③违反法定程序作出准予水行政许可决定的；④对不具备申请资格或者不符合法定条件的申请人准予水行政许可的；⑤依照法律、法规、规章可以撤销水行政许可的其他情形。

被许可人以欺骗、贿赂等不正当手段取得水行政许可的，应当予以撤销。

依照前两款的规定撤销水行政许可，可能对公共利益造成重大损害的，不予撤销。

依照第一款的规定撤销水行政许可，被许可人的合法权益受到损害的，应当依法给予赔偿。依照第二款的规定撤销水行政许可的，被许可人基于水行政许可取得的利益不受保护。

有下列情形之一的，水行政许可实施机关应当依法办理有关水行政许可的注销手续：①水行政许可有效期届满未申请延续或者未获准延续的；②赋予公民特定资格的水行政许可，该公民死亡或者丧失行为能力的；③法人或者其他组织依法终止的；④水行政许可依法被撤销、撤回，或者水行政许可证件、证书等依法被吊销的；⑤因不可抗力导致水行政许可事项无法实施的；⑥法律、法规规定的应当注销水行政许可的其他情形的。

案例

案情

2003年11月，某市水政监察人员巡查时发现，市民崔某有未经批准、违法取水的嫌疑，遂迅速进行详细调查。经查，2003年6月崔某与该村村委签订了租用水源地《打井供水协议》。协议中，崔某向村委交纳一定的土地使用费后，村委向崔某提供取水水源土地660 m^2，崔某在租用土地上进行打井和供水基本设施建设，村委负责提供必要的供水安全保障。9月，所有取水、供水设施完工，崔某开始正式向周边企业和村庄供水，累计供水3万多 m^3，非法获利2万余元。以上违法事实有证人证言、照片、书证、勘验笔录、当事人陈述等证据为证。

综合所有证据，水行政主管部门认定，崔某未经批准擅自修建水工程，违法取用地下水，事实清楚、证据确凿，该行为违反了《水法》之有关规定，依法应予惩处。同时根据当事人申请，公开举行了处罚听证会。12月10日，水行政主管部门向崔某依法送达了《行政处罚决定书》。依据《水法》规定决定给予崔某停止违法取水、擅自修建水工程罚款1万元、擅自取用地下水罚款4万元的行政处罚。面对违法事实，经过宣传教育，崔某自动履行了处罚决定。案件顺利办结。

分析

本案系一起典型的未经批准、擅自取用地下水资源的处罚案例。《水法》第六十五条规定：未经水行政主管部门或者流域管理机构同意，擅自修建水工程……由县级以上人民政府水行政主管部门或者流域管理机构依据职权，责令停止违法行为，限期补办有关手续。《水法》第六十九条规定：有下列行为之一的，由县级以上人民政府水行政主管部门或者流域管理机构依据职权，责令停止违法行为，限期采取补救措施，处2万元以上10万元以下的罚款；情节严重的，可以吊销其取水许可证：①未经批准擅自取水的；②未依照批准的取水许可规定条件取水的。

对取用地下水资源的行为，一般应当包括两个阶段：一是修建取水工程（即凿井）阶段，二是取水阶段。第一个阶段是取水的准备和前期工作，第二个阶段才是当事人的目的所在。我们在案件查处实践中，是区别对待的：如果是在第一个阶段案发，认定为违法修建水工程案件，按照未经批准、擅自修建取水工程的有关规定处罚，而不能按照违法取水追究责任，因为当事人还没有开始取水，没有实质性的取水行为；如果是在第二个阶段案发,认定为违法取水案件,按照未经批准、擅自取水的有关规定处罚,因为此时水工程已经修建完毕,开始有实质性的取水行为,取水行为已经吸收了修建水工程的行为。依据《水法》第四十八条之规定,需要办理取水许可手续的,应当是"直接从江河、湖泊或者地下取用水资源的单位和个人"。本案中,崔某是取水工程的投资人、受益人,更关键的是,崔某是实施取水行为的直接当事人,因此行政机关最终认定应当由崔某承担法律责任。同时,崔某与村委关于责任分工的纠纷,建议崔某可以提起民事诉讼,另行解决。处罚工作办结后还需要对取水工程设施进行论证。要由当事人申请取水许可手续,如果行政机关经过论证后通过,则应当发放取水许可证;如果论证后没有通过,则应当责令当事人将井回填,恢复原状,全部工作才算彻底结束。

第十二章　水行政处罚

第一节　行政处罚与行政处罚法

一、行政处罚的概念与性质

(一)行政处罚的概念与特征

行政处罚是指法定的行政机关或法律授权的其他单位依据法律的规定对违反行政管理法律、法规进行处罚的具体行政行为。它具有以下基本特征:

(1)行政处罚是行政机关或其他依法授权的主体实施的。

(2)行政处罚是针对行政管理相对人的处罚。

(3)行政处罚针对的是行政管理相对人违反行政法律规范应当受处罚的行为。

(4)行政处罚以惩戒行政违法为目的。

(二)行政处罚与其他法律责任的区别

法律责任从性质上分为三种:行政责任、刑事责任、民事责任。

1. 行政处罚与刑事处罚的区别

行政处罚是指行政机关对公民、法人或者其他组织违反国家有关行政法律、法规尚未构成犯罪的,应当依法承担行政责任的,给予必要的处罚的行为。而刑事处罚是犯罪行为应承担的法律后果,是国家惩罚的强制手段。行政处罚是针对公民、法人或者其他组织违反国家法律、法规,尚未构成犯罪的,应当依法承担行政责任的行为作出的处罚;而刑事处罚是对触犯刑法规定的犯罪行为作出的处罚。行政处罚适用的依据有法律、行政法规、地方性法规以及合法的规章;而刑事处罚适用的依据只能是法律,即《刑法》和全国人民代表大会通过的有关刑法的若干补充规定。这是因为关于刑法的规定,是国家的专属立法权,行政法规、地方性法规以及规章无权规定刑事处罚。行政处罚在我国是属于行政管理的范畴,因此实施主体是行政机关。而刑事处罚是属于国家的司法权范畴,因此只能由法院实施。刑事处罚包括主刑和附加刑两部分。主刑有:管制、拘役、有期徒刑、无期徒刑和死刑;附加刑有:罚金、剥夺政治权利和没收财产;此外还有适用于外国人犯罪的驱逐出境。行政处罚主要是人身罚和财产罚,但主体是人身罚。行政处罚包括:警告、罚款、责令停产停业、暂扣或者吊销许可证、暂扣或者吊销执照、没收非法财物、没收违法所得、行政拘留等。

2. 行政处罚与民事责任的区别

民事责任,亦称民事法律责任,是公民、法人或其他组织违反民事法律规范,侵害了他人的权益,而承担的于己不利的法律后果。行政处罚与民事责任具有预防和制止违法行为发生的社会功能,都是有利于形成社会成员和团体的自我约束机制,都以合格的责任主体为要件。无行为能力的人,既不能成为行政处罚的主体,也不能成为民事责任的主体。民事责任与行政处罚都是不法行为人对自己的不法所承担的不利后果。

但是民事责任是民事主体违反民事法律规范所应当承担的法律责任。民事责任包括合同责任和侵权责任,二者都是平等主体之间的法律关系。合同责任是指合同当事人不履行合同义务或者履行合同义务不符合约定所应当承担的责任;侵权责任是指民事主体侵犯他人的人身权、财产权所应当承担的责任。民事责任的责任形式有财产责任和非财产责任,包括赔偿损失、支付违约金、支付精神损害赔偿金、停止侵害、排除妨碍、消除危险、返还财产、恢复原状以及恢复名誉、消除影响、赔礼道歉等。这些责任形式既可以单独适用,也可以合并适用。

二、《行政处罚法》

(一)概念

《行政处罚法》是调整国家行政机关和法定授权组织与行政违法相对人之间行政处罚的关系的法律规范。

(二)制定行政处罚法的意义

1.《行政处罚法》是依法行政的需要

依法行政,就是用法律来规范政府的行政行为。《行政处罚法》规范了行政处罚的实施,从程序上保证了行政管理的公正,对于行政机关正确实施行政处罚,密切政府与人民群众的关系,改善行政管理工作,提高执法水平,保护公民和组织的合法权益,起到了积极作用。行政处罚也存在一些问题:一是现有处罚手段跟不上,难以制止和纠正日益增多的违法行为;二是行政机关乱设处罚、滥施处罚现象日益严重,侵犯了公民法人的合法权益,也损害了法律尊严,影响了政府和人民群众的鱼水关系。《行政处罚法》完善了我国行政程序的法律制度,促进了行政机关依法行政。健全社会主义法制的一个重要任务,就是各级行政机关要依法行政,依法进行行政管理。这就要用法律来规范政府的行政行为,可以包括三个方面,一是抽象的行政行为,包括制定行政法规、规章等。1982 年《宪法》对我国立法体制,包括行政法规、规章的地位、效力等,已有明确规定。《立法法》对行政法规、规章的权限等也作了规定,使行政机关的抽象行政行为大体上有法可依。二是具体管理的行政行为。三是对行政行为的监督和救济制度。全国人大常委会已经制定了《行政诉讼法》、《行政复议法》、《行政监察法》和《国家赔偿法》,基本完善了对行政行为监督和救济的法律制度。而要对行政机关的具体行政管理行为的程序予以规范,行政处罚是行政管理中的一个重要环节,涉及保障法律的贯彻执行、保护公民的合法权益,制定《行政处罚法》,对于完善行政程序的法律制度、规范行政机关的具体行政行为、促使行政机关依法行政有重要意义。

2.《行政处罚法》健全了我国法律责任制度

对违法行为必须依法追究法律责任,这是法制的基本原则。我国的法律责任制度,由民事责任、刑事责任和行政责任三部分组成。《刑法》和《刑事诉讼法》、《民法通则》和《民事诉讼法》等,分别确立了我国的刑事和民事法律责任制度。《行政处罚法》的制定,使我国的刑事责任、民事责任和行政责任三大法律责任制度框架基本建立起来,对于完善我国法律责任制度、保障法律贯彻执行具有重要意义。《行政处罚法》所确立的一些基本原则对社会主义民主政治的发展，对反腐败有着促进作用。

3.《行政处罚法》是依法进行社会管理的需要

《行政处罚法》建立了我国行政处罚设定的法律制度。我国的法律、法规和规章大部分是属于行政管理性质的，要由国家行政机关来贯彻实施。许多法律、法规、规章后面都有法律责任一章，其内容一般是规定对违法者给予哪些行政处罚。这是行政机关贯彻法律、法规、规章，维护公共利益和社会秩序的重要手段。但是从另一方面讲，行政处罚的非法行使，将损害公民、组织的合法权益。现代法制社会的一项基本准则就是凡是对公民、组织的权利作出限制性规定，或者要求公民、组织履行一定的义务，必须有法律明文规定。法律没有明文规定公民、组织必须履行的，公民、组织就没有必须履行的义务，同时也不得因此受到任何处罚。《行政处罚法》明确规定了何种国家机关、哪一级国家机关可以设定何种行政处罚。今后，只有《行政处罚法》规定的国家机关才能够设定行政处罚，这对于改变目前行政处罚设定比较混乱的状况，无疑是行之有效的。

三、行政处罚的主要原则

行政处罚的原则是《行政处罚法》所规定的行政机关在进行行政处罚的过程中所必须贯彻的基本原理与准则。我国《行政处罚法》是规范行政执法行为、促进依法行政的重要法律依据，其基本原则贯彻了“以人为本”的重要思想，对于保障法律的贯彻执行、保护公民的合法权益具有重要的意义。其主要原则如下。

（一）处罚法定原则

行政处罚的实施要依法律的规定。第一，哪些行为应当处罚，必须有明确的法律依据，法律无明文规定不得处罚。第二，什么行政机关有管辖权，应当有明确法律依据。行政机关只能对自己主管业务范围内的违反行政管理秩序的行为给以行政处罚。第三，应当给予什么种类的行政处罚，依法律、法规的规定，不得随意设置处罚种类。

（二）依法处罚原则

公民、法人或者其他组织违反行政管理秩序的行为，应当给予行政处罚的，依照《行政处罚法》由法律、法规或者规章规定，并由行政机关依照《行政处罚法》规定的程序实施。无法定依据不得处罚。

（三）公正、公开原则

行政处罚法的主要程序设定和实施行政处罚必须以事实为依据，与违法行为的事实、性质、情节以及社会危害程度相当，行政机关在处罚中对受罚者用同一尺度平等对待。对违法行为给予行政处罚的规定必须公布；未经公布的，不得作为行政处罚的依据。行政机关对于有关行政处罚的法律规范、执法人员身份、主要事实根据等与行政处罚有关的情况，除可能危害公共利益或者损害其他公民或者组织的合法权益并由法律、法规特别规定的以外，都应向当事人公开。

（四）一事不再罚原则

一事不再罚原则，是指对违法当事人的同一个违法行为，不得以同一事实和同一理由给予两次以上的行政处罚。

同一事实和同一理由是一事不再罚原则的共同要件,二者缺一不可。同一事实是指同一个违法行为,即从其构成要件上,只符合一个违法行为的特征。同一理由是指同一法律依据。

坚持一事不再罚原则,应当把握两个要点:第一,同一违法行为已经受到行政处罚,不应根据同一法律依据再受处罚;第二,不同的行政机关不得以同一事实和同一理由,再给予同一违法行为行政处罚。为此,应当明确一事不再罚与并处的不同,以及不同机关对同一违法行为进行不同的处罚的不同。并处是同一机关对同一违法行为给予不同种类的处罚,这是法律、法规和规章所允许的。同一法律规范规定不同行政机关对同一违法行为有处罚权,亦是合法的。坚持一事不再罚原则,既要防止重复处罚、多头处罚,又要防止对这一原则作扩大解释,使违法者逃脱应受的处罚。《行政处罚法》第二十四条规定"对当事人的同一个违法行为,不得给予两次以上罚款的行政处罚"。这一规定对限制行政机关的随意性,限制和杜绝乱罚款、滥罚款现象,做到公正处罚,使违法行为与行政处罚相适应,保护当事人的合法权益,都具有很大作用。

(五)处罚与教育相结合原则

实施行政处罚,纠正违法行为,应当坚持处罚与教育相结合,教育公民、法人或者其他组织自觉守法。设定行政处罚,不是为了惩罚而惩罚,而是要寓教育于惩罚之中,使违法者通过接受处罚受到教育,同时也教育他人明白什么行为违法,违法后应该承担的法律责任,进而提高法制观念。在行政处罚中要防止以罚代管、只罚不管等不良倾向,更要杜绝用罚款来为行政机关谋福利的"罚款经济"等现象的发生。

第二节　水行政处罚的一般规定

水行政处罚是水行政主管机关根据《行政处罚法》以及相关的水法律法规的规定,对具体的水事违法行为,按照法定程序实施的水行政处罚措施。它的正确实施对于保证水行政处罚的公开、公正,提高水行政处罚的效率,维护公民、法人或者其他组织在水资源的开发利用中的合法权益,减少对水利事业的侵害,避免水行政处罚机关因程序上的欠缺或错误而导致程序实体的败诉,具有十分重要的意义。

一、水行政处罚的种类和适用

(一)水行政处罚的种类

根据《行政处罚法》的规定,行政处罚的种类主要包括警告;罚款;没收违法所得、没收非法财物;责令停产停业;暂扣或吊销许可证、执照;行政拘留;以及法律、法规规定的其他行政处罚。

(1)警告。指行政机关对有违法行为的公民、法人或者其他组织提出告诫,使其认识到违法所在及所应负责任的一种处罚。警告一般适用于那些违反行政管理法规较轻微、对社会危害程度不大的行为。一般可当场做出。但是,作为一项严肃的行政处罚,应当严格遵守相关程序规定。

(2)罚款。指行政机关依法强制违反行政管理法规的行为人(包括法人及其他组织)

在一定期限内缴纳一定数量货币的处罚行为。罚款应当严格按照规定适用，对已经制定的法律、行政法规规定的行政处罚的种类中没有罚款的，地方性法规和规章不能增加规定罚款的处罚。罚款的设定与执行要运用适当，罚与过相当。为了避免罚款执行人营私舞弊，法律规定作出罚款决定的机关与收缴罚款的机构分离，罚款必须全部上缴国库，任何行政机关或者个人不得以任何形式截留、私分。

(3)没收违法所得及非法财产。指国家行政机关根据行政管理法规，将行为人的违法所获得的财物或非法财物强制无偿收归国有的一项行政处罚措施。没收是只有对那些为谋取非法收入而违反法律法规的公民、法人及组织才可以实行这种财产罚。

(4)责令停产停业。指国家行政机关对违反行政管理法规的工商企业或个体经营户，依法在一定期限内剥夺其从事某项生产或经营活动权利的行政处罚，属于行为罚的一种。只有对比较严重的行政违法行为才适用。

(5)暂扣或者吊销许可证及执照。暂扣或者吊销许可证、执照是指国家行政机关，对违反行政管理法规的公民、法人或者其他组织依法实行暂时扣留其许可证或执照，剥夺其从事某项生产或经营活动权利的行政处罚。只有法律和行政法规能够设定这一处罚。

(6)行政拘留。指公安机关对于违反治安管理处罚条例的公民，在短期内限制其人身自由的一种处罚措施，也是治安管理处罚措施中最严厉的一种。只有法律能够规定涉及公民人身自由的行政拘留罚，其他如行政法规、地方性法规、规章等都不能设定此种处罚。

(7)法律、行政法规规定的其他行政处罚。

水利部1997年颁发的《水行政处罚实施办法》第四条规定的水行政处罚的种类有：警告、罚款、吊销许可证、没收非法所得以及法律、法规规定的其他水行政处罚。

2002年修订后的《水法》中，主要规定了停止违法行为、限期拆除违法建筑、责令停止生产、罚款、吊销许可证、治安处罚等项处罚措施。

(二)水行政处罚的具体适用

1. 行政处罚的构成条件

(1)行为人实施了行政违法行为；

(2)行为人具有承担行政责任的能力；

(3)行为人属于行政管理相对人；

(4)依法应当受行政处罚。

2. 从轻减轻以及不予处罚的条件

根据情节确定行政处罚的轻重。从轻、减轻或者不予行政处罚的规定，实际上是赋予行政机关一定的自由裁量的权力，便于行政机关灵活地运用自己的权力。自由裁量权是指法律赋予行政机关根据具体情况，自行决定实施的一种权力。行政机关在具体运用这一权力时，必须遵循行政处罚的公正原则以及行政处罚与违法行为相适应原则。所谓公正原则，就是公平正直、没有偏私，要求行政机关对违法当事人公正对待，一视同仁，体现法律面前人人平等的社会主义法制原则。所谓行政处罚与违法行为相适应原则，就是指行政处罚必须与当事人的违法行为的事实、性质、情节及社会危害程度相适应，轻重有度。

《水行政处罚实施办法》规定，当事人有下列情形之一的，应当依法从轻或者减轻水行政处罚:①主动消除或者减轻违法行为危害后果的;②受他人胁迫有违法行为的;③配合水行政处罚机关查处违法行为有立功表现的;④其他依法从轻或者减轻水行政处罚的。

违法行为轻微并及时纠正,没有造成危害后果的,不予水行政处罚。

3. 处罚时效的规定

行政处罚追责时效是指行政机关追究违法行为当事人的行政法律责任的法定有效期限。违法行为已经超过追责时效期限的,不再追究行政法律责任。《水行政处罚实施办法》规定,违法行为在 2 年内未被发现的,不再给予水行政处罚,法律另有规定的除外。这里规定的期限,从违法行为发生之日起计算;违法行为有连续或者继续状态的,从行为终了之日起计算。

二、水行政处罚机关

(一)有关机关的水行政处罚权

依照法律、法规的规定,下列机关以自己的名义独立行使水行政处罚权:①县级以上人民政府水行政主管部门;②法律、法规授权的流域管理机构;③地方性法规授权的水利管理单位;④地方人民政府设立的水土保持机构;⑤法律、法规授权的其他组织。

(二)委托执法的行政处罚权

根据《行政处罚法》的规定,具有管理公共事务职能的组织也可能成为实施行政处罚的主体,但必须要符合一定的条件。首先,该组织必须经过法律、法规授权;其次,该组织具有管理公共事务的职能;再次,法律、法规授权的具有管理公共事务职能的组织必须在法定职权范围内实施行政处罚。《水行政处罚实施办法》规定:县级以上人民政府水行政主管部门可以在其法定权限内委托符合本办法规定条件的水政监察专职执法队伍或者其他组织实施水行政处罚。委托实施水行政处罚,委托水行政主管部门必须公布。

受委托实施行政处罚的行政机关或组织是对实施行政处罚主体的补充。但是为了防止乱处罚的情况出现,必须要对行政处罚的委托加以限制。《水行政处罚实施办法》规定受委托的组织应当符合下列条件:①依法成立的管理水利事务的事业组织;②具有熟悉有关法律、法规、规章和水利业务的工作人员;③对违法行为需要进行技术检查或者技术鉴定的,应当有条件组织进行相应的技术检查或者技术鉴定。委托水行政主管部门发现受委托组织不符合委托条件的,应当解除委托,收回委托书。

《行政处罚法》对进行行政委托的程序及委托机关的责任作了严格规定。首先,行政机关只能依法在其法定权限内进行委托。行政机关进行委托必须有法律、法规或规章的明文规定。受委托实施行政处罚的组织在委托范围内,以委托的行政机关名义实施行政处罚,委托行政机关对受委托的组织实施行政处罚的行为应当负责监督,并对该行为的后果承担法律责任。受委托的行政机关或者组织实际上是代表委托它的行政机关实施行政处罚,即在委托的权限范围内以委托行政机关的名义实施行政处罚,如果受委托的行政机关或组织违法实施行政处罚权,那么由委托机关承担法律后果。因此,委托机关要对受委托机关进行监督,这实际上也是对自身权益的保护。《水行政处罚实施办法》规定:委托实施水行政处罚,委托水行政主管部门应当同受委托组织签署委托书,委托书应当载明下列事项:①委托水行政主管部门和受委托组织的名称、地址、法定代表人姓名;②委托实施水行政处罚的权限和委托期限；③违反委托事项的责任；④其他需载明的事项。委托书自双方盖章之日起生效。委托书应当报上一级水行政主管部门备案。受委托组织在委托权限内应当以委托水行政主管部门的名义，依照法律、法规和本办法的规定实施水行政处罚。受委托组织实施水行政处罚，不得超越委托书载明的权限和期限；超越权限和期限进行处罚的，水行政处罚无效。受委托组织不得再委托其他组织或者个人实施水行政处罚。委托水行政主管部门应当对受委托组织实施水行政处罚的行为负责监督，并对受委托组织在委托权限和期限内行为的后果承担法律责任。委托不免除委托水行政主管部门的水行政处罚权。水政监察人员是水行政处罚机关和受委托组织实施水行政处罚的执法人员。

三、水行政处罚的管辖

国务院水行政主管部门及其所属的流域管理机构管辖法律、行政法规规定的水行政处罚。除法律、行政法规另有规定的外，水行政处罚由违法行为发生地的县级以上地方人民政府水行政主管部门管辖。上级水行政主管部门有权管辖下级水行政主管部门管辖的水行政处罚。下一级水行政主管部门对其管辖的水行政处罚，认为需要由上一级水行政主管部门管辖的，可以报请上一级水行政主管部门决定。对管辖发生争议的，应当协商解决或者报请共同的上一级水行政主管部门指定管辖。法律、法规授权组织管辖其职权范围内的水行政处罚。

第三节　水行政处罚的程序

一、水行政处罚的简易程序

(一)简易程序的适用条件

简易程序，又称当场处罚程序。相对于一般程序而言，省去繁杂的调查程序。适用于违法事实清楚、情节简单、后果轻微的水行政违法行为。依据《水行政处罚实施办法》规定，对于违法事实确凿并有法定依据，对公民处以 50 元以下、对法人或者其他组织处以 1 000元以下罚款或者警告的，可以当场作出水行政处罚决定。

(二)水政监察人员在简易程序中应当遵守的程序

当场作出水行政处罚决定的，水政监察人员应当遵守下列程序：

(1)向当事人出示水政监察证件；

(2)口头告知当事人违法事实、处罚理由和依据，并告知当事人依法享有陈述和申辩的权利；

(3)听取当事人的陈述和申辩，对当事人提出的事实、理由和证据进行复核(当事人放弃陈述或者申辩权利的除外)；

(4)填写预定格式、编有号码的水行政处罚决定书；

(5)将水行政处罚决定书当场交当事人；

(6)在 5 日内(在水上当场处罚，自抵岸之日起 5 日内)将水行政处罚决定报所属水行政处罚机关备案。

二、水行政处罚的一般程序

(一)立案

1. 案件来源

水事案件的信息来源通常有下述两个渠道:一是群众举报,二是水政工作人员在履行职责中自行发现。

群众举报的,又分为书面举报和口头举报。群众口头举报的,应当由专人接待,耐心细致地听取所反映的内容,并做好接待记录。记录后应当由举报人核实并签名。对于有些举报人出于某种顾虑不愿签署真实姓名的,应当尊重其意愿。不论是何种方式举报,接待人员对于所反映的有关问题,都应当认真对待。水政监察人员应当对案件信息进行初查落实,确认所反映信息存在。情况严重的,应当向主管领导汇报,建议立案进行查处。

2. 立案条件

公民、法人或者其他组织有符合下列条件的违法行为的,水行政处罚机关应当立案查处:

(1)具有违反水法规事实的;

(2)依照法律、法规、规章的规定应当给予水行政处罚的;

(3)属水行政处罚机关管辖的;

(4)违法行为未超过追究时效的。

3. 指定案件承办人

对立案查处的案件,水行政处罚机关应当及时指派两名以上水政监察人员进行调查;调查人员与本案有直接利害关系的,应当回避。

(二)调查取证

1. 证据的种类

调查的主要目的是收集证据。证据是认定事实的物质基础,也是进行水行政处罚的依据。证据有以下几种:①书证;②物证;③视听资料;④证人证言;⑤当事人的陈述;⑥鉴定结论;⑦勘验笔录、现场笔录。证据未经查证核实,不得作为认定事实的依据。

2. 证据的收集方法

水政监察人员收集证据时,可以采取抽样取证的方法。在证据可能灭失或者以后难以取得的情况下,经水行政处罚机关负责人批准,可以先行登记保存。水行政处罚机关对先行登记保存的证据,应当在7日内作出下列处理决定:①需要进行技术检验或者鉴定的送交检验或者鉴定;②依法应当移送有关部门处理的,移送有关部门;③依法需退还当事人的,退还当事人;④法律、法规规定的其他处理方式。水政监察人员进行取证或者登记保存,应当有当事人在场。当事人不在场或者拒绝到场的,水政监察人员可以邀请有关人员参加。对抽样取证或者登记保存的物品应当开列清单,一式两份,写明物品名称、数量、规格等事项,由水政监察人员、当事人签名或者盖章,一份清单交当事人。当事人不在场或者拒绝到场的,应有邀请的有关人员签名或者盖章;当事人拒绝签名、盖章或者接收的,应当有两名以上水政监察人员在清单上注明情况。登记保存物品时,在原地保存可能妨害公共秩序、公共安全或者对证据保存不利的可以异地保存。

3. 水政监察人员调查收集证据时应当遵守的程序

水政监察人员依法调查案件,应当遵守下列程序:①向被调查人出示水政监察证件;②告知被调查人要调查的范围或者事项;③进行调查(包括询问当事人、证人,进行现场勘验、检查等);④制作调查笔录,笔录由被调查人核对后签名或者盖章。被调查人拒绝签名或者盖章的,应当有两名以上水政监察人员在笔录上注明情况并签名。

(三)根据调查结果,分别作出不同的处理决定

对违法行为调查终结,水政监察人员应当就案件的事实、证据、处罚依据和处罚意见等,向水行政处罚机关提出书面报告。水行政处罚机关应当对调查结果进行审查,并根据情况分别作出如下决定:①确有应受水行政处罚的违法行为的,根据情节轻重及具体情况,作出水行政处罚决定;②违法行为轻微,依法可以不予水行政处罚的,不予水行政处罚;③违法事实不能成立的,不得给予水行政处罚;④违法行为依法应当给予治安管理处罚的,移送公安机关;违法行为已构成犯罪的,移送司法机关。法律、法规、规章规定应当经有关部门批准的水行政处罚,报经批准后决定。

水行政处罚机关在作出水行政处罚决定之前,应当口头或者书面告知当事人给予水行政处罚的事实、理由、依据和拟作出的水行政处罚决定,并告知当事人依法享有的权利。当事人有权进行陈述和申辩。水行政处罚机关应当充分听取当事人的意见,对当事人提出的事实、理由和证据进行复核。申辩是指当事人为自己的行为申述理由和辩解的行为,这是当事人在行政处罚之中所享有的一项权利。为了从行政执法程序上保障当事人的权益,法律规定公民、法人或者其他组织在行政机关给予行政处罚时,根据《行政处罚法》的规定有权就行政机关拟对自己的处罚和自己的行为进行陈述和申辩,证明自己没有违法事实的存在,行政机关要严格遵守法律的规定,保证当事人陈述和申辩权的行使。不仅如此,行政机关在行使行政处罚之前要明确告知当事人违法的事实、给予的处罚的理由和依据,使当事人有条件和可能为自己的行为进行陈述和申辩。水行政处罚机关不得因当事人申辩而加重处罚。

(四)制作、送达水行政处罚决定书

水行政处罚机关作出水行政处罚决定,应当制作水行政处罚决定书。水行政处罚决定书须载明下列事项:

(1)当事人的姓名或者名称、地址;

(2)违法事实和认定违法事实的证据;

(3)水行政处罚的种类和依据;

(4)水行政处罚的履行方式和期限;

(5)不服水行政处罚决定,申请行政复议或者提起行政诉讼的途径和期限;

(6)作出水行政处罚决定的水行政处罚机关名称和日期。

水行政处罚决定书应盖有水行政处罚机关印章。经有关部门批准的水行政处罚,应当在水行政处罚决定书中写明,水行政处罚决定应当向当事人宣告,并当场交付当事人,当事人收到后应当在送达回执上签名,当事人不在场的,应当在7日内按照民事诉讼法的有关规定送达当事人。

(五)水行政处罚的听证程序

水行政处罚机关作出对公民处以超过5 000元、对法人或者其他组织处以超过50 000元罚款以及吊销许可证等水行政处罚之前,应当告知当事人有要求举行听证的权利;当事人要求听证的,水行政处罚机关应当组织听证。听证由作出水行政处罚决定的水行政处罚机关负责,具体工作由水政机构组织。水行政处罚机关举行听证,不得向当事人收取费用。

水行政处罚机关向当事人告知听证权利时,应当送达听证告知书。听证告知书应当载明认定当事人违法的基本事实,给予水行政处罚的依据、拟作出的水行政处罚决定和当事人要求听证的期限。当事人要求听证的,可以在听证告知书的送达回证上签署意见,也可以在收到告知书3日内以其他书面方式向水行政处罚机关提出听证要求。水行政处罚机关应当在听证的7日前,通知当事人举行听证的时间、地点。当事人逾期未提出听证要求的,视为放弃听证权利。当事人放弃听证权利的,不得对本案再次提出听证要求。

除涉及国家秘密、商业秘密或者个人隐私外,听证应当公开举行。举行听证的3日前,水行政处罚机关应当将听证的内容、时间、地点以及有关事项,予以公告。听证参加人包括听证主持人、听证记录人、案件当事人及其委托代理人、案件调查人员、证人以及与案件处理结果有直接利害关系的第三人等。当事人委托代理人参加听证的,应当在举行听证前向水行政处罚机关提交委托书。当事人无正当理由不参加听证又不委托代理人参加听证的或者当事人及委托代理人在听证中无正当理由退场的,视为放弃听证权利。

听证主持人由水行政处罚机关指定水政机构非本案调查人员担任。听证记录人由听证主持人指定非本案调查人员担任。听证记录人负责听证记录和协助听证主持人办理有关事务。当事人认为听证主持人、听证记录人与本案有直接利害关系,可以向水行政处罚机关提出回避申请;听证主持人是否回避,由水行政处罚机关决定;听证记录人是否回避,由听证主持人决定。

案件当事人在听证中的权利和义务:①对案件涉及的事实、适用法律及有关情况进行陈述和申辩;②对案件调查人员提出的证据进行质证和提出新的证据;③如实陈述案件事实和回答听证主持人的提问;④遵守听证会场纪律;⑤对听证笔录进行核对、签字或者盖章;⑥法律、法规规定的其他权利和义务。

听证按下列步骤进行:①听证主持人宣布听证事由和听证纪律。②听证主持人核对案件调查人和当事人身份。③听证主持人宣布听证组成人员,告知当事人在听证中的权利和义务,询问当事人是否申请回避。当事人申请听证主持人回避的,听证主持人应当宣布暂停听证,报请水行政处罚机关负责人决定是否回避;申请其他人员回避的,由听证主持人当场决定;宣布听证开始。④案件调查人提出当事人的违法事实、证据、法律依据和水行政处罚建议。⑤当事人进行陈述、申辩和质证。⑥听证主持人就案件事实、证据和法律依据进行询问。⑦案件调查人、当事人作最后陈述。⑧听证主持人宣布听证结束。听证主持人在听证中有权对参加人不当言行予以制止,维护正常的听证秩序。

听证应当制作听证笔录。听证笔录是听证程序与听证内容的重要记载,也是根据听证情况进行水行政处罚的物质凭证。听证笔录应当载明下列事项:案由;当事人的姓名或者名称、法定代理人及委托代理人、案件调查人的姓名;听证主持人、听证记录人姓名;举行听证的时间、地点和方式；案件调查人提出的事实、证据、法律依据和水行政处罚建议；当事人陈述、申辩和质证的内容；其他需要载明的事项。听证笔录交当事人和调查人员核对后签名或者盖章。听证笔录中有关证人证言部分应当经证人核对后签名或者盖章。听证笔录应经听证主持人审核后由听证主持人和记录人签名或者盖章。

听证主持人可以根据情况，作出延期、中止或者终止听证的决定。听证结束后，听证主持人应当依据听证情况，向水行政处罚机关提出书面意见，书面意见应包括案件的事实、证据、处罚依据和处罚建议。

（六）水行政处罚的执行

水行政处罚决定作出后，当事人应当履行。当事人对水行政处罚决定不服的，可以依法申请行政复议或者提起行政诉讼。复议或者行政诉讼期间，水行政处罚不停止执行。法律另有规定的除外。

申请行政复议或提起行政诉讼权。这是当事人在受到行政处罚之后所依法享有的一项权利。行政复议是指行政机关经当事人或有关单位提出申请或请求后，对已作出的行政处罚决定进行重新审查的一种行为；行政诉讼是指当事人受到国家行政机关的处罚之后不服，直接向人民法院提起诉讼，或经向原处分机关的直接上级机关提出复议后，对其作出的决定仍有不服的，向人民法院提出诉讼，请求撤销或者变更原处分或决定的行为。

行政复议是行政机关内部自上而下的一种法制监督。具有强制性和权威性。对于提出复议的案件，复议机关要对其具体行政行为是否合法和适当进行审查；对于具体行政行为明显不当的，可以变更。法律给予当事人以选择权，可以选择司法监督程序，即不服行政机关的处罚，可以直接向人民法院提起行政诉讼，或者经行政复议后，对复议决定不服的，也可向人民法院提起诉讼。

由此可见，水行政处罚是通过行之有效的办法，把水行政执法活动置于政府和人民群众的监督之下，维护人民的利益不受侵害，保护国家利益不受损失，更好地保护国家和人民的利益，为水利事业的建设和发展走向法制化轨道而努力，为水利事业的建设和发展保驾护航。

1. 当场收缴罚款的情形

当场处罚时，依法给予20元以下罚款或者不当场收缴罚款事后难以执行的，水政监察人员可以当场收缴罚款。当事人提出异议的，不停止当场执行。法律、法规另有规定的除外。在边远、水上、交通不便地区，水行政处罚机关及其水政监察人员依法作出罚款的决定后，当事人向指定银行缴纳罚款确有困难，经当事人提出，水行政处罚机关及其水政监察人员可以当场收缴罚款。

2. 到指定银行缴纳罚款的情形

除依法可以当场收缴罚款的外，决定罚款的水行政处罚机关应当书面告知当事人向指定银行缴纳罚款。银行代收罚款的具体办法，按照国务院《罚款决定与罚款收缴分离实施办法》的规定执行。

当事人逾期不履行水行政处罚决定的，作出水行政处罚决定的水行政处罚机关可以申请人民法院强制执行。

当事人到期不缴纳罚款的，作出水行政处罚决定的水行政处罚机关可以从到期之日起每日按罚款数额的3%加处罚款。当事人确有经济困难,需要延期或者分期缴纳罚款的,应当提出书面申请,经作出水行政处罚决定的水行政处罚机关批准后,可以暂缓或者分期缴纳。水行政处罚机关及其水政监察人员违反《行政处罚法》和《水行政处罚实施办法》实施水行政处罚的,按照《行政处罚法》的规定,追究法律责任。

依法治水是依法行政的重要组成部分,通过《行政处罚法》和《水行政处罚实施办法》的实施,水行政主管机关要充分认识到依法行政、依法治水的重要性。首先要在广大干部群众中开展水法规的宣传教育,特别是水行政执法人员更要加强法律法规的学习,提高法制观念。处理水事违法案件,要严格按照有关的法律法规办理,在程序上更要严格办案程序,提高办案效率。

案例

案情

2005 年 11 月,黄河标准化堤防建设工程田堤湾管护基地开工不久,河南省开封县建设局便以基地中的管护房屋未办理建设工程规划许可证、招投标手续、建筑工程施工许可证、工程质量监督手续,擅自开工建设为由,先后向工程的建设单位——开封黄河河务局下达了停止施工通知书、告知权利通知书,并于 12 月 14 日,以开封黄河河务局工程建设违反《城市规划法》、《建筑法》、《河南省建筑市场管理条例》、《河南省建设工程质量管理条例》为由,下达了建设行政处罚决定书,责令停止建设并罚款 30 万元。

开封黄河河务局接到处罚通知书后,立即组织单位水政监察员查阅了县建设局所依据的法律法规,发现黄河工程施工不受这些法律法规的调整,开封县建设局的处罚没有法律依据,是超越职权执法。黄河标准化堤防建设是由水利部报送、国务院批复的《黄河近期重点治理开发规划》中的防洪工程,是由中央财政投资的大型工程,由黄河水利委员会具体组织实施。河务局一边要求水政监察员积极做好行政诉讼准备,一边依法向开封县政府和开封市政府有关领导反映。在开封市政府的协调下,开封县建设局认识到错误地使用了有关法律,于 2005 年 12 月 30 日撤销了对河务局的行政处罚,并送达了撤销行政处罚通知书。通知书上写道:“经核实,因处罚主体不妥,决定对开封县建设局《建设行政处罚决定书》开建罚[2005]13 号予以撤销。”

点评

行政主体是指能以自己名义行使国家行政职权,作出影响行政相对人权利义务的行政行为,并能对外独立承担行政法律责任,在行政诉讼中能作为被告应诉的行政机关或法律法规授权的组织。在水利工程建设的范畴内,河务局是适格的行政主体。本案发生的一个客观原因就是涉及的工程项目和所谓的处罚对象——流域机构都有其特殊性:一是由于该工程项目的特殊性,从表面看,是一个民用建设工程,应当由建筑行政主管部门按照《建筑法》进行监管,但是,这个综合楼的建设是黄河标准化堤防建设的一个组成部分,而黄河标准化堤防建设是由水利部立项监管的一个水利工程项目。二是由于流域机构的地位比较特殊，许多人对流域机构的法律地位的认识有误区。流域机构的性质虽然是事业单位，但它是水利部的派出机构，对其所在的流域行使水行政主管部门的部分职责，同时，也负责本流域水利工程建设的行业管理。所以在水利工程建设的范畴内，是一个适格的行政主体。水利部令第十四号《水利工程建设项目招标投标管理规定》第五条规定，水利部是全国水利工程建设项目招标投标活动的行政监督与管理部门；第六条规定，流域机构受水利部的委托，对中央项目的招标投标活动进行行政监督。从上述可看出，对于水利专业建筑工程的监管，其行政主管部门应是水行政主管部门和流域机构，开封县建设局是不能在水利工程范围内行使监督管理职能的。

无行政主体资格而行使了行政职权，属于主体不合法；具备行政主体资格而行使了其职权以外的行政职权，就是越权。越权的原因，一般是对于其职权以外的行政职权主体有误区而导致的，换言之，就是自认为具备主体资格。按照《建筑法》、《招标投标法》的规定，建筑工程领域的行政主体除了建设行政主管部门以外，还有其他有关部门。对于水利专业建筑工程的监管，其行政主管部门应是水行政主管部门和流域机构。当行政主体管辖发生争议时，如果争议双方既没有隶属关系，也找不到共同的上级主管机关，可由地方人民政府进行处理。

第十三章 其他水行政管理行为

第一节 水行政命令、指导与奖励

一、水行政命令

(一)水行政命令的概念

行政命令有通俗用法和行政法上的专门用法之区别。按照通俗用法来理解,行政命令泛指政府的一切决定或措施;而行政法上的"行政命令",是指行政主体依法要求行政相对人为或不为一定行为的意思表示,是行政行为的一种形式。行政命令常用于带有强制性的行政决定。

水行政命令,是指水行政机关及其工作人员依法强制要求相对人为一定行为或不为一定行为的行政行为,是水行政机关在国家水行政管理活动中最常采用的一种方法。

(二)水行政命令的特征

(1)水行政命令的主体是水行政主管部门。水行政命令是由水行政主管部门发布,不同于国家权利机关、司法机关等其他国家机关发布的命令。

(2)水行政命令是一种义务性行为,是科以水行政管理相对人作为义务或不作为义务的行政行为。

(3)水行政命令是一种依职权行为,它无须相对人申请,而是由水行政机关依据职权直接作出。这一特征决定了水行政命令是直接实现水行政管理的有效措施。

(4)水行政命令的实质是为水行政管理相对人设定行为的原则,且大多是具体规则,表现在为特定时间内对特定事项或特定人所作的特定规范。这使其与抽象水行政行为相区别。

(5)水行政命令以水行政处罚或水行政强制执行为保障。水行政命令一经作出,水行政相对人便有了相关的义务,必须按水行政命令要求进行一定的作为或不作为,否则将承受水行政主体给予的处罚或被强制执行。

(三)水行政命令的方式

水行政命令的方式主要有以下两种:

(1)停止违法行为。水事违法活动正在进行的,水行政机关有权责令违法者立即停止违法行为。

(2)改正违法行为。违法者的违法行为已经造成一定后果的,水行政机关有权责令其采取补救措施,恢复到违法行为发生之前的状态,即改正违法行为。有些违法行为可以在接到命令后立即改正,而有些违法行为的改正则需要一定的时间,因此,又可将改正违法行为分为立即改正和限期改正。拆除违章建筑物,清除行洪障碍、恢复原状等,都是限期改正的内容。

(四)水行政命令的法律后果

水行政命令一经合法做出,便为相对人设定了义务,相对人必须依行政命令为一定行为或不为一定行为,否则将引起行政处罚的后果。当合法适当的水行政命令对相对人的名誉权、人身权和财产权造成不利影响时,作出命令的水行政机关一般不承担责任,但法律另有规定的除外。

《水法》赋予了水行政机关具有命令权。水行政命令通常以"命令"、"指示"或"通知"等形式发布。《水法》第六十七条规定:"在饮用水水源保护区内设置排污口的,由县级以上地方人民政府责令限期拆除、恢复原状;逾期不拆除、不恢复原状的,强行拆除、恢复原状,并处5万元以上10万元以下的罚款。"

二、水行政指导

行政指导在我国属于一种"舶来品",它是在经济和社会发展的基础上,借鉴国外经验而形成的。行政指导这一概念,首先出现于第二次世界大战后的日本,目前在欧美国家则多称为非强制性行政行为或非正式行政行为,对应于行政命令、行政指令。尽管各国对于行政指导在内涵的理解上有一定的差异,但对其概念仍大致可以作出这样的概括:行政指导是指行政主体在其职责范围内,为适应复杂多变的经济和社会生活的需要,基于国家的法律原则,在行政相对人的同意或协助下适时灵活地采取非强制手段,以有效地实现一定的行政目的且不直接产生法律效果的行政行为。具体地讲,行政指导以形式上的柔性、温和为特征,把平衡、民主等原则融于行政管理过程,把行政管理双方当事人从以往单纯的命令——服从关系中解脱出来,给行政管理双方提供了商谈、通融、妥协的余地,尤其是给被管理方提供了一个自行认识、选择的机会。

(一)水行政指导概述

1. 水行政指导的涵义

水行政指导是指为实现复杂多变的社会发展与经济生活的需要,基于国家水事法律原则的规定,在水行政相对方的协助下,水行政主体在其职责范围内适时地采用非强制手段,以有效地实现水资源的开发利用和保护,并不直接产生法律后果的一种水行政行为。

2. 水行政指导的特征

(1)水行政指导是水行政主体实施的一种宏观水事管理行为,并不直接产生法律后果。

(2)水行政指导具有专业性与内容的多样性。水行政指导的专业性是指其内容主要涉及水利行业,如1955年第一届全国人大二次会议通过的《关于根治黄河水害和开发黄河水利的综合规划的报告》,以及1997年由国务院审议通过的《水利产业政策》。水行政指导内容的多样性是指其内容是以水资源的开发利用和保护为核心,并涉及其他的与水资源相关的水事管理内容,如水利工程设施的建设与管理、保护,水土保持的防治,节水技术的研究与推广等。

(3)不具有法律强制力。与具有强制力的水行政命令不同,水行政指导主要是以指导、建议等非强制的方式进行,并以利益诱导机制对水行政相对人施加影响,从而促使其为一定的行为或者不为一定的行为,以达到水事管理的目的。至于水行政相对人是否接受水行政指导的内容,则听其自由决定,没有法律强制力。

(4)弱化行政权力色彩,提高相对人行政地位,尊重公民自主权利,是现代法治社会的要求,弥补了单纯的法律强制手段的不足。

(二)水行政指导的分类

按不同的分类标准,水行政指导可分为以下几类:

(1)按有无法律依据为标准,分为有法律根据的水行政指导和无法律根据的水行政指导。有法律根据的水行政指导是指法律、法规、规章明文规定的水行政指导,后者是指没有明文规定的水行政指导。如《水法》第八条规定,国家厉行节约用水,大力推行节约用水新技术、新工艺,发展节水型工业、农业和服务业,建立节水型社会。各级人民政府应当采取措施,加强对节约用水的管理,建立节约用水技术开发推广体系,培育和发展节约用水产业。第五十条规定,各级人民政府应当推行节水灌溉方式和节水技术,对农业蓄水、输水工程采取必要的防渗漏措施,提高农业用水效率。这些规定是节水灌溉领域水行政指导的重要法律依据。无法律依据但有政策依据的水行政指导主要依据水行政组织法的授权,按照法律原则和政策规定,实施指导。

(2)按水行政指导的对象是否具体为标准,分为抽象的水行政指导和具体的水行政指导。抽象的水行政指导是指不针对特定地区和水行政管理相对人的一般水行政指导行为,如带有全局性、长远性的发展规划、计划。具体的水行政指导是针对特定地区和水行政相对人进行的指导。具体水行政指导是抽象水行政指导的延伸和发展,是抽象水行政指导的具体化。

(3)按水行政指导的作用性质为标准,分为促进性指导和限制性指导。促进性指导是水行政主体采取鼓励性措施等方式,促进水行政相对人积极作为,如技术示范等。限制性指导是水行政主体以限制水行政相对人行为为目的而进行的指导。

(4)按水行政指导的功能为标准,分为抑制性、调整性、辅助性水行政指导。

(三)水行政指导的作用

在健全、完善我国社会主义市场经济体制的过程中,水行政指导对我国的水事管理活动起着重要的作用。

(1)补充作用。在现阶段,虽然我国加快了立法的步伐,但是由于社会飞速发展,社会关系也处于不断变化之中,难免出现法律规范跟不上的情况,存在着法律空白的现象。为了弥补法律手段的不足,水行政主体有必要及时、灵活地采取水行政指导措施规范、调整相关的社会关系,以更好地实现水管理。

(2)引导和促进作用。为了更好地引导社会对水资源的开发利用和保护,水行政主体利用其所掌握的知识、信息、政策等的优越性,及时地制定有关水行政指导,阐述国家或地方政府在一定时期内的水事管理方向、积极发展或限制的专业等内容,以引导和促进对水资源的有效利用。例如1997年10月28日国务院颁发的《水利产业政策》,就是为了促进水资源的合理开发和可持续利用、有效防治水旱灾害、缓解水利对国民经济发展的制约而制定的。

(3)预防和抑制作用。在水事管理活动中,一些单位和个人往往存在着一种为谋取自身利益而不惜损害国家和社会公共利益的倾向，如河流上游的工矿企业和城市超量排放污染物或未经处理即排入河流从而损害下游沿岸居民和单位的利益等，对于这种情况，水行政主体就应在其尚未出现或萌芽之初及时运用水行政指导采取非强制措施予以干预。实践证明，水行政指导对于可能发生损害社会经济秩序和社会公共利益的行为可以起到预防作用，对于已经出现的损害社会经济秩序和社会公共利益的行为可以起到抑制作用。

三、水行政奖励

（一）水行政奖励的概念

水行政奖励，是指水行政机关对符合规定条件的组织和个人赋予一定权益，以进行精神奖励和物质奖励的单方水行政行为。对于在水事活动中有突出表现的，依照有关水法规的规定应予奖励。

例如《水法》第十一条规定："在开发、利用、节约、保护、管理水资源和防治水害等方面成绩显著的单位和个人，由人民政府给予奖励。"

又如《防汛条例》第四十二条规定："有下列事迹之一的单位和个人，可以由县级以上人民政府给予表彰或者奖励：

（1）在执行抗洪抢险任务时，组织严密、指挥得当、防守得力、奋力抢险，出色完成任务者；

（2）坚持巡堤查险，遇到险情及时报告，奋力抗洪抢险，成绩显著者；

（3）在危险关头，组织群众保护国家和人民财产，抢救群众有功者；

（4）为防汛调度、抗洪抢险献计献策，效益显著者；

（5）气象、雨情、水情测报和预报准确及时，情报传递迅速，克服困难，抢测洪水，因而减轻重大洪水灾害者；

（6）及时供应防汛物料和工具，爱护防汛器材，节约经费开支，完成防汛抢险任务成绩显著者；

（7）有其他特殊贡献，成绩显著者。"

（二）水行政奖励的特征

（1）水行政奖励是一种单方行为，其特殊性表现在由水行政机关单方作出但不具有强制执行性。

（2）水行政奖励是一种特殊的赋予权利行为，是依据规定条件赋予相对人以特殊的请求权。

（3）水行政奖励的内容是给予奖励者某些物质利益或精神利益，即物质奖励或精神奖励。大多数情况下二者合并采用。

（4）水行政奖励既包括依申请行为也包括依职权行为。

（三）水行政奖励的原则

根据我国现行有关水行政奖励的法律、法规规定，水行政奖励一般应遵循下述几项基本原则：

（1）精神奖励与物质奖励相结合原则。水行政奖励不外乎精神奖励和物质奖励两类，它们在水行政奖励中具有不同的作用，是水行政奖励不可缺少的两种形式。物质奖励使受奖人获得某种物质利益，精神奖励则满足人们的精神需求。理论和实践表明，人的需求是多方面、多层次的，人不仅有物质需求，而且有精神需求。当物质利益满足后，人们往往要追求高层次的精神需求。对于某些受奖人来说，精神奖励的作用甚至大于物质奖励。物质奖励与精神奖励各有千秋，只有将两者有机地结合起来，才能发挥水行政奖励的整体效应。实行这一原则时，应针对不同的受奖者，或采取物质奖励为主精神奖励为辅，或采取精神奖励为主物质奖励为辅的办法，从而真正发挥水行政奖励的作用。

(2)公正、平等原则。水行政奖励应公正、平等，在法定的奖励条件下人人都有同等的受奖机会和权利，授奖主体不得以其好恶偏袒某些个人或集体。其具体要求是：机会均等，奖励的内容和形式要与被奖励的行为相一致，即论功行赏，贡献大的重奖，贡献小的轻奖。

(3)依法奖励原则。水行政奖励是一种法定奖励行为，因此，水行政奖励都必须依照法定的条件、标准公开、公正地进行。

(四)水行政奖励的种类与形式

1. 水行政奖励的种类

(1)内部水行政奖励和外部水行政奖励。这是依奖励机关与受奖者的关系所作的分类。内部水行政奖励是指水行政机关或者法律、法规授权的组织，依法给予其工作人员的一种水行政奖励，如水行政机关对其工作人员的奖励。内部水行政奖励由水行政机关或组织的内部管理机关或与受奖者有从属关系的水行政机关作出。外部水行政奖励，是指水行政机关或法律、法规授权的组织依法对符合一定条件的相对人所给予的一种水行政奖励。在外部水行政奖励中，授奖者与受奖者之间不存在水行政上的隶属关系，该奖励一般由具有社会管理职能的水行政机关作出。

(2)赋予权利的奖励和赋予能力的奖励。这是依据水行政奖励的内容所作的分类。赋予权利的奖励，是指水行政奖励主体依法为受奖人设定其本来所不享有的法律上的权利，即实现某种利益的可能性。例如，授予荣誉称号或给予物质奖励，就是一种赋予权利的奖励，它使受奖人获得了享有该荣誉的权利或占有一定财物的权利。水行政奖励多是赋予权利性的奖励。赋予能力的水行政奖励，是指水行政奖励主体依法为受奖者设定其原来没有的法律上的能力，即为某种行为的资格。如给工作人员的晋职奖励，即属赋予能力的奖励。

(3)荣誉性奖励、财物性奖励或职位性奖励。这是依奖励的内容所作的分类。荣誉性奖励是指给受奖人某种荣誉。任何水行政奖励对受奖者来说都是一种荣誉，不过，荣誉性奖励指的是纯粹荣誉性奖励，如通令嘉奖、记功、记大功，授予荣誉称号等。财物性奖励是指发给受奖人一定奖金、奖品等实物的奖励。职位性奖励是指提升工资级别、晋升水行政职位的奖励，它是一种荣誉性财物性相结合的奖励。实践中，各种奖励形式很少单独运用，常常是以一种奖励为主而辅之以他种奖励形式，如既记功又颁发奖金，或既授予荣誉称号又晋升职位。

2. 水行政奖励的形式

(1)通报表扬。对受奖者在一定范围内以一定形式予以公开赞扬的奖励形式，它是一种精神鼓励。

(2)记功。记功按不同的法律、法规规定有不同的等级。一般地说,对事业单位的工作人员分为记功和记大功两个等级,对团体单位的人员及公民个人,通常分为四个等级,即特等功、一等功、二等功、三等功。

(3)发给奖金或奖品。

(4)晋级。指提高工资级别,一般晋升一至二级工资。

(5)晋职。指提高其职务。

(6)通令嘉奖。指在较大范围内的公开表彰。

(7)授予荣誉称号。如授予先进工作者、劳动模范、战斗英雄等称号。授予荣誉称号一般都有不同等级,从县级直至国家级。

以上各种形式既可单独使用,也可同时并用,并可发给某种证书、证章,以资证明。

第二节 水行政强制

水行政强制是水行政强制措施和水行政强制执行的总称。

一、水行政强制措施

(一)水行政强制措施的概念和特征

水行政强制措施是指水行政机关为制止、预防水事违法行为或者在紧急情况下对水行政相对人财产和行为自由依法加以暂时性限制,使其保持一定状态的各种方式和手段。它具有以下法律特征:

(1)水行政强制措施的目的在于预防、制止或控制危害水事活动的行为发生。水行政强制措施带有明显的预防性、制止性。

(2)水行政强制措施常常是水行政机关作出最终处理决定的前奏和准备。很多情况下,是在水行政处理决定作出前的调查阶段,为保全证据或保持一定状态而采取的措施。有时则是水行政强制执行的前奏和准备。因此,水行政强制措施还有明显的临时性和中间性。

(3)由于水行政强制措施是运用国家机器的力量对个人、组织采取的强制执行,因此采取水行政强制措施必须十分谨慎;水行政机关是否有权采取水行政强制措施,必须有法律的授权,并严格依照法定程序实施。

水行政强制措施还可以分为一般的水行政强制措施和水行政即时强制措施。两者的主要区别在于:一般的水行政强制措施在采取措施前,必须先作出水行政处理决定,据此才能采取强制措施;但在某些紧急情况下,为了保护公共利益和公民利益,来不及作出决定而采取强制措施,此为水行政即时强制。水行政即时强制必须有法律授权。

(二)水行政强制措施的方法

水行政强制措施的方法很多,一般的水行政强制措施有强制检查、强制扣押、管制、强制启用蓄滞洪区以及即时强制措施等。

(1)强制扣押。如国务院颁布的《长江河道采砂管理条例》第十八条规定:违反本条例规定，未办理河道采砂许可证，擅自在长江采砂的，由县级以上地方人民政府水行政主管部门或者长江水利委员会依据职权，责令停止违法行为，没收违法所得和非法采砂机具，并处10万元以上30万元以下的罚款；情节严重的，扣押或者没收非法采砂船舶，并对没收的非法采砂船舶予以拍卖，拍卖款项全部上缴财政。拒绝、阻碍水行政主管部门或者长江水利委员会依法执行职务，构成违反治安管理行为的，由公安机关依法给予治安管理处罚；触犯刑律的，依法追究刑事责任。

(2)管理和启用蓄滞洪区。《防洪法》第四十六条规定："江河、湖泊水位或者流量达到国家规定的分洪标准，国务院、国家防汛指挥机构，流域防汛指挥机构，省、自治区、直辖市人民政府，省、自治区、直辖市防汛指挥机构，按照依法经批准的防御洪水方案中规定的启用条件和批准程序，决定启用蓄滞洪区。依法启用蓄滞洪区，任何单位和个人不得阻拦、拖延；遇到阻拦、拖延时，由有关县级以上地方人民政府强制实施。"

(3)即时强制措施有强制调用、强制取土占地、强制砍伐等，主要用于紧急防汛期。《防洪法》第四十五条规定，在紧急防汛期，防汛指挥机构根据防汛抗洪的需要，有权在管辖范围内调用物质、设备、交通运输工具和人力，决定采取取土占地、砍伐林木、清除阻水障碍物和其他必要的紧急措施；必要时，公安、交通等有关部门按照防汛指挥机构的决定，依法实施陆地和水面交通管制。

二、水行政强制执行

(一)水行政强制执行的概念

水行政强制执行是指有关国家机关对不履行水行政机关依法作出的水行政处理决定中规定的义务，采取强制手段，强迫其履行义务，或达到与履行义务相同状态的行为。

(二)水行政强制执行的特征

(1)水行政强制执行以相对人不履行水行政决定为事实前提。

(2)强制执行的对象是故意不履行水行政机关作出的处罚或处理决定的公民、法人或其他组织。因自然原因或不可抗拒等原因不能履行的不在此列。

(3)强制执行的机关只限于有执行权的机关。可以是作出水行政执法决定的机关，也可以是受执法机关委托的其他机关，但必须是法律特别授予其行政执行权的特定机关。

(4)行政强制执行的标的具有广泛性，可以是财物，如被强行扣押的财产或强行划拨的存款；也可以是行为，如强制其履行某种义务；也可以是人身，如行政拘留等。

(5)在本质上是保障执行行政决定得以实现的强制行为。

(三)水行政强制执行的方法

水行政强制执行的方法，可分为直接强制和间接强制。

(1)直接强制包括强制划拨、强制扣缴、强制收缴、强制吊销、强制拍卖等。

强制划拨，是指在相对人拒不履行交付货币的义务时，由法律授权的主管行政机关通知银行从相对人存款中强行划拨的执行办法。

强制扣缴，是指在相对人拒不履行交付货币的义务时，由法律授权的行政主管机关从该相对人的其他款项中扣收或代为交付的执行方法。

强制吊销。如《水法》第六十九条规定："有下列行为之一的，由县级以上人民政府水行政主管部门或者流域管理机构依据职权，责令停止违法行为，限期采取补救措施，处二万元以上十万元以下罚款；情节严重的，吊销其取水许可证：

（一）未经批准擅自取水的；

（二）未依照批准的取水许可规定条件取水的。"

强制拍卖。如《长江河道采砂条例》第十八条规定：未办理河道采砂许可证，擅自在长江采砂，情节严重的，扣押或者没收非法采砂船舶，并对没收的非法采砂船舶予以拍卖，拍卖款项全部上缴财政。

(2)间接强制包括代履行和执行罚。代履行有强制清障、强制拆除、代为恢复原状、强制治理等。

强制清障。如《河道管理条例》第三十六条规定："对河道管理范围内的阻水障碍物，按照'谁设障，谁清除'的原则，由河道主管机关提出清障计划和实施方案，由防汛指挥部责令设障者在规定的期限内清除。逾期不清除的，由防汛指挥部组织强行清除，并由设障者负担全部清障费用。"

强制拆除。如《水法》第六十五条第一款规定："在河道管理范围内建设妨碍行洪的建筑物、构筑物，或者从事影响河势稳定、危害河岸堤防安全和其他妨碍河道行洪的活动的，由县级以上人民政府水行政主管部门或者流域管理机构依据职权，责令停止违法行为，限期拆除违法建筑物、构筑物，恢复原状；逾期不拆除、不恢复原状的，强行拆除，所需费用由违法单位或者个人负担，并处一万元以上十万元以下的罚款。"

代为恢复原状。如《防洪法》第五十七条规定："违反本法规第十五条第二款、第二十三条规定，围海造地、围湖造地、围垦河道的，责令停止违法行为，恢复原状或者采取其他补救措施，可以处五万元以下罚款；既不恢复原状也不采取其他补救措施的，代为恢复原状或者采取其他补救措施，所需费用由违法者承担。"

强制治理。如《水土保持法》第二十七条规定："企业事业单位在建设和生产过程中必须采取水土保持措施，对造成的水土流失负责治理。本单位无力治理的，由水行政主管部门治理，治理费用由造成水土流失的企业事业单位负担。"

执行罚有加收滞纳金、加处罚款、累进计价收费等。

第三节　水行政征收

一、水行政征收概述

（一）水行政征收的概念和特征

水行政征收是指水行政主体根据国家和社会公共利益的需要，依法向个人和组织强制地征集一定数额金钱的行政行为。目前，国家还没有开征水事方面的税收，水行政征收主要表现形式是水行政收费。如征收水资源费、河道建设维护费，收取河道采砂管理费、水文专业有偿服务费等。水行政征收具有以下法律特征：

(1)水行政征收是水行政主体针对公民、法人和其他组织依职权所实施的一种单方面的水行政行为。

(2) 水行政征收的实施必须是以相对人负有水事法律规范所规定的缴纳义务为前提。

(3) 水行政征收的实质在于水行政主体以强制方式无偿取得相对人的财产所有权。

(二) 水行政征收与水行政征用、水行政没收的区别

1. 水行政征收与水行政征用之间的区别

水行政征用是指水行政主体为了公共利益的需要,依照法定程序强制使用水行政相对人的财产、劳务的一种水行政行为。水行政征收与水行政征用二者之间的区别主要体现在:

(1) 从二者的法律后果来看,水行政征收的法律后果是水行政相对人一定的财产所有权转归国家,而水行政征用的法律后果则是水行政主体暂时取得了被征用方财产的使用权,并不发生财产所有权的转移。

(2) 从二者的行为对象来看,水行政征收一般仅限于财产内容,而水行政征用的对象不仅限于财产内容,还包括被征用方的劳务。《防洪法》第五十二条规定:"有防洪任务的地方各级人民政府应当根据国务院的有关规定,安排一定比例的农村义务工和劳动积累工,用于防洪工程设施的建设、维护。"

(3) 从能否取得补偿来看,水行政征收是水行政主体按照国家法律无偿取得水行政相对人的财产所有权,而水行政征用则是有偿的,应当在征用情形结束后归还所征用的财产,造成损坏或者无法归还的,按照国务院有关规定给予适当补偿或者作其他处理。《防汛条例》第三十二条规定:"在紧急防汛期,为了防汛抢险需要,防汛指挥部有权在其管辖范围内,调用物资、设备、交通运输工具和人力,事后应当及时归还或者给予适当补偿。"

2. 水行政征收与水行政没收之间的区别

水行政征收与水行政没收在表现形式以及法律后果方面都是相同的,均是以强制方式取得水行政相对方的财产所有权,而且是实际取得其财产所有权。但是,二者之间仍存在一定的重大区别:

(1) 水行政征收与水行政没收所发生的法律依据不同。水行政征收是以水行政相对方负有水事法律规范上的缴纳义务为前提的,而水行政没收则是以水行政相对人违反了水事法律规范的规定为前提的。

(2) 水行政征收与水行政没收二者的法律性质不同。水行政征收是一种独立的水行政行为,而水行政没收则是一种附属的水行政行为,属于水行政处罚的一个种类。

(3) 水行政征收与水行政没收二者所适用的法律程序不同。水行政征收是依据专门的征收程序,而水行政没收则是依据《行政处罚法》和《水行政处罚实施办法》,以及其他水事法律规范中有关水行政没收的程序规定。

(4) 二者在行为的连续性上表现不同。对于水行政征收而言,只要实施水行政征收法律依据与事实继续存在,水行政征收就可以一直延续下去,其行为往往具有连续性:而水行政没收则不同,对某一水事违法行为只能给予一次水行政没收的处罚。

二、水行政征收的种类

水行政征收主要有以下几种:

(1)防汛费。防汛费是指有防汛义务的公民,将年度防汛义务工所折资缴纳的用于防汛抗洪的费用。防汛费主要用于防汛物资、器材的购置、储备及紧急抢险,防汛部门基础建设和管理,防汛抢险挖占集体所有土地的补偿。《防洪法》第三条:"防洪费用按照政府投入同受益者合理承担相结合的原则筹集。"《河道管理条例》第三十八条:"河道堤防的防汛岁修费,按照分级管理的原则,分别由中央财政和地方财政负担,列入中央和地方年度财政预算。"

(2)水资源费。水资源费是指水行政主体对利用水工程或机械设施直接从地下或江河湖泊取水者按照国家或省级人民政府所制定的标准依法所征收的费用。水是资源性国有财产,取水者应当按照有偿使用原则向国家缴纳水资源费。国务院颁布的《取水许可和水资源费征收管理条例》于2006年4月15日起施行。

(3)砂石资源费。对在长江中从事采砂活动的单位和个人收取的资源费。砂石属于国家的矿产资源,对资源实行有偿使用,是国际通行的做法。《长江河道采砂管理条例》第十七条规定:从事长江采砂活动的单位和个人应当向发放河道采砂许可证的机关缴纳长江河道砂石资源费。从事长江采砂活动的单位和个人,不再缴纳河道采砂管理费和矿产资源补偿费。

(4)河道采砂管理费。为了加强河道的整治与管理,合理采取河道范围内的砂石,水行政主体向在河道管理范围内采砂挖石、取土和淘金的采砂者所征收的一种费用。用于河道的整治、堤防工程的维修和工程设施的更新与改造。《河道管理条例》第四十条:"在河道管理范围内采砂、取土、淘金,必须按照经批准的范围和作业方式进行,并向河道主管机关缴纳管理费。"河道主管机关收取的各项费用,用于河道堤防工程的建设、管理、维修和设施的更新改造。但是在长江中采砂,则收取的是砂石资源费。

(5)河道工程修建维护管理费。受洪水威胁的省、自治区、直辖市为了加强本行政区域内防洪工程设施的建设,提高防御洪水的能力,水行政主体可以按照国务院的有关规定向在防洪保护区范围内的工业、商业企业和公民个人征收河道工程修建维护管理费,用于河道堤防等防洪工程的建设、维修和设施的更新改造。《河道管理条例》第三十九条:"受益范围明确的堤防、护岸、水闸、圩垸、海塘和排涝工程设施,河道主管机关可以向受益的工商企业等单位和农户收取河道工程修建维护管理费,其标准应当根据工程修建和维护管理费用确定。"

(6)水保两费,即水土保持设施补偿费和水土流失防治费。水土保持设施补偿费,是针对从事自然资源开发、生产建设和其他活动破坏地形、地貌、植被的生产建设单位和个人开征的特别收费,用于水土保持设施的建设。水土流失防治费,是针对进行生产建设活动造成水土流失不能自行治理的单位和个人开设的,用于相应工程造成的水土流失的治理。

(7)滞纳金。滞纳金是指水行政相对方不按照水事法律规范所规定的方式、期限向水行政主体缴纳应征收的行政事业收费和水行政处罚款,水行政主体可以按照水事法律规范的规定向其增加征收的部分费用。《行政处罚法》规定:当事人到期不缴纳罚款的,每日按罚款数额的3%加处罚款。

(8)水利基金。水利建设基金属于政府性基金,是从中央和地方收取的政府性基金中提取一定比例组成的。《防洪法》第五十一条规定："国家设立水利建设基金，用于防洪工程和水利工程的维护和建设。"国务院印发的财政部商国家计委、水利部等有关部门制定的《水利建设基金筹集和使用管理暂行办法》，于1997年1月1日生效执行。办法规定："中央水利建设基金主要用于关系国民经济和社会发展全局的大江大河重点工程的维护和建设。地方水利建设基金主要用于城市防洪及中小河流、湖泊的治理、维护和建设。跨流域、跨省（自治区、直辖市）的重大水利建设工程和跨国河流、国界河流我方重点防护工程的治理费用由中央和地方共同负担。"

上述几项内容归纳起来，无外乎以下三种类别：

（1）因使用水资源及其延伸资源而引起的征收，如水资源费等。这类征收的实质是有偿使用原则在水资源及其延伸资源等资源性国有财产领域上的适用。对于盘活我国的资源性存量国有财产，促进国有财产与资源的合理配置，推动我国国民经济建设和社会发展，最大限度地发挥国有财产与资源的价值有着重要的意义。

（2）因水事法律规范所规定的义务而引起的征收，如河道工程修建维护管理费、河道采砂管理费、水利基金等。这类征收的实质是指凭借国家强制力无偿参与公民、法人或其他组织收入分配而取得财产所有权。

（3）因违反水事法律规范的规定而引起的征收，如水行政罚款滞纳金的征收。

过去，在水行政收费项目中还有水利工程农业水费一项，但自2003年后，水利工程农业水费转为经营性收费项目，不再作为行政事业性收费管理。

三、水行政征收的方式与程序

（一）水行政征收的方式

水行政征收的方式包括水行政征收的行为方式与计算方式。根据现行的水事法律规范，水行政征收的行为方式有定期定额征收、查定征收等，至于具体采用何种征收方式由水行政征收主体根据水事法律规范的规定，结合相对方的具体情况而定，但是无论采取何种方式都应当以书面形式进行征收工作。

（二）水行政征收的程序

水行政征收的程序是指水行政征收行为应采取的先后步骤。根据水事法律规范的规定，水行政征收的实现方式有：①水行政相对方自愿缴纳。当水行政相对方按照规定的方式，在法定的期限内向水行政主体主动履行缴纳义务后，水行政征收行为即告结束。②由水行政主体强制相对方缴纳。当水行政相对方未按照规定方式，在法定的期限内主动履行缴纳义务的，水行政征收即进入强制征收程序。

案例

案情

2004年5月12日，山东省招远市水务局水行政执法人员在巡查中，发现本市某村村委雇用铲车驾驶员曲某违法在界河河道保护区内取土、采砂，当场下达《责令停止水事违法行为通知书》并及时向领导汇报案情，水务局经研究决定立案查处。5 月 13 日上午，执法人员再次来到事发现场，曲某驾驶铲车仍在违法作业，执法人员当场对其铲车实施登记保存，责令其将铲车开到招远市水务局，将《登记保存物品通知书》下达给采砂现场负责人孙某，其在副本上签字确认。同时执法人员对现场进行了拍照、摄像、现场勘验，制作了勘验笔录。通过获取的证据，水务局经分析梳理后，认定村委为本案的行政相对人，是违法当事人，其违法采砂取土已达 2 万 m^3。于是水务局于 5 月 18 日将《水行政处罚告知书》及《解除登记保存物品通知书》送达该村委，通知其提取铲车并告知立即停止违法行为，恢复原状，拟给予罚款 4 万元的行政处罚。村委接通知后曲某始终未来提车，直到 2004 年 7 月 13 日，水务局再次将提车通知送达村委，曲某才将车提走。

曲某对水务局的登记保存想不通。他认为自己是受村委雇用，水务局行政处罚的对象是村委，要登记保存也该保存村委的物品，而不该是自己的铲车。于是，曲某一纸诉状将水务局告上法庭，以水务局登记保存违法为由，要求水务局赔偿铲车损失 2 万元。

点评

本案争议的焦点是水务局实施的扣押曲某的铲车并登记保存这个具体行政行为是否合法，以及水务局应否赔偿原告曲某的损失。首先，实施登记保存的主体是合法的。根据《水法》、《河道管理条例》的规定，水务局具有行政主体资格，其对河道管理范围内的违法取土行为进行依法查处，将曲某的铲车扣押也是一种水行政强制措施，其目的在于预防、制止或控制危害水事活动的行为发生，是法律法规赋予的职责。其次，适用法律正确。《行政处罚法》赋予行政机关查处违法行为行使登记保存的权力。本案中行政相对人村委在水务局下达《责令停止水事违法行为通知书》后仍违法作业，铲车作为其实施违法行为的证据，为防止违法行为继续或证据隐匿转移，水务局对铲车实施保存，符合法律规定，适用法律正确。曲某未及时将铲车提走，责任与水务局无关，水务局已履行完应尽的告知义务。行政执法靠的就是证据，行政诉讼打的也是证据，证据合法是具体行政行为合法的坚实基础。

因此，行政执法必须确保其实施的具体行政行为合法，做到事实清楚、证据确凿。就本案而言，从实体上说，本案自立案开始，执法人员就注意收集证据，为此做了大量艰苦细致的工作，构成了完整的证据锁链，印证了当事人的违法事实，做到了证据确凿、事实清楚。从程序上，招远市水务局自立案起，调查取证、告知、通知、行政处罚告知等手续完全严格依法进行，在法定期间，依照法定的程序，履行了法定的义务。

第十四章 水行政的法律调解与处理

第一节 水行政调解

一、水行政调解概述

(一)水行政调解概念

水行政调解,是水事纠纷调解解决的最常用的一种方法,是指发生水事纠纷的当事人在自愿的基础上,在水行政机关的主持下,通过友好协商、互让互谅达成协议,从而解决水事纠纷的行政行为。

随着依法行政、依法治水进程的加快,水行政调解逐渐规范。根据行政法学理论,水行政调解可分为代理一方调解和主持调解。在实际操作中,水行政机关一般情况下不代理一方调解,经常性的调解往往是主持调解,即依照法律法规和政策的有关规定,以第三者的身份居中调解。总之,水行政调解属于行政协调的范畴。它不同于水行政机关单方强制作出的水行政决定。实践证明,水行政调解对妥善解决水事纠纷、依法治水、团结治水、促进社会和谐,具有不可替代的作用。

(二)水行政调解特征

水行政调解中国家水行政主管机关以中间人的角色,在调解中居于主导地位。主持调解时,以维护法律法规的正确实施和国家利益为前提,兼顾双方当事人的合法利益,以求达成和解。水行政调解具有以下特点:

(1)简便性。水行政机关主持调解是在诉讼程序之外进行的,因而它不受我国民事诉讼法、行政诉讼法的制约,其主持调解完全可以根据实际需要自由选择合适的时间、地点和方法。因此,相对于其他解决方式,具有独特的简便性和灵活性。

(2)及时性。水行政机关主持调解没有法定的程序和步骤,纠纷发生后,只要将基本事实弄清楚就可以开展工作,不必像法院审理案件那样必须把全案的每一件事实和证据都一一认定落实后再作出裁决。因此,多数水事纠纷的协调往往能在短时间内完成或见到成效。

(3)自愿性。调解只能在争议双方当事人自愿接受的条件下才能进行,强制调解无效。但对地区间的水事纠纷争议双方的共同上一级政府可根据行政职权强制调处并作出行政裁决,当事人必须遵守执行。

(4)主动性。除了当事人要求调解之外,水行政机关在进行水管理、监督活动中,如果发现水事活动当事人出现纠纷后,从维护正常水事秩序出发,应当主动了解情况,化解双方的矛盾。因此,在水事纠纷调解过程中水行政调解深受地方有关部门及有关当事人的欢迎。

二、水行政调解范围

随着经济社会的快速发展和城市化进程的加快，水事矛盾越来越突出，处理水事纠纷的难度也有所增大。尤其是一些地方政府直接负责的项目引发的水事纠纷日渐增多，给水行政管理工作带来更大困难。从目前情况看，经常发生的水事纠纷主要有以下几种：

(1)因一方修建跨河工程给上下游、对岸堤防的防洪标准造成影响，或不能正常用水而引起的纠纷；

(2)因水资源的开发利用引起的纠纷；

(3)因泄洪或排涝引发的纠纷；

(4)因向河道排放污染物引发的纠纷；

(5)其他纠纷。

三、水行政调解程序

目前，水行政机关主持调解的程序问题，在法律法规或水利部规范性文件中没有明确的规定。根据以往的工作经验，我们认为可将调解水事纠纷的基本程序和方法归纳如下：

(1)调解前的准备工作。一是主持调解必须接受纠纷当事人的委托，是纠纷双方自愿，而不能是只有一方同意。委托前应由纠纷双方明确主持调解的内容、性质、要求、作用等，以便使纠纷当事人摆正与水行政机关之间的关系。二是了解水事纠纷的事实真相，掌握法律法规和政策的有关规定。三是做好双方的思想工作，使双方都能端正态度，以积极主动姿态配合调解工作。

(2)调解阶段的工作。一是水行政机关阐述法律法规和政策的有关规定，主持调解的意义、原则。二是纠纷双方分别介绍水事纠纷的起因、经过和后果，并提出各自的处理意见。三是纠纷双方交换意见。在调解中，应提倡当事人双方对关键问题交换看法，甚至展开辩论。水行政机关要认真听取双方的辩论，辨别陈述的理由是否合情合理合法。四是提出解决方案，促成和解。水行政机关要明确对水事纠纷的意见，分清双方的责任，并提出调解方案。

(3)协议阶段的工作。经调解达成协议的，应制作调解协议书(纪要)。协议书既可以由水行政机关起草征求双方的意见定稿，也可由纠纷双方分别起草后交水行政机关进行协调后定稿。协议书(纪要)必须包括以下内容：①纠纷双方是单位的，写明单位的基本情况及法定代表人的情况，是个人的写明自然人的情况；②双方水事纠纷的起因、经过；③主持调解的时间、地点，主持调解的水行政机关及其负责人和工作人员；④双方应享受的权利和承担的义务，这一部分是中心内容，应当写详细；⑤双方履行义务的最后期限；⑥双方当事人的签名等。

(4)调解协议履行阶段的工作。双方当事人达成调解协议后，可以认为调解工作已经结束。但是，为了维护纠纷双方的合法权益，水行政机关在主持调解后，对协议书的履行也应进行监督。因此，在履行阶段水行政机关应努力做好以下工作：①对于不主动履行协议的，要督促其自觉履行；②对于因特殊原因不能按时履行的，在征得对方同意后可以延后履约；③对有能力履行而到期拒不履行的，水行政机关可提请其上级主管机关责令其履行。纠纷另一方也可采取其他合法手段维护自己的合法权益。一方无正当理由反悔的，调解协议可以作为有效证据。

第二节　水行政复议

一、水行政复议概述

行政复议是一项法律救济制度，是一项应管理相对人的请求，由行政机关内部自我纠正错误的监督机制。目的是防止并纠正行政机关以及行政机关工作人员作出违法的或不适当的具体行政行为，从而保护公民、法人和其他组织的合法权益，保障和监督行政机关依法行使职权。第九届全国人大常委会第九次会议于1999年4月29日通过了《中华人民共和国行政复议法》，并以第16号主席令予以公布，于1999年10月1日起施行。该法的颁布实施，对于推动社会主义民主政治建设，促进行政机关依法行政，维护社会经济秩序和社会稳定，具有重要的作用。

（一）水行政复议的概念及特征

1. 水行政复议概念

水行政复议，是指水行政管理相对人认为水行政主管部门的具体行政行为侵犯其合法权益，而向其上级行政主管机关或其他法定机关申请撤销或变更该具体行政行为，由复议机关对原具体行政行为进行复查并作出复议决定的活动。

2. 水行政复议特征

水行政复议是行政复议制度在水行政管理领域的具体化。其主要特征是：

（1）水行政复议是依申请而为的行为。相对人如果对原水行政主管机关作出的具体行政行为不服，必须有不服的法定表示，即在法定期限内以法定形式向有管辖权的复议机关提出申请，才能发生水行政复议的行为。也就是说，相对人不提出复议，水行政复议机关就不能主动复议。

（2）法律关系是特定的。在水行政复议关系中，申请人和被申请人是确定的，申请人只能是与具体行政行为有利害关系的公民、法人或其他组织；被申请人只能是依法行使水行政管理权的水行政主管部门。

（3）水行政复议的请求是单方的。水行政复议的起因是公民、法人或者其他组织"认为"行政机关的具体行政行为违法、不当或作出该具体行政行为所依据的规定不合法，侵犯其合法权益。这里的"认为"就反映出以相对人的主观评价为主导，不论其申请的事实和理由是否真正符合客观事实，只要其"认为"，就可提出复议申请。

（4）水行政复议具有很强的专业性。如相对人申请在行洪、排涝河道采砂，水行政主管部门不予批准，相对人不服，申请上级水行政主管部门复议，复议机关在复议时，不可避免地涉及对采砂是否影响河势变化、是否妨碍河道行洪等技术性问题的审查，这就必然要涉及水文问题、泥沙问题、河流动力学等问题，其技术性十分复杂，这无疑增加了水行政复议的复杂性。客观上也就要求复议人员熟悉和了解多方面的知识，在处理此类复议案件时，不仅要依据水法律法规，还要符合河势的客观规律，满足有关技术方面的要求。

(二)水行政复议的原则

水行政复议的原则,就是指水行政复议的参加人在水行政复议活动中应当遵守的行为准则。《水利部行政复议工作暂行规定》第四条规定:“行政复议工作应当遵循合法、公正、公开、及时、便民的原则,坚持有错必纠,保障水法规的正确实施。”

1. 合法原则

依法行政是行政管理的基本原则,当然也是行政复议应当遵守的原则。首先,行政复议机关应当对案件具有管辖权;其次,复议机关的活动应当依法进行;再次,作出的复议决定应当符合法律规定。

2. 公开公正原则

公开原则,是指行政复议活动应当公开进行,复议案件的受理、调查、审理、复议决定的做出,都应当尽可能地对当事人和社会公开。

公正原则,是指复议机关在进行复议的过程中,应当公正地对待双方当事人。不得因为被申请人是自己的下属机关而有所偏袒。

3. 及时便民原则

一般地讲,具体行政行为多数都涉及相对人的实体权利义务。“迟来的公正就是不公正”。复议机关在受理、审查、作出复议决定的过程中,应当尽可能地缩短时间,以维护相对人的合法权益。此外,在复议中,还应当因地制宜,方便相对人参加复议,避免当事人不必要地耗费时间、财力和精力。

4. 有错必纠原则

设立行政复议的目的,就是为了保护公民、法人和其他社会组织的合法权益;防止和纠正违法或不当的行政行为,以监督和保障行政机关依法行使管理职权。复议机关在复议中发现具体行政行为具有法定的撤销、变更的情形的,应当依法作出复议决定。认定被申请人不履行法定职责的,决定其在一定期限内履行。

(三)水行政复议的作用与意义

水行政复议是行政复议制度在我国水资源管理领域中的具体运用和体现,对促进、推进水行政主体及其工作人员依法行政、依法治水、依法管水都具有重要的作用和意义。

(1)行政复议制度不仅是解决行政争议的一种手段,也是上级水行政主管部门对下级水行政主管部门具体行政行为进行监督的一种方式与活动,因此通过水行政复议,可以促进上下级之间的监督,增强行政机关工作人员的法制观念。此外,水行政复议机构的复议,能够及时、准确地纠正水行政主管部门及其工作人员错误的具体水行政行为,从而达到维护公民、法人或其他组织合法权益的目的。

(2)用行政复议方法解决行政争议,简便迅速,节省时间和金钱。因为行政机关对本部门的业务熟悉,上下级之间具有领导服从关系,当下级机关与行政相对人发生争执后,上级机关有可能利用自身的这些长处,迅速查清事实,解决争议,并可以直接查处有违法失职的直接责任人员。同时,由于行政争议不得收取任何费用,因此相对人采取行政复议的方法得到救济,远远比通过行政诉讼获得救济更节省金钱和时间。

(3)相对于行政诉讼来说,通过行政复议,一方面可以减轻人民法院的压力,另一方面行政复议在诉讼之前,也有利于人民法院明确诉讼标的,对于人民法院迅速查清事实、作出正确判决起到重要作用。

二、水行政复议受案范围

一般来说,相对人认为水行政主管部门的具体行政行为侵犯其合法权益的,均可依法申请行政复议。但是,并非所有的具体行政行为,相对人都可以申请复议,这正是水行政复议的范围所要解决的问题。

(一)可申请复议的水行政行为

根据《中华人民共和国行政复议法》(以下简称《行政复议法》)以及《水利部行政复议工作暂行规定》的规定,可以申请水行政复议的内容有以下几个方面:

(1)对水行政主管机关及流域机构作出的行政处罚决定不服的;水行政相对人对水行政主管部门行政执法中的罚款、吊销许可证、没收非法所得、责令赔偿损失或者采取补救措施等水行政处罚不服的,可以依法申请水行政复议。

(2)对水行政主管机关及流域机构作出行政强制措施决定不服的;水行政相对人对水行政主管部门在水事监督与检查管理活动中所采取的即时强制措施不服的,如责令拆除水障碍物,可以依法申请水行政复议。

(3)对水行政主管机关及流域机构作出的取水许可证、水利工程建设监理资质证和资格证、采砂许可证等证书变更、中止、撤销的决定不服的;相对人认为其符合水事法律规范所规定的,申请某一许可证书或规划同意书的条件,而向水行政主管部门申请颁发许可证书、规划同意书,如申请颁发取水许可证、监理工程师资格证、河道内建设项目审查同意书等,但是相关的水行政主管部门拒绝颁发而且没有告知理由的,相对人可以依法申请水行政复议。

(4)对水行政主管机关及流域机构作出的关于确认水流的使用权和决定不服的;根据我国宪法规定,矿藏、水流、森林、山岭、草原、荒地、滩涂等自然资源,都属于国家所有(法律规定属于集体所有的森林、山岭、草原、荒地、滩涂除外),公民、法人和其他组织可以依法取得使用权。对于上述自然资源的所有权或使用权的确认和核发证书,是县级以上各级人民政府及其主管部门的法定职责。据此,公民、法人和其他组织对各级人民政府及其水行政主管部门关于确认水流、滩地等的所有权或者使用权的决定不服的,必须先申请行政复议。

(5)认为水行政主管机关及流域机构侵犯合法的经营自主权的。

(6)认为水行政主管机关及流域机构违法集资或者违法要求履行其他义务的。

(7)认为符合法定条件,申请水行政主管机关及流域机构颁发取水许可证、采砂许可证、水利工程建设监理资质证、水利工程建设监理资格证、施工企业资质证等证书,或者申请审查同意河道管理范围内建设项目、开发建设项目水土保持方案,水行政主管机关及流域机构没有依法办理的。

(8)认为水行政主管机关及流域机构的其他具体行政行为侵犯其合法权益的。

(二)不可申请复议的水行政行为

根据水事法律规范和《行政复议法》的规定,下列事项是不能申请水行政复议的:

(1)水行政法规和规章。相对人对水行政主管部门制定水事管理规章等抽象水行政行为不服的,只能向有关国家机关提出,不能申请水行政复议。

但是,依据《水利部行政复议工作暂行规定》,对水利部、流域机构、流域机构所属管理机构或者省、自治区、直辖市水利(水电)厅(局)作出具体行政行为所依据的水利部的规定认为不合法的,公民、法人或者其他组织在申请行政复议时可以一并提出对该规定的审查申请。流域机构受理的行政复议申请中,申请人提出前款要求的,流域机构应在受理行政复议申请之日起7日内通过直接送达、邮寄送达等方式将申请人对水利部的规定的审查申请移送水利部,水利部应当在60日内依法处理。水利部受理的行政复议申请中,申请人提出前款要求的,水利部应当在30日内依法处理。

处理期间,中止对具体行政行为的审查并应及时通知申请人、被申请人及第三人。

(2)水行政主管部门所作出的行政处分和其他人事处理决定。通常又称为"内部行政行为"。被处分或者被处理的人不服决定,不能申请水行政复议,但可以依照有关法律和行政法规的规定提出申诉。

(3)水行政主管部门对民事纠纷作出的调解或其他处理。水行政主管部门对民事纠纷的调解行为,是双方在自愿基础上进行的。达成的协议是双方的意思表示,不是水行政机关的行政行为。一方当事人反悔的,双方都有权向法院提出诉讼,但不能申请行政复议。

三、水行政复议的机构和管辖

(一)水行政复议的机构及其职责

水行政复议机构是指在有复议权的行政机关内部设立的,依法审理水行政复议案件的机构。它和水行政复议机关是两个不同的概念,行政复议机关是指依法享有行政复议权的行政机关,即作出具体水行政行为的行政机关的上一级机关(同级人民政府或上一级水行政主管部门);水行政复议机构则是由水行政复议机关内设的审理水行政复议案件的机构,它从属于水行政复议机关,具体办理水行政复议案件。

1. 水行政复议机构的类型

根据《行政复议法》及水行政法律法规的规定,水行政复议机关有两类:一类是同级人民政府,另一类是上一级水行政主管部门。水行政复议机构是指这二者的法制工作机构,其中前者为人民政府法制局,后者为水政机构。

2. 水行政复议机构的职责

(1)审查复议申请是否符合法定条件;

(2)向争议双方、有关单位及有关人员调查取证,查阅文件资料;

(3)组织审理复议案件;

(4)拟定复议决定;

(5)受复议机关法定代表人的委托出庭应诉;

(6)法律、法规规定的其他职责。

(二)水行政复议的管辖

水行政复议的管辖是指确定行政机关受理水行政复议案件的分工和权限的制度。根据《行政复议法》及水事法律规范的规定,水行政复议管辖包含以下内容。

1. 一般管辖

一般管辖主要解决的是不服县级以上地方各级人民政府水行政主管部门的具体水行政行为以及不服地方各级人民政府的具体水行政行为所引起的复议管辖。具体而言有以下情况：

(1)对地方各级人民政府水行政主管部门的具体水行政行为不服而申请复议的，由相应的上一级水行政主管部门管辖。

(2)对地方各级人民政府的具体水行政行为不服而申请复议的，由上一级人民政府管辖，但是对省级人民政府作出的具体水行政行为不服的案件只能由省级人民政府管辖。

(3)对水利部的具体行政行为不服的，仍向水利部申请复议。对行政复议决定不服的，可以向人民法院提起行政诉讼，也可以向国务院申请裁决，国务院依照《行政复议法》的规定作出最终裁决。

(4)对其他协调管理部门(如林业、国土、交通等)作出的具体水行政行为不服而申请复议的，应由各自的上一级业务主管部门管辖，但是国务院所属的其他行业主管部门在协同水行政主管部门管理水资源的过程中所产生的复议案件则只能由各自受理并管辖。

2. 特殊管辖

在水资源管理过程中，由于水资源的多功能性以及水事管理实践中具体水行政行为的复杂性，还存在着一些复议案件不能按照一般管辖的原则来确定复议管辖机关的情况，即特殊管辖。特殊管辖的内容如下：

(1)对两个或两个以上行政机关共同作出的具体行政行为不服而申请复议的，由其共同的上一级行政机关管辖，而不是由各行政主管部门各自的上一级业务主管部门管辖。在实践中可能有这样几种情况：①同一政府两个或者两个以上工作部门以共同的名义作出的具体行政行为，由其共同的上一级行政机关县(市)人民政府管辖。②两个或两个以上所属不同地方政府管理的工作部门以共同的名义作出具体行政行为，又可以分两种情况，第一种情况是，两个部门隶属于同一个行政主管部门，如同一地级市的两个县级市的水利局以共同的名义作出的具体行政行为，由其共同的上一级行政机关地级水利部门管辖；第二种情况是，两个部门属于不同的行政主管部门，如一个县级市的水利部门与一个县的土管部门以共同的名义作出的具体行政行为，由其共同的上一级行政机关地级市人民政府管辖。③两个或两个以上地方人民政府作出的具体行政行为，由其共同的上一级人民政府管辖。

(2)不服法律法规授权的组织作出的具体行政行为而申请复议的，由直接主管该组织的行政机关管辖。法律法规授权的组织是指根据《水法》和其他水事法律、法规的规定，享有一定的水事管理职权的组织，如国家在长江、黄河、太湖等重要江河、湖泊所设立的流域管理机构。

(3)不服已被撤销的水行政主管部门所作出的具体水行政行为而申请复议的，应该由继续行使该职权的上级机关管辖。

3. 水行政复议案件的移送、指定和选择管辖

(1)移送管辖，是指水行政复议机关对已经受理的水行政复议案件，经过审查后发现自己对该案件没有管辖权，而依法将其移送至有管辖权的水行政复议机关。受移送的水

行政复议机关不得再次自行移送。

(2)指定管辖,是指两个或两个以上的水行政主管部门,或者是水行政主管部门与别的行业主管部门对某一水行政复议案件的管辖权发生争议,而且协商不成,由共同的上级指定某一水行政主管部门对该案件享有管辖权。它通常发生在同一政府所属的几个部门之间,对共同实施的具体水行政行为而引起的复议案件管辖权的彼此推诿或者互相争夺。

(3)选择管辖,是指某一水行政复议案件的申请人同时向两个或两个以上的享有管辖权的水行政主体申请行政复议时,由最先收到复议申请书的管辖。

四、水行政复议的程序

(一)申请

水行政复议申请,是指相对人认为水行政主管部门的具体行政行为侵犯其合法权益,以自己的名义要求复议机关重新审议,以维护自己的合法权益。在整个复议过程中,复议申请是引起水行政复议程序的法定依据,是水行政复议程序不可缺少的环节。

1. 申请复议的条件

(1)复议申请人必须是认为某一具体水行政行为直接侵犯其合法权益的公民、法人或其他组织。这是对复议申请人主体资格的要求与限制。

(2)有明确的被申请人。即申请人在复议申请书中具体指明侵犯其合法权益的水行政主管部门是哪一个,是一个还是几个。被申请人不是实施具体水行政行为的工作人员,而是工作人员所从属的、所代表的水行政主管部门。

(3)必须有具体的复议请求和事实依据。申请人在提出复议申请时,应当首先在申请书中载明具体的复议请求,有时可附带提出行政赔偿请求。

(4)提请的复议内容在复议范围之内。要求申请人提出的争议事项必须是法律、法规、规章或其他规范性文件允许复议的事项,如果不属于允许提出复议范围的事项,复议机关将不予受理。

(5)属于受理复议机关的管辖范围。这里对复议机关的规定,要求相对人只能向享有管辖权的水行政主管部门提出复议申请。除特殊规定外,申请人的复议申请一般只能向最初作出具体水行政行为的水行政主管部门的上一级机关提出。

2. 申请复议的时限

《行政复议法》规定,公民、法人或者其他组织认为具体行政行为侵犯其合法权益的,可以自知道该具体行政行为之日起60日内提出行政复议申请,但是法律规定的申请期限超过60日的除外。因不可抗力或者其他正当理由耽误法定申请期限的,申请期限自障碍消除之日起继续算起。

行政复议申请期限的计算,依照下列规定办理:

(1)当场作出具体行政行为的,自具体行政行为作出之日起计算。

(2)载明具体行政行为的法律文书直接送达的,自受送达人签收之日起计算。

(3)载明具体行政行为的法律文书邮寄送达的,自受送达人在邮件签收单上签收之日起计算;没有邮件签收单的,自受送达人在送达回执上签名之日起计算。

(4)具体行政行为依法通过公告形式告知受送达人的,自公告规定的期限届满之日起计算。

(5)行政机关作出具体行政行为时未告知公民、法人或者其他组织,事后补充告知的,自该公民、法人或者其他组织收到行政机关补充告知的通知之日起计算。

(6)被申请人能够证明公民、法人或者其他组织知道具体行政行为的,自证据材料证明其知道具体行政行为之日起计算。

行政机关作出具体行政行为,依法应当向有关公民、法人或者其他组织送达法律文书而未送达的,视为该公民、法人或者其他组织不知道该具体行政行为。

3. 复议申请的形式和内容

申请人申请行政复议,可以书面申请,也可以口头申请。

申请人书面申请行政复议的,应当在行政复议申请书中载明下列事项:

(1)申请人的基本情况,包括:公民的姓名、性别、年龄、身份证号码、工作单位、住所、邮政编码;法人或者其他组织的名称、住所、邮政编码和法定代表人或者主要负责人的姓名、职务。

(2)被申请人的名称。

(3)行政复议请求、申请行政复议的主要事实和理由。

(4)申请人的签名或者盖章。

(5)申请行政复议的日期。

申请人口头申请行政复议的,行政复议机构应当依照书面申请书要求载明的事项,当场制作行政复议申请笔录交申请人核对或者向申请人宣读,并由申请人签字确认。

4. 水行政复议申请的撤回

水行政复议申请的撤回,是指复议申请人依法撤回其复议申请书的意思表示。提出复议申请是申请人的权利,撤回复议申请也是申请人的权利。根据《行政复议法》的规定,申请人撤回复议申请必须在复议机关受理其申请之后、尚未作出复议决定前提出,同时要说明理由。申请人撤回复议申请的原因很多,归纳起来主要有:一是申请人自愿撤回;二是在复议过程中,被申请人主动改变其原来所作出的具体水行政行为,申请人同意并申请撤回复议申请的,经复议机关同意并记录在案后,可以撤回其复议申请。

根据《行政复议法》的规定,申请人撤回复议申请的,行政复议自行终止。申请人撤回行政复议申请的,不得再以同一事实和理由提出行政复议申请。但是,申请人能够证明撤回行政复议申请违背其真实意思表示的除外。

(二)受理

受理是指复议申请人提出复议申请后,经有管辖权的行政复议机关审查,认为符合申请条件的,决定立案审理的行为,它是承接申请与审理的重要环节。

1. 审查

有复议权的水行政主管部门收到复议申请以后,应从以下几个方面进行审查:①行政复议申请是否属于行政复议的受案范围;②复议申请是否在法定期限内提出,超过法定期限有无正当理由;③复议申请人的主体资格是否符合要求,即申请人是不是水行政主管部门的具体行政行为侵犯其合法权益的公民、法人或者其他组织;④复议申请书的内容是否完备;⑤行政复议申请是否属于本行政复议机关的管辖范围;⑥审查该复议申请是否在复议申请之前已向人民法院起诉，一旦已提出行政诉讼，则表明其已放弃了行政复议这一救济程序。

2. 处理

复议机关在收到复议申请书之日起5日内，对复议申请分别作出处理：复议申请符合《行政复议法》规定的，予以受理，决定受理的，不需要再作出书面的行政处理决定，可以直接进入行政复议审理阶段，通知被申请人参加行政复议；如果认为行政复议申请不符合法定要件，如超过法定期间且无正当理由，或者已经提起行政诉讼，或者不属于本行政复议机关管辖范围内，应当裁定不予受理，并书面告诉复议申请人不予受理的理由。

3. 通知

水行政复议机关在对行政复议申请进行审查的过程中，发现行政复议申请材料不齐全或者表述不清楚的，行政复议机构可以自收到该行政复议申请之日起5日内书面通知申请人补正。补正通知应当载明需要补正的事项和合理的补正期限。无正当理由逾期不补正的，视为申请人放弃行政复议申请。补正申请材料所用时间不计入行政复议审理期限。

经审查符合条件的，水行政复议机构应当自行政复议申请受理之日起7日内，将行政复议申请书副本或者行政复议申请笔录复印件发送被申请人；被申请人应当自收到申请书副本或者申请笔录复印件之日起10日内，提出书面答复，并提交当初作出具体行政行为的全部证据、依据和其他有关材料。受理日期是指行政复议机关负责法制工作的机构收到复议申请之日。

（三）审理

审理是指水行政复议机关对所受理的复议申请案件的合法性与适当性进行审查的过程，审理是水行政复议程序的核心内容。

1. 准备工作

（1）确定复议人员；

（2）更换或者追加复议参加人；

（3）决定有关复议工作人员是否应予回避；

（4）决定具体行政行为是否应该停止执行。

2. 审理方式

《水利部行政复议工作暂行规定》第十条规定："行政复议原则上采取书面审查的办法。复议工作机构认为有必要时，可以向有关组织和人员调查情况，听取申请人、被申请人和第三人的意见。"

水行政复议机关在审理水行政复议案件时以书面审理为主。所谓书面审理，是指复议机关在审理复议案件时，仅就案件的书面材料进行审理，作出复议决定的方式。这种审理方式原则上不传唤复议参加人和证人等到行政复议机关；水行政复议机构书面审查的客体是被申请人作出的具体行政行为是否合法和适当，主要是指对其权限、事实、法律适用、程序及适当性进行审查。

对于有些案情复杂，申请人和被申请人提交的材料难以反映案件真实情况的，水行政主管部门可以召集双方当事人、第三人、证人听取有关意见，厘清有关案情。

（四）决定

水行政复议决定，是指水行政复议机关通过审理，查清事实，明确责任，对该具体水行政行为的合法性、适当性进行全面审查后作出的审查结论。

根据《行政复议法》的规定，复议决定应当自受理申请之日起 60 日内作出（除法律规定少于60 日的除外）；情况复杂，不能在60 日内作出行政复议决定的，须经行政复议机关负责人批准，适当延长，并告知申请人和被申请人，但延长期限最多不超过30 日。

复议决定应根据不同情况，有以下几种处理方式：

（1）维持被申请人的具体行政行为。维持是指保持原具体行政行为，使其继续存在下去。它是对被申请复议的具体行政行为的充分肯定。在具体行政行为符合以下 5 个条件时作出：①事实清楚，即具体行政行为所认定的事实在整体上是客观存在的；②证据确凿；③适用法律正确；④符合法定权限和程序；⑤内容适当，内容是指该行为所包涵的权利义务。

（2）决定被申请人在一定期限内履行法定职责。行政机关是国家对社会实行行政管理职能的重要组织，其职责权限主要由法律、法规予以规定，具体体现在该机关的日常工作中。如果该机关没有履行其应当履行的法定职责而被公民、法人或其他组织申请复议，复议机关就必须责令该机关在一定期限内履行自己的职责。

（3）撤销原具体行政行为。撤销是指取消已经发生的行政行为，行政行为自被撤销之日起失去法律效力，撤销的效力可一直追溯到行政行为作出之日。需要撤销的具体行政行为有以下几种：①事实不清，证据不足；②适用的法律、法规、规章和具有普遍约束力的决定、命令错误；③违反法定程序；④超越或者滥用职权；⑤具体行政行为明显不当；⑥被申请人未能依照《行政复议法》规定，提出书面答复及提供做出原具体行政行为的证据、依据；⑦对具体行政行为所依据的不符合法律规定的文件，复议机关有权处理时，应作出撤销该抽象行政行为的决定。

决定撤销或者确认该具体行政行为违法的，可以责令被申请人在一定期限内重新作出具体行政行为。

（4）变更原具体行政行为。具体行政行为有下列情形之一，行政复议机关可以决定变更：①认定事实清楚，证据确凿，程序合法，但是明显不当或者适用依据错误的；②认定事实不清，证据不足，但是经行政复议机关审理查明事实清楚，证据确凿的。

（五）执行

复议决定一经送达即发生法律效力。被申请人不履行或者无正当理由拖延履行行政复议决定的，行政复议机关或者有关上级行政机关应当令其限期履行。申请人逾期不起诉又不履行行政复议决定的，分别处理如下：

（1）维持具体行政行为的复议决定，由作出具体行政行为的行政机关依法强制执行或者申请人民法院执行；

（2）变更具体行政行为的复议决定，由复议机关依法强制执行或者申请人民法院执行。

第三节　水行政诉讼

一、水行政诉讼概述

（一）行政诉讼、民事诉讼与刑事诉讼

1. 行政诉讼

行政诉讼是指公民、法人或者其他组织，即行政相对方，认为行政主体的行政行为违法而依法诉诸人民法院，人民法院据此在双方当事人和其他诉讼参与人的参加下，对行政案件进行受理、审理、裁判以及报告裁判等司法活动的总和，是司法机关解决行政争议的一种法律制度。

行政诉讼有几个特征：①行政诉讼是一种司法活动，由人民法院主持审判工作。它体现了国家司法权对行政权的制衡作用。②行政诉讼以具体行政行为为诉讼对象。换句话说，在行政诉讼中，行政相对方只能对具体的行政行为而不能对抽象的行政行为提起诉讼。也就是说只能对行政主体对行政相对人作出具体的行为，如行政处罚、吊销许可证等，而不能对行政主体的抽象行为，如政府和主管机关发布的法规、规章进行诉讼。③诉讼的主体地位是恒定的；原告只能是行政管理相对人，被告只能是作出具体行政行为的行政主管机关。

2. 民事诉讼

凡因财产关系和人身关系所产生的矛盾，就是民事纠纷，如继承、房屋、损害赔偿、离婚、赡养、子女抚养以及各类经济合同纠纷等等。人民法院在当事人和其他诉讼参与人的参加下，依照法定程序，审理民事纠纷并依法作出裁判的活动，以及通过这些活动所形成的各种诉讼法律关系的总和，称为民事诉讼。

常见的民事纠纷主要有：

（1）公民之间、公民与法人之间因财产权而发生的纠纷，多数指对财产的占有、使用、收益和处分所发生的纠纷。

（2）公民之间因买卖、租赁、借贷、赠与、典当等合同行为而发生的纠纷以及继承遗产所引起的纠纷。

（3）因不当得利、无因管理等所产生的债务纠纷以及损坏财产引起的赔偿纠纷。

（4）因人身权利引起的纠纷，这主要是指侵害公民健康权、姓名权、名誉权、荣誉权和肖像权。

（5）因侵害公民的发明权（专利权）、著作权（版权）而引起的纠纷。

（6）婚姻家庭引起的纠纷，主要有离婚以及因离婚引起的财产分割、子女抚养方面的纠纷，家庭成员间的赡养、抚育、扶养等纠纷。

（7）因经济合同、企业劳动用工、企业承包、土地承包、相邻权等引起的纠纷。

（8）法律规定的或最高人民法院司法解释规定的应由人民法院受理的其他民事诉讼案件。

3. 刑事诉讼

刑事诉讼指公安(国家安全)机关、人民检察院、人民法院在当事人及其他诉讼参与人的参加下,依照法院的程序,为揭露犯罪、证实犯罪、惩罚犯罪所进行的活动。

刑事诉讼案件有自诉和公诉两种,刑事自诉案件是指由被害人或者他的法定代理人,依法向人民法院直接提出起诉的刑事案件。公诉案件是指由国家公诉机关——人民检察院代表国家行使控告权,指控被告人犯罪,向人民法院提起公诉,要求对被告人定罪科刑的案件。

行政诉讼、民事诉讼与刑事诉讼的区别见表 14-1。

表 14-1　行政诉讼、民事诉讼与刑事诉讼的区别

诉讼种类	诉讼的目的	提起诉讼的主体	举证责任不同
行政诉讼	解决国家行政机关的具体行政行为是否合法	只能是相对人提起诉讼,行政机关不能反诉	只有被告负责举证
民事诉讼	解决平等主体之间的民事权利和义务	双方当事人都可以提起诉讼	谁主张权利,谁负责举证
刑事诉讼	解决涉嫌犯罪的人是否犯罪、犯什么样的罪及应处以何种刑罚	除自诉案件由自诉人提取诉讼外,均由人民检察院提起公诉	公诉人提供被告人有罪的证据,并加以证明

(二)水行政诉讼

1. 水行政诉讼概念

水行政诉讼是指公民、法人和其他组织认为国家水行政机关及其工作人员的具体水行政行为侵犯其合法权益,依法向人民法院提起诉讼,由人民法院对该行政行为是否合法进行审理并作出裁判的活动。

2. 水行政诉讼特征

水行政诉讼具有以下几个特征:

(1)水行政诉讼是在人民法院主持下,依照司法程序解决水行政争议的活动。这是它和水行政复议活动的重要区别。

(2)被告是从事水事行政管理职能的国家机关。这里的国家机关包括各级人民政府、水行政主管部门以及由国家法律法规授权进行水行政管理的组织。

(3)原告是作为水行政管理相对方的公民、法人或其他组织。

(4)水行政诉讼的审查对象是具体水行政行为,但并非所有的水行政行为都可以成为人民法院审查的对象。

3. 水行政诉讼的目的及作用

(1)水行政诉讼的根本目的是为保护公民、法人和其他组织在水资源的开发、利用中的合法权益。《水法》第三条第三款规定:“国家保护依法开发利用水资源的单位和个人的合法权益。”其他水事法律在不同范围内都作出了保护公民、法人和其他组织合法权益

的有关规定。水行政机关作为国家行政机关的组成部分,也必须依法行政,保护公民、法人和其他组织的合法权益。

(2)水行政诉讼有利于人民法院通过对水行政具体行为合法性审查并作相应的判决,司法权制约、监督行政权,是社会主义法制的重要表现,对促进水行政机关依法行政,具有极其重要的意义。

二、水行政诉讼的范围和管辖

(一)水行政诉讼的范围

1. 水行政诉讼的受案范围

水行政诉讼的受案范围,是指由《行政诉讼法》和其他有关行政诉讼的规范性文件规定的、水行政管理部门及其工作人员所实施的,可以被水行政相对方即公民、法人或其他组织提起行政诉讼并接受人民法院的审理、裁决的水行政行为。根据《行政诉讼法》和其他有关行政诉讼的规范性文件规定,人民法院受理并审理、裁判的水行政行为的范围是有限的,即是说人民法院只对一部分特定的水行政行为所引起的水行政争议案件享有管辖权,而在民事诉讼和刑事诉讼中,人民法院享有完全的管辖权。根据有关法律规定,我国水行政诉讼的范围概括如下:

(1)不服水行政处罚的案件。这类行政案件是指人民法院受理公民、法人或者其他组织对水行政主管机关作出的罚款、吊销许可证和执照,责令停产停业、没收财物等行政处罚不服提起的诉讼。但是,对于违反水法构成治安案件应当给予行政拘留的,由公安机关作出行政处罚。

(2)不服水行政强制措施的案件。以限制人身自由或者对财产的查封、扣押、冻结等行政强制措施不服提起的诉讼。由于强制措施涉及水行政相对人的人身自由或财产权,一旦违法行使,将会严重侵犯水行政相对人的合法权益。

(3)认为水行政主管部门违法要求履行义务的。

(4)认为符合法定条件申请行政机关颁发许可证和执照,行政机关拒绝颁发或不予答复的行政案件。

(5)相对人因水行政主管部门不作为而引起的行政争议。

(6)不服对单位之间、个人之间、单位与个人之间发生的水事纠纷作出的处理决定而引起的行政争议。

(7)水行政法律、法规规定的可以提起行政诉讼的其他事项。

2. 不能进行水行政诉讼的范围

(1)国防、外交等国家行为。

(2)抽象行政行为,如水行政主管部门制定水资源开发利用与保护管理法律、法规、规章的行为。

(3)内部行政行为,如水行政主管部门对其工作人员所作出的行政处分等,当事人不服的则不能提起行政诉讼,而只能通过内部行政程序予以解决。

(4)法律规定的由行政机关最终裁决的具体行政行为。这里的法律,是指狭义的法律,是由全国人大和全国人大常委会制定的。例如《水法》第五十六条规定,不同行政区域发生水事纠纷的，应当协商处理；协商不成的，由上一级人民政府裁决，有关各方必须遵照执行。

(二)水行政诉讼的管辖

所谓水行政诉讼的管辖，是指人民法院之间在受理第一审水行政案件上的分工和权限。根据《行政诉讼法》的规定，可分为级别管辖、地域管辖、裁定管辖三种。

1. 级别管辖

我国人民法院的设置分为四级，即基层人民法院、中级人民法院、高级人民法院和最高人民法院。四级法院受理第一审行政案件的具体分工的划分，就是级别管辖。

(1)一般的水行政诉讼案件由基层人民法院管辖。

(2)中级人民法院管辖对国务院水行政主管部门或省、自治区、直辖市人民政府所作的具体行政行为提起诉讼的案件，及本辖区内重大复杂的水行政案件。

(3)高级人民法院与最高人民法院分别管辖各省、自治区、直辖市范围与全国范围内重大、复杂的行政案件。

2. 地域管辖

地域管辖是指同级人民法院之间在各自辖区内受理第一审水行政案件的分工和权限问题。

(1)一般的水行政案件由最初作出具体行政行为的水行政主管部门所在地的人民法院管辖。

(2)经复议的案件，复议机关改变原具体行政行为的，既可以由复议机关所在地的人民法院管辖，也可以由最初作出具体行政行为的水行政主管部门所在地的人民法院管辖。

(3)对涉及不动产引起的行政案件，由不动产所在地的人民法院管辖。法律上将物分为动产与不动产，不动产是指不能移动或者移动会损害其用途或者价值的物，土地、附着于土地的建筑物及其他定着物、建筑物的固定附属设备均为不动产。

(4)相对人不服水行政主管部门对水事纠纷的处理而提起的行政诉讼，由争议标的所在地的人民法院管辖。

如果出现两个以上人民法院都有管辖权的案件，原告可以选择其中一个提起诉讼；如原告向两个以上有管辖权的人民法院提起诉讼的，由最先收到起诉状的人民法院管辖。

3. 裁定管辖

裁定管辖不是根据法律直接规定，而是由法院直接作出裁定或决定，确定诉讼管辖法院的一种特殊情况。它包括移送管辖、指定管辖和管辖权的转移。

(1)移送管辖是指人民法院发现受理的案件不属于自己管辖时，应当移送有管辖权的人民法院，受移送的人民法院不得再自行处理。

(2)指定管辖是指上级人民法院以裁定的方式，指定某一下级人民法院管辖某一案件的情形。它有以下两种情况：①有管辖权的人民法院由于特殊原因不能行使管辖权的，由上一级人民法院指定管辖；②人民法院对管辖权发生争议，由争议双方协商解决，协商不成的，报共同上级法院指定管辖。

(3)管辖权的转移是指上下级法院之间，可以把各自有管辖权的第一审行政案件移送给对方的情形。它必须同时具备下列条件：①必须是人民法院已受理的行政案件；②移交的人民法院对此案件具有管辖权；③移交的人民法院与接受的人民法院之间具有上下级审级监督关系；④转移必须经过上级人民法院的同意或决定。

三、水行政诉讼的程序

（一）起诉与受理

1. 起诉

《行政诉讼法》第二条规定，公民、法人或其他组织认为行政机关工作人员的具体行政行为侵犯其合法权益，有权依照本法向人民法院提起诉讼。

公民、法人或其他组织如果就水行政争议向人民法院起诉，应当具备以下条件：

（1）原告必须是认为水行政主管部门的具体行政行为，侵犯其合法权益的公民、法人或其他组织。它包括两层含义：第一，原告必须是公民、法人或其他组织，而不是作为行政主体的行政机关；第二，原告必须认为水行政主管部门的具体行政行为侵犯了其合法权益，并想通过行政诉讼维护自己的合法权益。

（2）有明确的被告。原告在诉状中必须指明是谁侵犯了其合法权益，是一个还是几个行政机关，如无明确的被告，法院就无法进行审理。原告所起诉的被告不适格，人民法院应当告知原告变更被告；原告不同意变更的，裁定驳回起诉。

（3）有具体的诉讼请求和事实根据。起诉时，原告需对下列事项承担举证责任：①证明起诉符合法定条件，但被告认为原告起诉超过起诉期限的除外；②在起诉被告不作为的案件中，证明其提出申请的事实；③在一并提起的行政赔偿诉讼中，证明因受被诉行为侵害而造成损失的事实；④其他应当由原告承担举证责任的事项。

（4）属于人民法院受案范围和受诉人民法院管辖。

（5）必须在法定期限内提起诉讼。公民、法人或者其他组织直接向人民法院提起诉讼的，应当在知道作出具体行政行为之日起 3 个月内提出；申请人不服复议决定的，可以在收到复议决定书之日起 15 日内向人民法院提起诉讼；复议机关逾期不作决定的，申请人可以在复议期满之日起 15 日内向人民法院提起诉讼。法律另有规定的除外。

2. 受理

受理，是指人民法院对公民、法人或其他组织不服水行政机关的具体水行政行为所提起的诉讼请求，依法进行审查，认为符合起诉条件而决定接受立案的行为。它是进入审判的前置条件。

最高人民法院关于执行《中华人民共和国行政诉讼法》若干问题的解释第三十二条：“人民法院应当组成合议庭对原告的起诉进行审查。符合起诉条件的，应当在 7 日内立案；不符合起诉条件的，应当在 7 日内裁定不予受理。”当事人对此裁定不服的，可以提出上诉。

（二）审理

1. 答辩、举证

人民法院在立案之日起 5 日内，应将起诉状副本发送被告。被告应当在收到起诉状副本之日起 10 日内提交答辩状，并提供作出具体行政行为时的证据、依据；被告不提供或者无正当理由逾期提供的，应当认定该具体行政行为没有证据、依据。人民法院应当在收到答辩状之日起5日内，将答辩状副本发送给原告。被告不提出答辩状的，不影响人民法院的审理。

诉讼期间，不停止具体行政行为的执行。但有下列情形之一的，停止具体行政行为的执行：

(1)被告认为需要停止执行的。

(2)原告申请停止执行，人民法院认为该具体行政行为的执行会造成难以弥补的损失，并且停止执行不损害社会公共利益，裁决停止执行的。

(3)法律、法规规定停止执行的。

人民法院审理水行政案件，除涉及国家秘密、个人隐私和法律明确规定外，一律实行公开审理。

2. 庭前准备

开庭时间和地点确定之后，应当提前通知原告和被告，以及其他诉讼参与人。

3. 开庭审理

原被告及其他诉讼参与人，应当按照人民法院通知的时间、地点，积极参加诉讼。经人民法院两次合法传唤，原告无正当理由拒不到庭的，视为申请撤诉；被告无正当理由拒不到庭的，可以缺席判决。

根据法庭调查中对证据的质证、所查清的事实以及法庭辩论的观点及理由，合议庭经过评议，对案件作出裁判。

(三)判决

人民法院对受理的行政案件，经过调查、收集证据、开庭审理之后，根据不同情况，分别作出以下决定：

(1)具体行政行为证据确凿，适用法律、法规正确，符合法定程序的，判决维持。

(2)具体行政行为有下列行为之一的，判决撤销或者部分撤销，并可以判决被告重新作出具体行政行为。如主要证据不足、适用法律法规有错误、违反法定程序、超越职权、滥用职权等。

(3)被告不履行或者拖延履行法定职责的，判决其在一定期限内履行。

(4)行政处罚显失公正的，可以判决变更。

人民法院审理行政案件，实行两审终审制，一审案件应在立案后3个月内作出。如果相对人不服法院的一审判决，有权在判决书送达之日起15日内，向上一级人民法院提起上诉。相对人不服人民法院一审裁定的，有权在裁定书送达之日起10日内，向上一级人民法院提起上诉。逾期不提起上诉的，人民法院的一审判决或裁定发生法律效力。

人民法院认为上诉案件事实清楚，可以实行书面审理，除特殊情况经批准延长外，二审法院应在两个月内根据实际情况，作出维持原判、改判或发回重审的判决或裁定。

(四)执行

水行政案件的判决裁定一旦发生法律效力，双方当事人均需自觉履行。如果公民、法人或其他组织拒绝履行判决、裁定时，水行政主管部门有权申请人民法院强制执行。水行政主管部门不履行判决、裁定的，第一审人民法院可以采取以下措施：

(1)对应给付的罚款或者应当给付的赔偿金，通知银行从该行政机关的账户内划拨。

（2）在规定期限内不履行的，从期限之日起，对该行政机关按日处以50～100元的罚款。

（3）向该行政机关的上一级行政机关或者监察、人事机关提出司法建议。

（4）拒不履行判决、裁定，情节严重构成犯罪的，依法追究主管人员和直接责任人员的刑事责任。

四、行政复议与行政诉讼的区别与联系

行政复议和行政诉讼是两个并行的法律救济制度。对公民、法人和其他组织而言，行政复议和行政诉讼都有对其合法权益保护的救济功能，两者都需要相对人的申请或者起诉而启动，两者适用的实体法均为行政性法律、法规及规章。但两者有着区别，行政复议是行政机关内部的监督制度，是在行政诉讼之前进行的。而行政诉讼是司法救济，由人民法院作出裁决，是最终的解决办法，也被称做“司法最终救济”原则。

行政复议与行政诉讼的区别见表14-2。

表14-2　行政复议与行政诉讼的区别

项目	行政复议	行政诉讼
性质	行政救济行为，内部监督（准司法行为）	司法救济行政，外部监督（司法行为）
受理机关	有隶属关系政府或政府部门或上一级主管部门（注意：对省部级行政机关所作的具体行政行为不服，实行同级复议制）	人民法院
受案标准	外部具体行政行为违法或不当	行政相对人认为行政主体的具体行政行为侵犯其合法权益的案件
审查范围	行政行为的合法性、合理性（包括申请人一并提出的对有关规定的审查）	具体行政行为的合法性（例外：显失公正的行政行为）
审理程序	基本实行一级复议制度，以书面复议为原则	两审终审，公开开庭审理

第四节　水行政赔偿与补偿

一、水行政赔偿

（一）水行政赔偿概述

1. 水行政赔偿的概念

水行政赔偿是指水行政主管部门工作人员依照职权进行公务活动时，违法侵犯公民、法人或者其他组织的合法权益，使其权力受到侵害，由国家承担赔偿责任的法律制度。

（1）水行政赔偿侵权行为的主体是水行政机关和水法律、法规授权的组织。民事赔偿中侵权行为的主体是平等的民事主体。司法赔偿中侵权行为的主体是行使司法职权的

国家司法机关。

(2)水行政赔偿的请求人是其合法权益受到侵权行为损害的公民、法人或者其他组织。

(3)水行政赔偿作为行政赔偿的一部分,其责任主体是国家。水行政主体代表国家行使行政管理的职能,其行政行为的法律后果都由国家予以承担。

(4)水行政赔偿的范围在特定的《中华人民共和国国家赔偿法》(以下简称《国家赔偿法》)和《行政诉讼法》中规定:行政赔偿的行为分为两类,一是具体行政行为造成的损害,如行政不作为造成的损害;二是行政事实行为造成的损害,如行政机关工作人员在行使职权时,以暴力行为造成的损害。

2. 水行政赔偿责任的条件

国家承担水行政赔偿责任的构成需符合下列法定条件:

(1)侵权行为主体必须是水行政机关及其工作人员或者法律、法规授权的组织以及受水行政主体委托的组织。

(2)水行政主体的侵权行为发生在行使水行政职权的公务活动中。

(3)水行政主体行使职权的行为是违法行使的。

(4)水行政主体违法行使职权行为侵害了水行政相对人的合法权益,造成了损害的后果。

(5)造成的损害后果必须与违法行使职权行为之间具有因果关系。

(二)水行政赔偿范围

1. 侵犯人身权的赔偿范围

人身权包括人格权和身份权。人格权分为生命健康权、自由权、名誉权、姓名权、肖像权等。身份权分为亲权、监护权、著作权、发明权等。

根据《国家赔偿法》的规定,在上述人身权利中,可以取得国家赔偿的有侵犯人身自由权、生命权和健康权三类。

(1)人身自由权损害赔偿。①违法拘留或者违法限制人身自由的行政强制措施。《行政处罚法》第十六条规定:"国务院或者国务院授权的省、自治区、直辖市人民政府可以决定一个行政机关行使有关行政机关的行政处罚权,但限制人身自由的行政处罚权只能由公安机关行使。"②非法拘禁或者以其他方法非法剥夺公民人身自由的。这里的非法拘禁行为是指行政拘留和强制措施以外的非法限制公民人身自由的行政行为,一是无权限,二是有权限但严重越权。

(2)生命健康权损害赔偿。生命健康权损害赔偿包括:①以殴打等暴力行为或者唆使他人以殴打等暴力行为造成公民身体伤害或者死亡的;②违法使用武器、警械造成公民身体伤害的;③造成公民身体伤害或者死亡的其他违法情形。行政机关其他违法职权行为造成公民身体伤害或死亡的,国家应承担赔偿责任。

2. 侵犯财产权的水行政赔偿范围

侵犯财产权的水行政赔偿范围包括:

(1)违法实施罚款、吊销许可证和责令停产停业、没收财物等行政处罚的;

(2)违法对财产采取查封、扣押、冻结等行政强制措施的;

(3)违犯国家规定征收财物的;

(4)造成财产损害的其他违法行为。

3. 国家不予赔偿的情形

《国家赔偿法》第十七条规定,国家不予赔偿的情形包括:

(1)行政机关工作人员实施的与行使职权无关的个人行为。对于与行使职权无关的个人行为造成的损害,国家不承担赔偿责任。

(2)因公民、法人或其他组织自己的行为致使损害发生的。如因公民自伤、自残等故意行为致使损害发生的。

(3)法律规定的其他情形。

另外,《国家赔偿法》第十七条还规定,有下列情形的,国家不予赔偿:

(1)因公民自己做虚伪供述,或者伪造其他有罪证据被羁押或者被判处刑罚的。

(2)依照《刑法》第十四条、第十五条规定不负刑事责任的人被羁押的。

(3)依照《刑事诉讼法》第十一条规定不追究刑事责任的人被羁押的。

(三)赔偿请求人和赔偿义务机关

1. 水行政赔偿请求人

水行政赔偿请求人,是指因水行政机关及其工作人员违法执行职务而遭受损害,有权请求国家赔偿的公民、法人或其他组织。

有权提出赔偿请求的人有以下几种:

(1)受到水行政行为侵害的公民、法人或者其他组织。

(2)受害人死亡的,其继承人和其他有赡养关系的亲属也可以作为赔偿的请求人。

(3)受害的法人或者其他组织终止后,依法承受权利的法人或其他组织有权要求赔偿。

(4)法人或其他组织被行政机关吊销许可证或执照,但该法人或其他组织仍有权利以自己的名义提出赔偿请求。

(5)法人或其他组织破产,也不发生赔偿请求权的转移。

(6)法人或其他组织被主管行政机关决定撤销,不转移赔偿请求权。

2. 水行政赔偿义务机关

(1)水行政机关及工作人员在行使职权时违法侵犯水行政相对人合法权益造成损害的,该水行政机关为赔偿义务机关。

(2)两个以上水行政机关共同实施违法行政行为造成损害的,为共同赔偿义务机关。

(3)法律、法规授权的组织违法行使职权行为造成水行政相对人损害的,该组织为赔偿义务机关。

(4)受委托组织或个人违法行使职权行为引起赔偿责任时,由委托的水行政机关充当赔偿义务机关。

(5)水行政机关实施违法侵权行为给行政相对人造成损害后被撤销的,一般由继续行使其职权的水行政机关作为赔偿义务机关。如果没有继续行使其职权的,那么撤销赔偿义务机关的水行政机关作为赔偿义务机关。

(6)经行政复议的案件,由最初作出具体行为的水行政机关为赔偿义务机关。但复议机关的复议决定加重损害的,复议机关对加重的部分履行赔偿义务。

(四)水行政赔偿程序

水行政赔偿程序是指水行政赔偿请求人向水行政赔偿义务机关请求行政赔偿,行政赔偿义务机关处理赔偿申请,以及人民法院解决行政赔偿纠纷的步骤、方式、顺序和时限的总称。

1. 水行政赔偿请求的提出

(1)提出水行政赔偿请求的条件。①请求人必须具有行政赔偿请求权;②必须有明确的水行政赔偿义务机关;③必须在法定的时效内提出赔偿请求。一般从行政机关及其工作人员行使职权的行为被依法确认违法之日起计算,被羁押期间不计算在内,赔偿请求人请求国家赔偿的时效为两年;④行政赔偿请求必须在《国家赔偿法》明确规定的范围之内。

(2)水行政赔偿的请求方式。行政赔偿请求人向赔偿业务机关提出赔偿请求,一般以书面形式,特殊情况下可用口头方式。

(3)单独提出水行政赔偿及其前置程序。受害人单独提出行政赔偿请求的,应首先向水行政赔偿义务机关提出。在赔偿义务机关确定不予赔偿或赔偿请求人对赔偿数额有异议时,赔偿请求人才可以向人民法院提出行政赔偿诉讼。

前置程序要求赔偿请求人单独提出行政赔偿请求时,必须首先向赔偿义务机关提出。这适用于争议双方对侵权行为的违法性没有争议的情况,即确定行政侵权行为是违法的,一并提出行政赔偿请求。一并提出是指赔偿请求人在申请行政复议或提出行政诉讼时,将确认行政侵权行为违法与要求行政赔偿请求同时提出,并案处理。国家水行政复议机关或人民法院对行政侵权行为的违法性进行确认,然后再决定是否予以赔偿。

2. 水行政赔偿义务机关的受案及处理

水行政赔偿义务机关收到申请书后,审查确认赔偿申请符合条件的,应通知赔偿请求人。行政赔偿义务机关应在收到申请之日起 2 个月内作出处理决定,如逾期不予赔偿或双方赔偿数额有争议的。请求人自期限届满之日起 3 个月内向人民法院提起行政赔偿诉讼。

3. 水行政赔偿诉讼

水行政赔偿诉讼是依照《国家赔偿法》、《行政诉讼法》等,人民法院根据赔偿请求人的诉讼要求裁判行政赔偿争议的活动。行政赔偿诉讼的特点在于:

(1)在单独提起赔偿诉讼时,要以水行政赔偿义务机关先行处理为条件。

(2)水行政赔偿责任主体与水行政赔偿义务机关分离。即充当被告的是赔偿义务机关,虽然行政赔偿的责任由国家承担,但国家不是被告。

(3)水行政赔偿诉讼可以适用调解作为结案方式。

(4)行政赔偿诉讼不完全采取"被告负举证责任"的原则,也同时要求行政赔偿请求人进行举证。

4. 水行政追偿程序

(1)水行政追偿的概念。水行政追偿,是指水行政赔偿义务机关代表国家的行政赔偿义务机关,向赔偿请求人支付赔偿费用以后,依法责令有故意或重大过失的公务员、受委托的组织和个人承担部分或者全部赔偿费用的制度。

(2)行政追偿的要件。①行政赔偿义务机关已经向受害的公民、法人或者其他组织支付了赔偿金,先赔偿,然后再追偿;②行政机关的工作人员或者受委托的组织或者个人有故意或者重大过失。故意是指明知自己的行为会给相对人造成损害,却仍然希望或者放任这种结果发生的主观心理状态。所谓重大过失,是对损害结果发生存在明显的疏忽大意,比一般过失而言更为明显、更严重。

(3)行政追偿的意义。追偿制度实行先赔偿后追偿,有利于保证受害人及时地得到赔偿费用。追偿制度责令有故意或者重大过失的公务人员承担部分和全部赔偿费用,有利于监督公务人员依法行使职权,增强其责任感,追偿制度既要有利于监督,促进行政机关工作人员恪尽职守,不滥用职权,又要考虑行政机关工作人员的实际承受能力,使追偿切实可行。

二、行政补偿

(一)行政补偿的概念与特征

行政补偿是指行政主体因合法行使公权力的行为给相对人造成特别损失或相对人出于维护社会公益而遭受到的损失予以弥补的制度。它是国家调整公共利益与私人利益、全局利益与局部利益之间关系的一项基本制度。行政补偿具有以下特征:

(1)行政补偿以合法的行政行为为前提,行政机关及其工作人员的行政行为不产生补偿责任,只可能产生行政赔偿责任。

(2)行政补偿的对象是特定的公民、法人或其他组织所遭受的特别损害。当国家合法行为使社会受益,但在一定的情况下客观上造成特定的少数人受到损害,对这种损害才有补偿的必要。

(3)行政补偿是以特定相对人受到损害与合法行为具有因果联系为要件。如果某一合法的行政行为与某种权益损失之间毫无因果关系,则不能构成行政补偿。

(二)行政补偿的标准

1. 完全补偿标准

完全补偿系指对于损失应予完全填补之意,其立论根据在于财产权的不可侵犯及平等原则。对于生存权之土地(如自用住宅用地或赖以维生之耕地)之征收,应予完全补偿;对带有浓厚社会性、具有财产权性质的土地之征收,则仅须予相当补偿既已足。简而言之,完全补偿是用于与个人生活安身立命相关的生活资料,如土地、房产等直接用于生产经营的生产资料,如机械、车辆等。我国于2007年施行的《物权法》在对征收补偿上则体现了完全补偿的标准,该法第三十六条、第四十二条规定体现了党和国家关于征地补偿安置必须确保被征地农民原有生活水平不降低、长远生计有保障的原则。完全补偿的意义在于使受损失者能够恢复到未遭受损失前的状态,这是补偿的理想境界,但因为给予受损者相对较多的补偿也同时给国家财政造成很大负担,因此其适用必须有法律、法规明确规定,严格依法办事。

2. 适当补偿标准

适当补偿是指参照考虑征收、征用目的的条件与当时社会环境等因素,综合考虑补偿数额的一种办法。与完全补偿相比，补偿的标准一般低于被征收人的原有生活状态，它主要是用于以下几种状态：第一，紧急状态下的征收征用，在此时由于情况紧急，公共利益的优先性和急迫性较为突出，如在抗洪中征用居民的房屋等；各国通常在这种情况下也采取适当补偿。第二，对公民财产权的限制。所谓"财产权的限制"则是指对于财产权全能的界定和限制，包括对使用、处分及收益权的限制等，这种限制如果没有侵犯财产权的本质内涵，则是对财产权的合法限制，属于财产权的社会义务。原则上，权利人应予以容忍，只有当对财产权的限制超过了一般公民可忍受的程度，而形成特别牺牲时，才应当予以补偿。目前对财产权的限制还是只针对个案，但必须有明确的法律规定，如国家为了保护某些具有文物性质的古城，禁止将原房屋改建为商品房，对房屋所有权人造成的损失，国家应当给予适当补偿。第三，对于无形财产的征收。私有财产分为无形财产和有形财产。无形财产是指专利、技术等知识产权。由于知识产权本身具有独占性，并且如果完全按照市场价格来征收，当供大于求时，价格就会偏高，而国家财力毕竟有限，一味追求"完全补偿"，征收则无法进行。

3. 超值补偿标准

超值补偿标准是指补偿费用超过了被损害者所遭受的损失，主要表现在：第一，公务协助和见义勇为行为的无因管理行为。就公务协助而言，主要是《中华人民共和国人民警察法》第三十四条规定；而见义勇为的法律根据则体现在《中华人民共和国消防法》、《中华人民共和国森林法》等，对于见义勇为和公务协助行为，公民个人本身并不负有义务，只是出于公益、道德挺身而出，因此，对他们造成的损失，不仅要予以完全补偿，还要在道德上给予奖励。这种奖励既包括物质的，也包括精神的。我们不能以国家财力有限为由，减少对公务协助和见义勇为的奖励，这是因为这两种行为对弘扬社会正气、协调民众与政府关系、促进人民更好地投入社会生活中，创造稳定、和谐的社会环境有着极大的推动作用，它将促使人们更好地投入物质生活建设中，增加社会财富，从而形成一种良性互动。

(三)行政补偿的范围

关于行政补偿的范围，从行政主体方面有抽象行政行为引起的行政补偿、具体行政行为引起的行政补偿和行政事实行为引起的行政补偿三种；从行政相对人方面有协助公务受损的行政补偿和为公共利益而受损的行政补偿两种。

1. 行政主体的行政行为引起的行政补偿

(1)抽象行政行为引起的行政补偿。如《中华人民共和国防沙治沙法》第三十五条规定，因保护生态的特殊要求，将治理后的土地经批准划为自然保护区或者沙化土地封禁保护区的，批准机关应当给予治理者合理的经济补偿。

(2)具体行政行为引起的行政补偿。多数行政补偿都是由具体行政行为引起的，主要有以下几种：①征收或者征用补偿。2004 年修正的宪法第十三条规定，国家为了公共利益的需要，可以依照法律规定对公民的私有财产实行征收或者征用并给予补偿。此外，还有大量的法律在征收或者征用方面作了具体规定，如《土地管理法实施条例》第二十五条、《农业法》第七十一条、《外资企业法》第五条、《国防法》第四十八条、《戒严法》第七条，等等。②因变更或者撤回行政许可权导致相对人财产损失的补偿。如《行政许可法》

第八条规定，行政许可所依据的法律、法规、规章修改或者废止，或者准予行政许可所依据的客观情况发生重大变化的，为了公共利益的需要，行政机关可以依据变更或者撤回已经生效的行政许可，由此给公民、法人或者其他组织造成财产损失的，行政机关应当依法给予补偿。③因限制或禁止相对人财产的使用或收益而造成的损失引起的补偿。如《防洪法》规定，对于蓄滞洪区因蓄滞洪而遭受的损失，蓄滞洪后，应当依照国家规定予以补偿或者救助。

(3)行政事实行为引起的行政补偿。"行政事实行为是指行政主体及其工作人员基于行政职权的行使而实施的，不以设定行政相对人权利义务为目的，且不具有法律约束力的行为"。如《人民警察使用警械和武器条例》第十五条规定："人民警察依法使用警械、武器，造成无辜人员伤亡或者财产损失的，由该人民警察所属机关参照《国家赔偿法》的有关规定给予补偿。"应该说明的是，行政行为的附随效果就是行政事实行为。

2. 公民、法人或者其他组织为公益而受损的行政补偿

(1)协助公务受损的补偿。如《人民警察法》第三十四条规定："公民和组织因协助人民警察执行职务，造成人身伤亡或者财产损失的，应当按照国家有关规定给予抚恤或者补偿。"类似的规定还有《消防法》第三十七条规定。

(2)为公共利益而受损的补偿。如《野生动物保护法》第十四条规定，因保护国家和地方重点保护野生动物，造成农作物或者其他损失的，由当地政府给予补偿。

(四)行政补偿的程序

(1)主动补偿程序。这种补偿的特征是不待相对人申请，行政机关主动进行。主要步骤如下：

第一，发出补偿通知，告知补偿权利人有关补偿的事项，如补偿事由、依据、补偿金额、补偿标准。

第二，协商。由行政机关与受害人协商，达成补偿协议。

第三，达不成协议，由上级机关或有关机关裁决。对裁决不服的可以申请行政复议。

(2)应申请补偿行为。在合法的公权力行使给当事人造成不可预见的损失时，一般由受害人提出申请，启动补偿程序。

基本程序一般经过申请、审查、协商、达成协议，以作出补偿或者不补偿的决定。

案例

案情

2006年1月4日刚上班，江苏省金坛市水政监察大队办公室内响起了急促的电话铃声。一名群众举报："昨天深夜至今日凌晨有人在指前镇白石港筑坝，请水利局速来核查处理。"

水政监察员赶赴现场察看，发现白石港口已经筑起一道清晰可见的坝埂，坝埂两边水位形成明显位差。据知情人讲，筑坝的挖掘机刚离开不久。水政人员立即沿着挖掘机行走时留下的泥印一路寻找，在指前镇街道一饭店前看到了那台挖掘机。金坛市水政监察

大队与指前镇政府、水利站、派出所联合对挖掘机先行保存，对驾驶员及机主进行传唤，并办理了暂扣和传唤手续。挖掘机机主高某称，他是受指前镇白石港下游部分渔民雇请。渔民们要求他在1月3日深夜至4日凌晨在白石港口筑坝。这些渔民为什么要筑这条坝呢？经了解得知，筑坝是为了拦截西边丹金溧漕河的污水和浑水。

丹金溧漕河是一条三级航道，跨金坛等三县市。近几年，随着经济社会发展，此条河沿线工业企业增多，排污点多线长，治理难度很大。而且这条河是水上交通要道，过往船只较多，大吨位船舶冲刷和淤积等原因致使河水浑浊。浑水夹杂着污水流进白石港，给下游渔民养殖造成严重影响。近几年来，渔民的鱼虾蟹产量直线下降，经济收入和生活都受到极大影响。为此，渔民也曾找过相关部门和领导要求解决水质影响问题，但是这条航道河流经几个市，即使本市境内水质没问题，客水污染也难以治理。当地相关部门很无奈，也曾多次向上级呼吁要求联合整治。可是，就在高某准备拆坝时，却被众多的渔民拦住了。他们坚决不允许拆坝，水政人员现场劝说也无效，渔民派出代表20多人来到水利局与水政人员对话。渔民带来了两只装满水的瓶子，一只装的是坝里的水，另一只装的是坝外的水，可以看到水质有明显区别。从某种意义上说，筑坝对于改善水质是有益处的。水政人员依法坚持要求拆坝。他们向渔民宣传水法律法规，使渔民明白，筑坝堵塞防洪通道是《水法》、《防洪法》严格禁止的，而且筑坝堵的是他们自己的生命通道。渔民们在表达强烈要求和不满之后，还是同意水利部门依法拆坝的决定。

点评

这是一起由水污染引发的水事纠纷案件，由于这条河流经几个县市，上游的污水造成了下游的水质污染，给渔民造成损失，引发下游渔民违章筑坝截堵污水。对案件的处理应当适用《水法》第五十六条：不同区域之间发生水事纠纷的，应当协商处理；协商不成的，由上一级人民政府裁决，有关各方必须遵照执行。在水事纠纷解决前，未经各方达成协议或者共同的上一级批准，在行政区域交界线两侧一定范围内，任何一方不得修建排水、阻水、取水和截（蓄）水工程，不得单方面改变水的现状。

在处理方法上，应当由这条河流经的几个县市的共同上级人民政府召集有关县市的政府负责人以及水利、环保、航道、公安等部门和下游的渔民代表共同协商，首先要求筑坝一方立即停止施工，并对已形成的坝埂无条件拆除。环保部门应当对上游的污水排放问题进行调查并制定整改措施，同时对航道疏浚、河道整治等问题也要作出安排，只有这样才能从根本上解决问题。如果只是按照水事违法案件对违章建坝的渔民进行处理，即使通过说服、劝导暂时同意拆除坝埂，因为上游的污染源没有解决，仍然会继续污染而导致矛盾的激化甚至发生影响当地社会稳定的群体事件。

参考文献

[1] 任顺平,张松,薛建民. 水法学概论[M]. 郑州:黄河水利出版社,1999.
[2] 韩洪建. 水法学基础[M]. 北京:中国水利水电出版社,2004.
[3] 叶秉如. 水资源系统规划与调度[M]. 北京:高等教育出版社,2001.
[4] 梁瑞驹. 环境水文学[M]. 北京:水利电力出版社,1998.
[5] 周之豪. 水利水能规划[M]. 北京:中国水利水电出版社,1997.
[6] 傅国伟,程声通. 水污染控制系统规划[M]. 北京:清华大学出版社,1985.
[7] 汪劲. 环境法学[M]. 北京:北京大学出版社,2006.
[8] 王灿发. 环境法学教程[M]. 北京:中国政法大学出版社,1997.
[9] 左玉辉. 环境学[M]. 北京:高等教育出版社,2002.
[10] 裴广川. 环境伦理学[M]. 北京:高等教育出版社,2002.
[11] 刘湘溶. 人与自然的道德话语[M]. 长沙:湖南师范大学出版社,2004.
[12] 张树义. 行政法学[M]. 北京:北京大学出版社,2005.
[13] 李曙光. 转型法律学——市场经济的法律解释[M]. 北京:中国政法大学出版社,2004.
[14] [美]理查德·A·波斯纳. 法律的经济分析[M]. 蒋兆康译. 北京:中国大百科全书出版社,1997.
[15] 方世荣,石佑启. 行政法与行政诉讼法. 北京:北京大学出版社,2005.
[16] 方世荣. 论行政相对人[M]. 北京:中国政法大学出版社,2000.
[17] 石佑启. 论公共行政与行政法学范式转换[M]. 北京:北京大学出版社,2003.
[18] 姜明安. 外国行政法教程[M]. 北京:法律出版社,1993.
[19] 张成福. 公共管理学[M]. 北京:中国人民大学出版社,2001.
[20] 罗豪才. 行政法学[M]. 北京:中国政法大学出版社,1999.
[21] 林冬妹. 水利法律法规教程[M]. 北京:中国水利水电出版社,2004.
[22] 黄顺基. 自然辩证法概论[M]. 北京:高等教育出版社,2004.
[23] 丁长青,张雁. 科技哲学概论[M]. 南京:河海大学出版社,2003.
[24] 成虎,等. 工程项目管理[M]. 北京:中国建筑工业出版社,2006.
[25] 孙儒泳. 基础生态学[M]. 北京:高等教育出版社,2006.
[26] 王礼先. 水土保持学[M]. 北京:中国林业出版社,2006.
[27] 李学东,任玉华. 论水行政管理中的调解行为[J]. 海河水利,2004(2):15-16.
[28] 张增波. 论行政指导[J]. 山东行政学院山东省经济管理干部学院学报,2006(5):11-13.
[29] 樊万辉. 水法规教程[M]. 郑州:黄河水利出版社,2004.
[30] 钱燮铭,裘江海. 水政监察实务[M]. 北京:中国水利水电出版社,2000.
[31] 任志强. 行政补偿概念刍议[J]. 前沿,2006(7):119-122.
[32] 杨永华. 论行政补偿的原则[J]. 郑州轻工业学院学报(社会科学版),2006,7(4):10-12.
[33] 四川省博物馆,青川县文化馆. 青川县出土秦更修田律木牍[J]. 文物,1982(1).
[34] 张家山汉简整理小组. 张家山汉墓竹简(二四七号墓)[M]. 北京:文物出版社,2006.
[35] 中国文物研究所,甘肃省文物考古研究所. 敦煌悬泉月令诏条[M]. 北京:中华书局,2001.
[36] 陈昌华. 浅析我国行政补偿的原则[J]. 法制与社会,2007(8):434-435.
[37] 华建敏. 加强行政复议工作 促进社会和谐稳定[J]. 求是,2007(2).

[38] 政府行政执法研究会．水事纠纷案例评析全集[M]．呼和浩特:远方出版社,2002.
[39] 刘栓明．黄河水事案例选编[M]．郑州:黄河水利出版社,2006.
[40] 陈柏荣．水政水资源管理[M]．北京:中国水利水电出版社,2007.